图像局部特征检测和描述

基于OpenCV
源码分析的算法与实现

赵春江◎编著

U0247249

人民邮电出版社

北 京

图书在版编目（CIP）数据

图像局部特征检测和描述：基于OpenCV源码分析的算法与实现 / 赵春江编著. -- 北京：人民邮电出版社，2018.7
ISBN 978-7-115-46171-1

Ⅰ. ①图… Ⅱ. ①赵… Ⅲ. ①图象处理软件—程序设计 Ⅳ. ①TP391.413

中国版本图书馆CIP数据核字(2018)第051270号

内 容 提 要

在计算机视觉处理中，特征指的是能够解决某种特定任务的信息。图像局部特征在目标识别、目标跟踪、目标匹配、三维重建、图像检索等应用中发挥着重要的作用。它是近20年来在计算机视觉领域中研究的热点问题之一。

本书以 OpenCV 2.4.9 为研究工具，对其实现的所有最新的特征检测和描述算法——Kitchen-Rosenfeld、Canny、Harris、Shi-Tomasi、FAST、MSER、MSCR、SIFT、SURF、BRISK、BRIEF、ORB、FREAK、CenSurE、SimpleBlob 等，不仅详细分析了它们的原理和实现方法，还进行了详细的源码解析，并且给出了具体的程序实现范例，充分体现了理论与实践相结合的特点。

本书适合计算机视觉和图像处理领域的工程技术人员阅读，也可供高等院校相关专业师生参考。

♦ 编　著　赵春江
　　责任编辑　张　爽
　　责任印制　焦志炜

♦ 人民邮电出版社出版发行　　北京市丰台区成寿寺路 11 号
　　邮编 100164　　电子邮件 315@ptpress.com.cn
　　网址 http://www.ptpress.com.cn
　　固安县铭成印刷有限公司印刷

♦ 开本：800×1000　1/16
　　印张：18.5　　　　　　　　　2018 年 7 月第 1 版
　　字数：448 千字　　　　　　　2024 年 7 月河北第 10 次印刷

定价：69.00 元

读者服务热线：(010)81055410　印装质量热线：(010)81055316
反盗版热线：(010)81055315
广告经营许可证：京东市监广登字20170147号

前　　言

图像的局部特征是区别于它的邻域的一种图像模式，它往往与一个图像特性（强度、颜色、纹理等）的变化或多个图像特性的同时变化联系在一起，虽然这种变化并不一定是局部的。相对于局部特征，全局特征在目标识别、目标跟踪、目标匹配等领域并不适用，因为全局特征无法区分前景和背景，而是把这两部分的信息全部混合在一起。

图像的局部特征一般包括边缘、角点和斑点。边缘是由两个不同图像区域之间的边界点所形成的。一般来说，边缘可以是任意形状的，当然也可能包括节点。在实际应用中，边缘往往被定义成图像局部强度变化最剧烈的部分。角点具有点状特性，早期的角点被定义为两个边缘的交点，后来发现只要通过寻找图像梯度的高曲率部分，就能够得到角点，因此角点检测不再需要边缘检测。但是用这种方法得到的角点也有可能是图像的其他部分，如暗背景下的亮斑，所以角点被赋予了更深层次的含义。斑点给出了描述图像区域结构的另一种方式，虽然与角点相比，斑点的点状结构不明显，但斑点检测仍然可以使用检测兴趣点的运算符的方法，而且它可以检测到那些被角点检测认为很平滑的区域。

好的局部特征应该具备以下几个特点。

（1）可重复性：具有相同目标的两幅图像，尽管观看的视角和方式不同，但这两幅图像中的高比例的目标特征应该被分别检测到。

（2）独特性：特征应该具有很大的信息量，以至于能够区别和匹配不同的特征。

（3）局部性：为了减少目标因为被部分遮挡，或几何、光度变形而产生的影响，特征一定要是局部特征。

（4）数量多：目标的特征一定要达到一定的数量，这样才能有理由相信各种基于图像特征应用的结果。

（5）准确性：准确性不仅包括特征的位置，还要包括特征的可能变形。

（6）效率：尤其是在当前计算机视觉向嵌入式、实时性方向发展的背景下，对算法效率提出了更高的要求。

从上面的分析可以看出，特征的可重复性是所有特点中最重要的。这种可重复性可以从两个不同方面去衡量：不变性和鲁棒性。局部特征的不变性指的是特征不随图像的尺度、位移、旋转、视角、光照等因素的变化而变化；鲁棒性指的是特征检测对图像的某种变形不敏感，尽管准确性下降了，但下降得不是很剧烈，而引起图像变形的原因有图像噪声、离散效应、压缩效应、模糊，以及数学建模时的几何、光度偏差等。

特征检测和特征描述是各种基于局部特征应用的两个不同阶段。先进行局部特征的检测，然后把检测到的特征按照一种紧凑的、完整的、归一化的形式表现出来，这种量化的数据描述形式被称为描述符（或描述子）。描述符往往是基于图像处理的知识，把围绕特征周围区域的相关信息提取出来而最终形成的。因此，特征描述与特征检测具有同样重要的作用。

OpenCV（Open Source Computer Vision）是一个主要应用于实时计算机视觉领域的程序函数库，该函数库包括了超过 500 个优化的图像和视频分析处理的算法。OpenCV 是以 BSD 许可证授权发行的，程序源码完全对用户开放，它既可以直接免费使用，又可以作为二次开发的工具。OpenCV 有 C++、C、Python 和 Java 接口，并且支持 Windows、Linux、Mac OS、iOS 和安卓系统。OpenCV 最初由英特尔公司发起并参与开发，目前由 Willow Garage 公司和 Itseez 公司共同维护。

由于 OpenCV 具有开源、接口丰富、移植性好、算法优化、运算能力强等特点，使它既可以应用于商业项目的开发，又可以作为科研工作者的工具，开发、验证计算机视觉算法。在后一个应用领域中，它的作用已经与 MATLAB 相似，而且目前有迹象表明，在计算机视觉领域，OpenCV 已逐渐取代了 MATLAB 在这个领域的地位，在最近的科技文献中，有大量的算法仿真都是基于 OpenCV 的。而且更重要的是，OpenCV 中一些算法的程序直接就是由该算法的提出者编写完成的。

对于算法开发者来说，阅读文献是必须要经历的一个过程。但对于初学者来说，有些文献晦涩难懂，往往读了几遍后也不知所云，这不仅是因为语言的障碍，背景知识的欠缺，更重要的是由于论文篇幅所限，抑或是从作者的角度来看不重要，导致算法的某些内容没有被详细披露。而即使有幸读懂，但要想自己实现该算法，那又是另一回事，尤其是对于那些编程能力不强的人来说。算法都无法实现，那更谈不上在此基础上的修改及创新了。

如果能够有算法的实现源码，那么在阅读文献的同时，阅读程序代码，这种方法能够起到更好更快地理解和掌握算法的作用。先阅读文献，掌握算法的基本思想、原理、步骤等内容，再阅读源码，理解算法的细节实现部分，然后回过头来再阅读文献，看一看当初对算法的理解是否有偏差。就这样反复多次，一定能够掌握到算法的精髓。OpenCV 开源的特点为我们能够阅读到算法源码提供了绝佳的机会。

图像局部特征的检测和描述是目前计算机视觉领域一个研究热点问题。OpenCV 几乎包括了当今所有的特征检测与描述的算法，从 SIFT、SURF 到 ORB、FREAK。这些代码既实现了优化，又不失可读性。阅读分析这些代码既有助于理解 OpenCV 的编程思想，为我们自己编写基于 OpenCV 的程序打下基础，又可以帮助我们理解特征检测与描述的相关算法，真可谓是一举两得。

本书正是基于这个目的而撰写的，它基本上包括了 OpenCV 2.4.9 中实现的所有局部特征检测和描述算法——Kitchen-Rosenfeld、Canny、Harris、Shi-Tomasi、FAST、MSER、MSCR、SIFT、SURF、BRISK、BRIEF、ORB、FREAK、CenSurE、SimpleBlob 等。对于每一种算法，都先从原理开始介绍，然后是 OpenCV 的源码分析，最后给出了一个基于 OpenCV 的具体应用实例。对算法原理的介绍，不仅仅是文献的简单翻译重复，还加入了我们对算法的理解，更重要的是，原理的分析是从实现的角度去介绍，更注重对算法所用到的一些背景知识以及细节上的讲解。在源码分析部分，我们基本上做到了对每一条代码都给出了较详细的注解。应用实例的程序虽然简单，但足以说明问题，读者完全可以在此基础上编写更复杂的程序代码。因此可以说，这本书既突出算法的理论，又包括实践部分。

本书是作者利用工作之余时间撰写完成的，加之作者水平有限，难免会有对算法和源码理解分析不对的地方，权当抛砖引玉，恳请读者批评指正。本书编辑联系和投稿邮箱 zhangtao@ptpress.com.cn。

作者

资源与支持

本书由异步社区出品，社区（https://www.epubit.com/）为您提供相关资源和后续服务。

提交勘误

作者和编辑尽最大努力来确保书中内容的准确性，但难免会存在疏漏。欢迎您将发现的问题反馈给我们，帮助我们提升图书的质量。

当您发现错误时，请登录异步社区，按书名搜索，进入本书页面，点击"提交勘误"，输入勘误信息，点击"提交"按钮即可。本书的作者和编辑会对您提交的勘误进行审核，确认并接受后，您将获赠异步社区的 100 积分。积分可用于在异步社区兑换优惠券、样书或奖品。

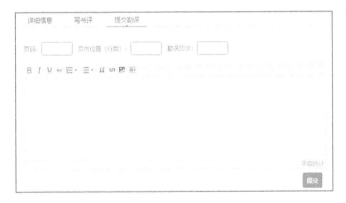

扫码关注本书

扫描下方二维码，您将会在异步社区微信服务号中看到本书信息及相关的服务提示。

与我们联系

我们的联系邮箱是 contact@epubit.com.cn。

如果您对本书有任何疑问或建议，请您发邮件给我们，并请在邮件标题中注明本书书名，以便我们更高效地做出反馈。

如果您有兴趣出版图书、录制教学视频，或者参与图书翻译、技术审校等工作，可以发邮件给我们；有意出版图书的作者也可以到异步社区在线提交投稿（直接访问 www.epubit.com/selfpublish/submission 即可）。

如果您是学校、培训机构或企业，想批量购买本书或异步社区出版的其他图书，也可以发邮件给我们。

如果您在网上发现有针对异步社区出品图书的各种形式的盗版行为，包括对图书全部或部分内容的非授权传播，请您将怀疑有侵权行为的链接发邮件给我们。您的这一举动是对作者权益的保护，也是我们持续为您提供有价值的内容的动力之源。

关于异步社区和异步图书

“异步社区”是人民邮电出版社旗下 IT 专业图书社区，致力于出版精品 IT 技术图书和相关学习产品，为作译者提供优质出版服务。异步社区创办于 2015 年 8 月，提供大量精品 IT 技术图书和电子书，以及高品质技术文章和视频课程。更多详情请访问异步社区官网 https://www.epubit.com。

“异步图书”是由异步社区编辑团队策划出版的精品 IT 专业图书的品牌，依托于人民邮电出版社近 30 年的计算机图书出版积累和专业编辑团队，相关图书在封面上印有异步图书的 LOGO。异步图书的出版领域包括软件开发、大数据、AI、测试、前端、网络技术等。

异步社区

微信服务号

目　　录

第 1 章　Kitchen-Rosenfeld 角点检测

1.1　原理分析

Kitchen 和 Rosenfeld 认为角点是那些边缘曲线曲率和梯度幅值都很大的点，因此他们提出了使用曲率 k 与梯度幅值 g 的乘积来计算角点响应函数 C 的方法：

$$C = kg = k\left(I_x^2 + I_y^2\right)^{1/2} = \frac{I_{xx}I_y^2 + I_{yy}I_x^2 - 2I_{xy}I_xI_y}{I_x^2 + I_y^2} \tag{1-1}$$

C 的极值所对应的像素即为角点。式（1-1）中，I_x、I_y 为图像 I 的一阶导数，即：

$$I_x = \frac{\partial I}{\partial x}, \ \ I_y = \frac{\partial I}{\partial y} \tag{1-2}$$

式（1-1）中，I_{xx}、I_{yy} 和 I_{xy} 为图像的二阶偏导，即：

$$I_{xx} = \frac{\partial^2 I}{\partial x^2}, \ \ I_{yy} = \frac{\partial^2 I}{\partial y^2}, \ \ I_{xy} = \frac{\partial^2 I}{\partial xy} \tag{1-3}$$

由于式（1-1）中的分母始终大于 0，它不改变角点响应函数的相对值，因此在实际应用中，往往只计算分子部分。

Kitchen-Rosenfeld 角点检测方法的步骤如下：

（1）计算图像的一阶、二阶导数；

（2）利用式（1-1）计算角点响应函数；

（3）对角点响应函数进行非极大值抑制，并设定阈值，得到角点。

由于该方法使用了基于灰度的二阶偏导，所以它对噪声比较敏感。

1.2　源码解析

OpenCV 中实现 Kitchen-Rosenfeld 角点检测的函数为 preCornerDetect，该函数只实现了计算角点响应函数 C，并没有完成非极大值抑制。

preCornerDetect 函数的原型为：

```
void preCornerDetect(InputArray src, OutputArray dst, int ksize, int border- Type= BORDER_
DEFAULT )
```

src 为输入单通道 8 位整型或 32 位浮点型图像。

dst 为输出 32 位浮点型图像，尺寸大小与 src 相同。

ksize 表示孔径尺寸，preCornerDetect 函数内部是使用 Sobel 方法进行导数计算的，因此该孔径尺寸就是 Sobel 算子的尺寸。

border-Type 为扩展图像边界的方式。

preCornerDetect 函数在 sources/modules/imgproc/src/corner.cpp 文件内定义。

```cpp
void cv::preCornerDetect( InputArray _src, OutputArray _dst, int ksize, int borderType )
{
    //定义各种矩形变量
    Mat Dx, Dy, D2x, D2y, Dxy, src = _src.getMat();
    //确保输入图像类型的正确性
    CV_Assert( src.type() == CV_8UC1 || src.type() == CV_32FC1 );
    _dst.create( src.size(), CV_32F );
    Mat dst = _dst.getMat();    //得到输出图像
    //利用 Sobel 算子计算图像的一阶、二阶导数
    //Dx 为 Ix, Dy 为 Iy, D2x 为 Ixx, D2y 为 Iyy, Dxy 为 Ixy
    Sobel( src, Dx, CV_32F, 1, 0, ksize, 1, 0, borderType );
    Sobel( src, Dy, CV_32F, 0, 1, ksize, 1, 0, borderType );
    Sobel( src, D2x, CV_32F, 2, 0, ksize, 1, 0, borderType );
    Sobel( src, D2y, CV_32F, 0, 2, ksize, 1, 0, borderType );
    Sobel( src, Dxy, CV_32F, 1, 1, ksize, 1, 0, borderType );
    //定义一个系数 factor，用于限制输出数据的大小
    double factor = 1 << (ksize - 1);
    if( src.depth() == CV_8U )
        factor *= 255;
    factor = 1./(factor * factor * factor);

    Size size = src.size();     //图像尺寸大小
    int i, j;
    //遍历图像的所有像素
    for( i = 0; i < size.height; i++ )
    {
        //分别得到输出图像、图像一阶导数和二阶导数的当前行的首地址指针
        float* dstdata = (float*)(dst.data + i*dst.step);
        const float* dxdata = (const float*)(Dx.data + i*Dx.step);
        const float* dydata = (const float*)(Dy.data + i*Dy.step);
        const float* d2xdata = (const float*)(D2x.data + i*D2x.step);
        const float* d2ydata = (const float*)(D2y.data + i*D2y.step);
        const float* dxydata = (const float*)(Dxy.data + i*Dxy.step);

        for( j = 0; j < size.width; j++ )
        {
            //dx 和 dy 分别为当前像素的水平方向和垂直方向的一阶导数
            float dx = dxdata[j];
            float dy = dydata[j];
            //计算式 1-1 的分子部分
            dstdata[j] = (float)(factor*(dx*dx*d2ydata[j] + dy*dy*d2xdata[j] -
            2*dx*dy*dxydata[j]));
```

```
            }
        }
    }
```

应用实例

由于 preCornerDetect 函数并没有完成非极大值抑制，因此这一步需要在应用程序中来实现，另外 Kitchen-Rosenfeld 角点检测方法对噪声比较敏感，所以还需要对输入图像进行平滑滤波。

```cpp
#include "opencv2/core/core.hpp"
#include "opencv2/highgui/highgui.hpp"
#include "opencv2/imgproc/imgproc.hpp"

#include <iostream>
using namespace cv;
using namespace std;

int main( int argc, char** argv )
{
    Mat src, gray,color_edge;
    src=imread("building.jpg");
    if( !src.data )
        return -1;
    //把输入的彩色图像转换成灰度图像
    cvtColor( src, gray, CV_BGR2GRAY );
    //高斯平滑滤波
    GaussianBlur( gray, gray, Size(9, 9), 2, 2 );

    Mat corners, dilated_corners;
    //Kitchen-Rosenfeld角点检测，得到corners变量
    preCornerDetect(gray, corners, 5);
    //使用3×3的结构元素进行数学形态学中的膨胀处理，即在3×3的邻域内找最大值，结果存入
    //dilated_corners变量内
    dilate(corners, dilated_corners, Mat());
    //遍历图像的所有像素
    for( int j = 0; j < src.rows ; j++ )
    {
        //每行的首地址指针
        const float* tmp_data = (const float*)dilated_corners.ptr(j);
        const float* corners_data = (const float*)corners.ptr(j);
        for( int i = 0; i < src.cols; i++ )
        {
            //非极大值抑制，并且要满足阈值条件，阈值设为0.037，膨胀处理的结果如果等于角点，则说明该角点
            //是在3×3的邻域内的最大值
            if( tmp_data[i]>0.037 && corners_data[i]==tmp_data[i] )
            {
                //在角点处画一个红色的圆
```

```
            circle( src, Point( i, j ), 5, Scalar(0,0,255), -1, 8, 0 );
        }
    }
}

namedWindow("Kitchen-Rosenfeld", CV_WINDOW_AUTOSIZE );
imshow("Kitchen-Rosenfeld", src );

waitKey(0);
return 0;
}
```

图 1-1 所示为得到的角点检测图像。

▲图 1-1　Kitchen-Rosenfeld 角点检测结果

第 2 章　Canny 边缘检测

理论分析

　　Canny 边缘检测方法是由 Canny 于 1986 年提出的一种被公认为效果较好的边缘检测方法。

　　一个好的边缘检测方法应该满足 3 项指标：第一项也是最重要的一项为低失误率，即不能漏检也不能错检；第二项为高的位置精度，即标定的边缘像素点与真正的边缘中心之间距离应该为最小；第三项为每个边缘应该有唯一的响应，即得到单像素宽度的边缘。为此，Canny 提出了判定边缘检测算子的 3 个准则：信噪比准则，定位精度准则，单边缘响应准则。因此 Canny 的贡献不仅是提出了一种边缘检测算子，而且还给出了衡量边缘检测算子好坏的准则。

　　下面我们就重点介绍 Canny 算子的实现过程。

　　该方法共分为 4 个步骤：平滑处理、梯度检测、非极大值抑制和滞后阈值处理。以下是这 4 个步骤的详细讲解。

1. 平滑处理

　　所有的边缘都极易受到噪声的干扰，为了防止因噪声所引起的错误的检测结果，有必要应用平滑滤波的方法滤除噪声。高斯滤波方法是最常用的滤波方法，二维图像应用二维高斯函数，它的定义为：

$$G(u,v) = \frac{1}{2\pi\sigma^2} \mathrm{e}^{-\frac{u^2+v^2}{2\sigma^2}} \tag{2-1}$$

　　式中，σ 表示高斯函数的标准差。只要把输入图像与二维高斯函数进行卷积，即可得到平滑处理后的图像。考虑到数字图像为离散化的形式，我们往往把高斯函数转换为离散化的高斯内核模板的形式，如标准差为 1.4 的模板尺寸为 5×5 的归一化高斯内核模板为：

$$K = \frac{1}{159} \times \begin{bmatrix} 2 & 4 & 5 & 4 & 2 \\ 4 & 9 & 12 & 9 & 4 \\ 5 & 12 & 15 & 12 & 5 \\ 4 & 9 & 12 & 9 & 4 \\ 2 & 4 & 5 & 4 & 2 \end{bmatrix} \tag{2-2}$$

2. 梯度检测

梯度是图像灰度值变化剧烈的地方，它可以通过 Roberts 算子、Prewitt 算子、Sobel 算子等最简单的模板检测方法得到。常用的是 Sobel 算子，它是由两个模板组成：

$$S_{GX} = \begin{bmatrix} -1 & 0 & 1 \\ -2 & 0 & 2 \\ -1 & 0 & 1 \end{bmatrix}, \quad S_{GY} = \begin{bmatrix} 1 & 2 & 1 \\ 0 & 0 & 0 \\ -1 & -2 & -1 \end{bmatrix} \tag{2-3}$$

把这两个模板分别与图像进行卷积运算，则分别得到水平方向的梯度 G_x 和垂直方向的梯度 G_y。最终的梯度幅值 G 往往是由欧几里得距离（L2 范数）求得：

$$G = \sqrt{G_x^2 + G_y^2} \tag{2-4}$$

但有时为了简化，梯度值也可由曼哈顿距离（L1 范数）得到：

$$G = |G_x| + |G_y| \tag{2-5}$$

而梯度幅角 θ 为：

$$\theta = \arctan\left(\frac{|G_y|}{|G_x|}\right) \tag{2-6}$$

由式（2-6）得到的角度可以是任意值，但这里我们需要把梯度幅角四舍五入到代表水平方向、垂直方向和 2 个对角线方向的 4 个方向上，即 0°、45°、90° 和 135°。例如，梯度幅角为 −22.5° ～22.5° 时，将被统一设置为 0°。

3. 非极大值抑制

这一步骤的目的是使边缘细化。由上一步得到边缘图像十分模糊，不符合好的边缘检测中的第三个指标，而非极大值抑制可以抑制那些局部不是梯度幅值最大值的边缘，而保留下来的具有局部最大值的像素点正是灰度值变化最剧烈的地方。这里的局部最大值是由在 3×3 的邻域内的梯度方向上比较梯度值得到的。例如：

（1）当梯度方向为 0° 时，图像的边缘是南-北方向，则在 3×3 的邻域内，当前像素与其左右两侧像素的梯度值进行比较，如果当前像素的梯度幅值最大，则保留，否则剔除；

（2）当梯度方向为 90° 时，图像的边缘是东-西方向，则在 3×3 的邻域内，当前像素与其上下两侧像素的梯度值进行比较，如果当前像素的梯度幅值最大，则保留，否则剔除；

（3）当梯度方向为 135° 时，图像的边缘是东北-西南方向，则在 3×3 的邻域内，当前像素与其左上角和右下角像素的梯度值进行比较，如果当前像素的梯度幅值最大，则保留，否则剔除；

（4）当梯度方向为 45° 时，图像的边缘是东南-西北方向，则在 3×3 的邻域内，当前像素与其右上角和左下角像素的梯度值进行比较，如果当前像素的梯度幅值最大，则保留，否则剔除。

还需要说明的是，梯度方向的符号与非极大值抑制的结果无关，即无论是东-西方向还西-东方向，两者是一样的。

4. 滞后阈值处理

由上一步得到的边缘仍有一小部分由于噪声或者颜色变化的影响而不是真正的边缘，这种现象的表现形式是尽管这些边缘的梯度幅值是局部最大值，但与其他边缘比，它们的梯度幅值很小，也就是绝对梯度幅值很小。处理它们也很简单，采用阈值法即可。但 Canny 采用的是双阈值的方法，即设置高、低两个阈值，当梯度幅值大于高阈值时，该边缘为强边缘，当梯度幅值小于低阈值时，该边缘需要被剔除，当梯度值介于高、低阈值之间时，该边缘为弱边缘。

强边缘毫无疑问是需要被保留下来的，而弱边缘则需要采用边缘跟踪的方法来判断其是否为真正的边缘。在弱边缘的 3×3 的领域内，如果有强边缘，则说明该弱边缘是属于这个强边缘的，所以需要被保留，否则被剔除掉。

2.2　源码解析

Canny 函数的原型为：

```
void Canny(InputArray image, OutputArray edges, double threshold1, double threshold2, int
apertureSize=3, bool L2gradient=false )
```

image 表示输入图像。

edges 表示输出边缘图像。

threshold1 和 threshold2 表示滞后阈值法中所需要的高、低两个阈值。

apertureSize 表示孔径尺寸，即 Sobel 算子的尺寸大小，OpenCV 是采用 Sobel 算子来计算图像的梯度的，该值默认为 3。

L2gradient 表示在计算梯度幅值时是用式（2-4）的 L2 范数还是用式（2-5）的 L1 范数，该值默认为 false，即采用 L1 范数。

Canny 函数在 sources/modules/imgproc/src/canny.cpp 文件内被定义，它的源码为：

```
void cv::Canny( InputArray _src, OutputArray _dst,
            double low_thresh, double high_thresh,
            int aperture_size, bool L2gradient )
{
    Mat src = _src.getMat();                    //得到输入图像矩阵
    CV_Assert( src.depth() == CV_8U );          //确保输入图像是 8 位二进制的数据格式

    _dst.create(src.size(), CV_8U);             //创建输出边缘图像，尺寸大小与输入图像一致
    Mat dst = _dst.getMat();                    //得到输出边缘图像矩阵
    //调整 aperture_size 数值，满足兼容性
    if (!L2gradient && (aperture_size & CV_CANNY_L2_GRADIENT) == CV_CANNY_L2_GRADIENT)
    {
        //backward compatibility
        aperture_size &= ~CV_CANNY_L2_GRADIENT;
        L2gradient = true;
    }
```

7

```
    //确保孔径尺寸的大小在 3～7 之间
    if ((aperture_size & 1) == 0||(aperture_size != -1 && (aperture_size < 3 || aperture_size > 7)))
        CV_Error(CV_StsBadFlag, "");
    //确保双阈值中的高阈值大于低阈值，如果不是，则两者交换
    if (low_thresh > high_thresh)
        std::swap(low_thresh, high_thresh);

#ifdef HAVE_TEGRA_OPTIMIZATION
    if (tegra::canny(src, dst, low_thresh, high_thresh, aperture_size, L2gradient))
        return;
#endif

#ifdef USE_IPP_CANNY
    if( aperture_size == 3 && !L2gradient &&
        ippCanny(src, dst, (float)low_thresh, (float)high_thresh) )
        return;
#endif
    //得到输入图像的通道数，可以看出，Canny 函数能够直接处理彩色图像
    const int cn = src.channels();
    //定义两个矩阵 dx 和 dy，分别用于保存图像的水平方向梯度和垂直方向梯度
    Mat dx(src.rows, src.cols, CV_16SC(cn));
    Mat dy(src.rows, src.cols, CV_16SC(cn));
    //调用 Sobel 函数，分别用 Sobel 算子计算水平方向梯度 dx 和垂直方向梯度 dy
    Sobel(src, dx, CV_16S, 1, 0, aperture_size, 1, 0, cv::BORDER_REPLICATE);
    Sobel(src, dy, CV_16S, 0, 1, aperture_size, 1, 0, cv::BORDER_REPLICATE);
    //如果采用 L2 范数的方法计算梯度幅值，则两个阈值要做平方处理，这样求 L2 范数的时候就不用再开根号了
    if (L2gradient)
    {
        //确保高、低阈值的数值不能太大
        low_thresh = std::min(32767.0, low_thresh);
        high_thresh = std::min(32767.0, high_thresh);

        if (low_thresh > 0) low_thresh *= low_thresh;        //平方处理
        if (high_thresh > 0) high_thresh *= high_thresh;     //平方处理
    }
    //对两个阈值进行向下取整处理
    int low = cvFloor(low_thresh);
    int high = cvFloor(high_thresh);

    //定义步长
    ptrdiff_t mapstep = src.cols + 2;
    //开辟一段内存空间，它包括 mag_buf[3] 和 map
    AutoBuffer<uchar> buffer((src.cols+2)*(src.rows+2) + cn * mapstep * 3 * sizeof(int));
    //定义 3 个指针数组，用于存储连续 3 行的梯度值
    //mag_buf[1] 存放当前行的梯度幅值，mag_buf[0] 存放前一行的梯度幅值，mag_buf[2]
    //存放后一行的梯度幅值，它们的长度都为 mapstep 乘以 cn
    int* mag_buf[3];
    mag_buf[0] = (int*)(uchar*)buffer;
    mag_buf[1] = mag_buf[0] + mapstep*cn;
    mag_buf[2] = mag_buf[1] + mapstep*cn;
```

```
memset(mag_buf[0], 0, /* cn* */mapstep*sizeof(int));      //清0
```
//map 对应于一个空间大小为(src.cols+2)×(src.rows+2)的图像，称之为 map 图像，它比
//输入图像四周各扩展一个像素宽，它的作用是标识其所对应的输入图像的像素是否为边缘
```
uchar* map = (uchar*)(mag_buf[2] + mapstep*cn);
memset(map, 1, mapstep);      //map 图像的首行像素置1，置1表示不是边缘像素
memset(map + mapstep*(src.rows + 1), 1, mapstep);        //map 图像的末行像素置1
```
//定义一个较大的数，用于表示栈的大小
```
int maxsize = std::max(1 << 10, src.cols * src.rows / 10);
```
//定义一个矢量，即栈
```
std::vector<uchar*> stack(maxsize);
uchar **stack_top = &stack[0];           //表示栈顶
uchar **stack_bottom = &stack[0];        //表示栈底

/* sector numbers
   (Top-Left Origin)


    1   2   3
     *  *  *
      * * *
    0*******0
      * * *
     *  *  *
    3   2   1
*/
```
//压入栈和弹出栈的宏定义，栈内存放的是边缘像素的地址指针
//把边缘像素压入栈，调整栈顶指针，并把像素赋值为 2，表示该像素一定是边缘
```
#define CANNY_PUSH(d)    *(d) = uchar(2), *stack_top++ = (d)
```
//把边缘像素弹出栈，调整栈顶指针
```
#define CANNY_POP(d)     (d) = *--stack_top
```

```
// calculate magnitude and angle of gradient, perform non-maxima suppression.
// fill the map with one of the following values:
//   0 - the pixel might belong to an edge
//   1 - the pixel can not belong to an edge
//   2 - the pixel does belong to an edge
```
//下面是计算梯度幅值和梯度幅角，并完成非极大值抑制
//在边缘映射表（即前面定义的 map 图像）中填充 0、1 或 2，它们的含义是:
//0——可能是边缘，即弱边缘; 1——不是边缘; 2——肯定是边缘，即强边缘
//遍历输入图像的所有行，以行为单位计算梯度幅值和幅角
```
for (int i = 0; i <= src.rows; i++)
{
    //定义存储当前行像素范数（即梯度）的变量_norm
    //如果是图像的第 0 行，则_norm 与 mag_buf[1]相对应，否则_norm 与 mag_buf[2]相对应
    int* _norm = mag_buf[(i > 0) + 1] + 1;
    if (i < src.rows)
    {
        //分别提取出当前行的水平方向梯度和垂直方向梯度的数据指针
        short* _dx = dx.ptr<short>(i);
        short* _dy = dy.ptr<short>(i);
```

9

```
            if (!L2gradient)    //L1 范数的情况
            {
                //遍历当前行的所有像素
                for (int j = 0; j < src.cols*cn; j++)
                    _norm[j] = std::abs(int(_dx[j])) + std::abs(int(_dy[j]));     //式 2-5
            }
            else    //L2 范数的情况
            {
                //遍历当前行的所有像素
                for (int j = 0; j < src.cols*cn; j++)
                    _norm[j] = int(_dx[j])*_dx[j] + int(_dy[j])*_dy[j];     //式 2-4
            }
            //如果输入的是多通道图像，即彩色图像，则把每个像素中 3 个通道中范数最大的那个值作为该像素
            //点的范数值，水平梯度和垂直梯度也做同样处理
            if (cn > 1)
            {
                //遍历当前行的所有像素
                for(int j = 0, jn = 0; j < src.cols; ++j, jn += cn)
                {
                    int maxIdx = jn;
                    for(int k = 1; k < cn; ++k)   //遍历当前像素的所有通道
                        //找到当前像素梯度幅值最大值的那个通道
                        if(_norm[jn + k] > _norm[maxIdx]) maxIdx = jn + k;
                    _norm[j] = _norm[maxIdx];        //范数
                    _dx[j] = _dx[maxIdx];            //水平方向梯度
                    _dy[j] = _dy[maxIdx];            //垂直方向梯度
                }
            }
            //图像的每一行左右两侧各扩展一个像素，它们的范数定义为 0
            _norm[-1] = _norm[src.cols] = 0;
        }
        else    //在图像的底部扩展一行，该行所有像素的范数都定义为 0
            memset(_norm-1, 0, /* cn* */mapstep*sizeof(int));

    // at the very beginning we do not have a complete ring
    // buffer of 3 magnitude rows for non-maxima suppression
    if (i == 0)    //如果当前行是图像的第一行，则不做任何处理
        continue;
    //_map 指向 map 图像的第 i 行的第 1 个像素地址
    uchar* _map = map + mapstep*i + 1;
    //把 map 图像的第 i 行的第 0 个像素和最后一个像素置 1，这两个像素是扩展出来的
    _map[-1] = _map[src.cols] = 1;
    //mag_buf[1]为当前行的前一行的梯度幅值
    int* _mag = mag_buf[1] + 1; // take the central row
    ptrdiff_t magstep1 = mag_buf[2] - mag_buf[1];     //步长
    ptrdiff_t magstep2 = mag_buf[0] - mag_buf[1];
    //_x 和_y 分别指向当前行的前一行水平方向梯度和垂直方向梯度，虽然遍历的是当前行，即计算当前行的
    //梯度，但是通过计算前一行的梯度方向来对前一行进行非极大值抑制
    const short* _x = dx.ptr<short>(i-1);
    const short* _y = dy.ptr<short>(i-1);
```

```
//调整栈的大小
if ((stack_top - stack_bottom) + src.cols > maxsize)
{
    int sz = (int)(stack_top - stack_bottom);
    maxsize = maxsize * 3/2;
    stack.resize(maxsize);
    stack_bottom = &stack[0];
    stack_top = stack_bottom + sz;
}
//下面是执行步骤3
int prev_flag = 0;
for (int j = 0; j < src.cols; j++)      //遍历当前行的所有像素
{
    #define CANNY_SHIFT 15
    //TG22表示tan22.5°，之所以乘以(1<<CANNY_SHIFT)，是为了防止计算过程的误差，加0.5的
    //作用是四舍五入
    const int TG22 = (int)(0.4142135623730950488016887242097*(1<<CANNY_SHIFT)+0.5);

    int m = _)mag[j];      //提取出前一行中对应像素的梯度幅值

    if (m > low)           //梯度幅值大于低阈值
    {
        int xs = _x[j];    //前一行同一列的水平方向梯度
        int ys = _y[j];    //前一行同一列的垂直方向梯度
        int x = std::abs(xs);     //取绝对值
        int y = std::abs(ys) << CANNY_SHIFT;      //取绝对值，并移位
        //tg22x等于x乘以tan22.5°
        int tg22x = x * TG22;
        //如果y小于tg22x，则所求的像素梯度幅角在±22.5°之间，我们把它归到0°，处理的方法为
        //步骤3中的（1）情况
        if (y < tg22x)
        {
            //在水平方向上，如果当前梯度幅值大于左右两侧的值，则跳转
            if (m > _mag[j-1] && m >= _mag[j+1]) goto __ocv_canny_push;
        }
        else      梯度幅角不在±22.5°之间
        {
            //tg67x等于x乘以tan67.5°
            int tg67x = tg22x + (x << (CANNY_SHIFT+1));
            //如果y大于tg67x，则所求的像素梯度幅角在67.5°~112.5°，我们把它归到90°，处理的
            //方法为步骤3中的（2）情况
            if (y > tg67x)
            {
                //在垂直方向上，如果当前梯度幅值大于上下两侧的值，则跳转
                if (m > _mag[j+magstep2] && m >= _mag[j+magstep1]) goto
                __ocv_canny_push;
            }
            else      //其余的梯度幅角要么归为45°，要么归为135°，处理的方法为步骤3中的（3）
                      //情况或（4）情况
            {
```

```
                        //确定是 45° 还是 135°
                        int s = (xs ^ ys) < 0 ? -1 : 1;
                        //在对角线方向上，如果当前梯度幅值大于斜对角线两侧的值，则跳转
                        if (m > _mag[j+magstep2-s] && m > _mag[j+magstep1+s]) goto
                         __ocv_canny_push;
                    }
                }
            }
            //梯度幅值小于低阈值情况下的处理
            prev_flag = 0;
            _map[j] = uchar(1);    //不是边缘像素，置 1
            continue;        //继续遍历当前行的其他像素
            __ocv_canny_push:    //强边缘和弱边缘的处理
            //如果当前处理的像素的梯度幅值大于高阈值，并且它左侧和上面的像素不是边缘像素，则当前像素
            //一定是边缘像素
            if (!prev_flag && m > high && _map[j-mapstep] != 2)
            {
                CANNY_PUSH(_map + j);    //把该点压入栈
                prev_flag = 1;           //标识变量
            }
            else
                _map[j] = 0;    //可能是边缘像素，置 0，表示边缘候选像素
        }


        // scroll the ring buffer
        //行梯度替换,mag_buf[1]➜mag_buf[0],mag_buf[2]➜mag_buf[1],mag_buf[0]➜mag_buf[2],
        //在下一次循环中计算梯度的时候，又会把新的梯度幅值赋值给 mag_buf[2]
        mag = mag_buf[0];
        mag_buf[0] = mag_buf[1];
        mag_buf[1] = mag_buf[2];
        mag_buf[2] = _mag;
    }


// now track the edges (hysteresis thresholding)
//完成步骤 4，stack_top 小于 stack_bottom，说明栈内所有像素都已处理完
while (stack_top > stack_bottom)
{
    uchar* m;
    //调整栈空间大小
    if ((stack_top - stack_bottom) + 8 > maxsize)
    {
        int sz = (int)(stack_top - stack_bottom);
        maxsize = maxsize * 3/2;
        stack.resize(maxsize);
        stack_bottom = &stack[0];
        stack_top = stack_bottom + sz;
    }

    CANNY_POP(m);    //把边缘像素弹出栈
```

```
//在 3×3 的窗内，如果边缘像素的 8 邻域像素中哪个被标注为边缘候选像素，则它一定就是边缘，把它
//压入栈中
if (!m[-1])          CANNY_PUSH(m - 1);
if (!m[1])           CANNY_PUSH(m + 1);
if (!m[-mapstep-1]) CANNY_PUSH(m - mapstep - 1);
if (!m[-mapstep])   CANNY_PUSH(m - mapstep);
if (!m[-mapstep+1]) CANNY_PUSH(m - mapstep + 1);
if (!m[mapstep-1])  CANNY_PUSH(m + mapstep - 1);
if (!m[mapstep])    CANNY_PUSH(m + mapstep);
if (!m[mapstep+1])  CANNY_PUSH(m + mapstep + 1);
}

// the final pass, form the final image
//把边缘点映射到输出图像上
const uchar* pmap = map + mapstep + 1;    //map 图像地址指针
uchar* pdst = dst.ptr();      //输出图像数据地址指针
//遍历图像所有像素
for (int i = 0; i < src.rows; i++, pmap += mapstep, pdst += dst.step)
{
    //边缘像素为白色（即 255），非边缘像素为黑色（即 0）
    for (int j = 0; j < src.cols; j++)
        pdst[j] = (uchar)-(pmap[j] >> 1);
}
}
```

对 Canny 方法的源码，我们还需要说明几点：

（1）它没有执行经典 Canny 方法的步骤 1，即滤波平滑这一步被省略，当然我们可以事先进行平滑处理后再运行 Canny 函数；

（2）只遍历了一次图像，就完成了步骤 2 和步骤 3，具体过程是计算当前遍历行的梯度幅值，同时计算前一行的梯度幅角，并完成了 3×3 邻域内的非极大值抑制；

（3）步骤 3 和步骤 4 的内容并不是完全分开执行的，而是交错在了一起；

（4）在步骤 4 的边缘跟踪法中，程序是寻找强边缘的 3×3 邻域内的弱边缘的方法，而不是寻找弱边缘的 3×3 邻域内的强边缘。

2.3　应用实例

在进行边缘检测之前，我们先应用 GaussianBlur 函数对图像进行高斯平滑滤波，设它的标准差为 1.6，而高斯内核尺寸是由该标准差确定的。

```
#include "opencv2/core/core.hpp"
#include "opencv2/highgui/highgui.hpp"
#include "opencv2/imgproc/imgproc.hpp"
#include <iostream>
```

```
using namespace cv;
using namespace std;

int main( int argc, char** argv )
{
    Mat src, dst, edge;

    src = imread( "MyDaughter.jpg" );
    if( !src.data )
        return -1;

    GaussianBlur( src, dst, Size(0, 0), 1.6 );      //高斯滤波
    //Canny 方法，高阈值为 60，低阈值为 25
    Canny( dst, edge, 25, 60 );

    namedWindow( "Canny", WINDOW_AUTOSIZE );
    imshow( "Canny", edge );

    waitKey(0);

    return 0;
}
```

图 2-1 所示为输入的被检测图像，图 2-2 所示为 Canny 边缘检测结果。

▲图 2-1　输入原图

▲图 2-2　Canny 边缘检测结果

第 3 章　Harris 角点检测

3.1　理论分析

边缘是图像中亮度变化不连续或突变的部分，即梯度幅值极大值的地方。而角点狭义上是图像中边缘变化不连续或突变的部分，即边缘曲线上曲率极大值的地方，简单来说，角点就是两条边缘的交点。边缘和角点都是图像中重要的特征。

由于 Harris 角点检测方法具有旋转不变性、尺度不变性、光照不变性，以及它的抗干扰能力强，所以它是一种非常流行的兴趣点（interest point）检测方法。该方法是由 Harris 和 Stephens 在 Moravec 角点检测算子的基础上于 1988 年提出的。

Harris 角点检测方法是基于局部信号的自相关函数。当一个小窗口在图像中的平坦区域移动时，窗口内的灰度值变化不剧烈；当窗口沿着边缘方向移动时变化也不剧烈，但当沿着边缘的正交方向移动时，变化会十分剧烈；当窗口在角点区域移动时，无论向哪个方向移动，都会引起剧烈的变化。局部自相关函数就具有能够检测到在各个方向上由信号位移所引起的微小变化的功能，如图 3-1 所示。

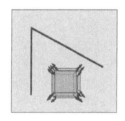 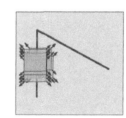 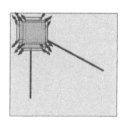

（a）　平坦处的位移　　　　　（b）　边缘线上的位移　　　　　（c）　角点上的位移

▲图 3-1　小窗口位移的 3 种情况

Harris 角点检测方法给出了上述 3 种情况下的数学方法。对于图像 $I(x, y)$，当窗体在点 (x, y) 处位移 $(\Delta x, \Delta y)$ 后，它的自相关函数为：

$$c(x, y) = \sum_{(u,v) \in W(x,y)} w(u, v)[I(u, v) - I(u + \Delta x, v + \Delta y)]^2 \tag{3-1}$$

式中，$W(x, y)$ 是以点 (x, y) 为中心的窗体，$w(u, v)$ 为加权函数，它既可以是常数，也可以是高斯加权函数，为了简化起见，将 $\displaystyle\sum_{(u,v)\in W(x,y)} w(u,v)$ 表示为 Σw。

根据泰勒展开，对位移图像进行一阶近似：

$$I\left(u+\Delta x,v+\Delta y\right)\approx I\left(u,v\right)+\left[I_x\left(u,v\right)\,I_y\left(u,v\right)\right]\begin{bmatrix}\Delta x\\\Delta y\end{bmatrix} \tag{3-2}$$

式中，$I_x(u,v)$ 和 $I_y(u,v)$ 分别为图像在 x 和 y 上的偏导数。把式（3-2）代入式（3-1）中，得到：

$$\begin{aligned}
c(x,y)&=\sum_w\left(I\left(u,v\right)-I\left(u,v\right)-\left[I_x\left(u,v\right)\,I_y\left(u,v\right)\right]\begin{bmatrix}\Delta x\\\Delta y\end{bmatrix}\right)^2\\
&=\sum_w\left(\left[I_x\left(u,v\right)\,I_y\left(u,v\right)\right]\begin{bmatrix}\Delta x\\\Delta y\end{bmatrix}\right)^2\\
&=\begin{bmatrix}\Delta x & \Delta y\end{bmatrix}\begin{bmatrix}\displaystyle\sum_w\left(I_x\left(u,v\right)\right)^2 & \displaystyle\sum_w I_x\left(u,v\right)I_y\left(u,v\right)\\ \displaystyle\sum_w I_x\left(u,v\right)I_y\left(u,v\right) & \displaystyle\sum_w\left(I_y\left(u,v\right)\right)^2\end{bmatrix}\begin{bmatrix}\Delta x\\\Delta y\end{bmatrix}\\
&=\begin{bmatrix}\Delta x & \Delta y\end{bmatrix}C\left(x,y\right)\begin{bmatrix}\Delta x\\\Delta y\end{bmatrix}
\end{aligned} \tag{3-3}$$

式中，$C(x,y)=\begin{bmatrix}a & b\\b & c\end{bmatrix}$ 称为自相关矩阵，它能够获取局部邻域内的结构强度。

设 λ_1 和 λ_2 为矩阵 $C(x,y)$ 的两个特征值，分析表明，两个特征值的大小与图像的结构有着密切的关系：

（1）当 λ_1 和 λ_2 都很小时，局部自相关函数 $c(x,y)$ 会十分"平坦"，也就是在任何方向上位移时 $c(x,y)$ 变化都很小，这表明邻域内的图像区域有近似一致的强度；

（2）当特征值中一个很大而另一个很小时，局部自相关函数是一个脊形，也就是对于 $c(x,y)$ 在某一方向上（沿着脊形）的局部位移会引起很小的变化，而在它的正交方向上会引起很大的变化，这表明该局部是一个边缘；

（3）当两个特征值都很大时，局部自相关函数是一个尖峰，也就是在各个方向上的位移都会引起剧烈的变化，这表明该局部是一个角点。

因此只要确定自相关矩阵 $C(x,y)$ 的两个特征值的大小，不仅能够判断出是否是角点，还能够判断出是否是边缘。

对于矩阵 $C(x,y)$ 来说，求它的特征值需要解一元二次方程，这必然会降低运算效率。因此 Harris 和 Stephens 利用矩阵的性质，用另一种方法来确定两个特征值 λ_1 和 λ_2 的相对大小，而不需要确切地知道 λ_1 和 λ_2 的值，即：

$$R = \lambda_1 \lambda_2 - k\left(\lambda_1 + \lambda_2\right)^2 \tag{3-4}$$

式中，$\lambda_1 \lambda_2$ 是自相关矩阵 $\boldsymbol{C}(x, y)$ 的行列式的值，$(\lambda_1 + \lambda_2)$ 是 $\boldsymbol{C}(x, y)$ 的迹值，因此式（3-4）可以用下式表示：

$$R = \det\left(\boldsymbol{C}\left(x, y\right)\right) - k\left(\mathrm{trace}\left(\boldsymbol{C}\left(x, y\right)\right)\right)^2 \tag{3-5}$$

式中自相关矩阵 $\boldsymbol{C}\left(x, y\right) = \begin{bmatrix} a & b \\ b & c \end{bmatrix}$ 的行列式的值和它的迹值分别为：

$$\det\left(\boldsymbol{C}\left(x, y\right)\right) = \lambda_1 \lambda_2 = ac - b^2 \tag{3-6}$$

$$\mathrm{trace}\left(\boldsymbol{C}\left(x, y\right)\right) = \lambda_1 + \lambda_2 = a + c \tag{3-7}$$

式（3-4）和式（3-5）中的 k 为经验系数，取值范围在 $0.04 \sim 0.06$。当 R 很大时，像素在 (x, y) 位置上为角点；当 R 为较大的负值时，为边缘；当 R 接近 0 时，为平坦区域。

下面就总结一下 Harris 角点检测方法的一般步骤：

（1）计算图像 I 在水平方向和垂直方向上的梯度 I_x 和 I_y；

（2）计算两个方向梯度的乘积 $I_x^2 = I_x I_x$，$I_y^2 = I_y I_y$ 和 $I_{xy} = I_x I_y$；

（3）使用加权窗口 w（可以是高斯加权，也可以是平均加权）对 I_x^2、I_y^2 和 I_{xy} 进行加权处理，得到自相关矩阵的元素 $a = I_x^2 \otimes w$、$b = I_{xy} \otimes w$、$c = I_y^2 \otimes w$；

（4）利用式（3-5）求 R；

（5）设置一个阈值，只有大于该阈值的 R 才被认为是角点。

3.2　源码解析

实现 Harris 角点检测方法的函数为 cornerHarris，它的原型为：

```
void cornerHarris(InputArray src, OutputArray dst, int blockSize, int ksize, double k,
int border-Type=BORDER_DEFAULT )
```

其中：

src 表示输入图像，要求是单通道 8 位或浮点型。

dst 表示输出 Harris 算子响应图像。该变量存储的是式（3-5）中的 R 值，它的尺寸与 src 一致，类型是单通道 32 位浮点型。

blockSize 表示窗口的尺寸，就是步骤 3 中所使用的加权窗口 w 的尺寸。

ksize 表示孔径尺寸。当 ksize 不为 0 时，OpenCV 利用 Sobel 算子求梯度，此时该孔径尺寸也就是 Sobel 的尺寸。

k 表示式（3-5）中的经验系数 k。

border-Type 表示填充外扩边界像素的方法。

cornerHarris 函数在 sources/modules/imgproc/src/corner.cpp 文件内定义：

```
void cv::cornerHarris( InputArray _src, OutputArray _dst, int blockSize, int ksize, double k, int
borderType )
{
    Mat src = _src.getMat();                    //得到输入图像的矩阵
    _dst.create( src.size(), CV_32F );          //定义输出 Harris 算子响应图像的尺寸和类型
    Mat dst = _dst.getMat();                    //得到输出图像的矩阵
    //调用计算角点特征值和特征矢量函数，其中参数 HARRIS 表示该函数要用于 Harris 算子
    cornerEigenValsVecs( src, dst, blockSize, ksize, HARRIS, k, borderType );
}
```

cornerEigenValsVecs 函数：

```
static void
cornerEigenValsVecs( const Mat& src, Mat& eigenv, int block_size,
                     int aperture_size, int op_type, double k=0.,
                     int borderType=BORDER_DEFAULT )
{
#ifdef HAVE_TEGRA_OPTIMIZATION
    if (tegra::cornerEigenValsVecs(src, eigenv, block_size, aperture_size, op_type, k,
borderType))
        return;
#endif

    int depth = src.depth();
    //计算尺度，该值在梯度计算的时候使用，主要的目的是通过减小尺度，来提高平滑处理的速度
    double scale = (double)(1 << ((aperture_size > 0 ? aperture_size : 3) - 1)) * block_size;
    if( aperture_size < 0 )
        scale *= 2.;
    if( depth == CV_8U )
        scale *= 255.;
    scale = 1./scale;
    //确保输入图像是单通道 8 位整型或 32 位浮点型
    CV_Assert( src.type() == CV_8UC1 || src.type() == CV_32FC1 );
    //定义两个矩阵，Dx 用于存储水平方向的梯度，Dy 用于存储垂直方向的梯度
    Mat Dx, Dy;
    //执行步骤 1
    //当孔径尺寸不为 0 时，使用 Sobel 方法，当孔径尺寸为 0 时，使用 Scharr 方法
    if( aperture_size > 0 )
    {
        Sobel( src, Dx, CV_32F, 1, 0, aperture_size, scale, 0, borderType );
        Sobel( src, Dy, CV_32F, 0, 1, aperture_size, scale, 0, borderType );
    }
    else
    {
        Scharr( src, Dx, CV_32F, 1, 0, scale, 0, borderType );
        Scharr( src, Dy, CV_32F, 0, 1, scale, 0, borderType );
    }

    Size size = src.size();       //得到输入图像的尺寸大小
```

```
//矩阵 cov 用于存储梯度，即 Ix², Iy²和 Ixy
Mat cov( size, CV_32FC3 );
int i, j;
//执行步骤 2，计算 Ix², Iy²和 Ixy
//遍历输入图像的每个像素
for( i = 0; i < size.height; i++ )
{
    //得到 3 个矩阵的当前行的首地址
    float* cov_data = (float*)(cov.data + i*cov.step);
    const float* dxdata = (const float*)(Dx.data + i*Dx.step);
    const float* dydata = (const float*)(Dy.data + i*Dy.step);

    for( j = 0; j < size.width; j++ )
    {
        float dx = dxdata[j];     //水平方向梯度
        float dy = dydata[j];     //垂直方向梯度

        cov_data[j*3] = dx*dx;     // Ix²
        cov_data[j*3+1] = dx*dy;   // Ixy
        cov_data[j*3+2] = dy*dy;   // Iy²
    }
}
//执行步骤 3，调用 boxFilter 函数进行均值平滑滤波
boxFilter(cov, cov, cov.depth(), Size(block_size, block_size),
    Point(-1,-1), false, borderType );
//执行步骤 4，不同的参数，调用不同的函数
/*当利用 cornerEigenValsAndVecs 函数想得到角点检测的特征值和特征矢量时，参数为 EIGENVALSVECS，
调用的是 calcEigenValsVecs 函数；当利用 cornerMinEigenVal 函数想得到角点检测的最小特征值时，参数为
MINEIGENVAL，调用的是 calcMinEigenVal 函数；而在这里调用的是 calcHarris 函数*/
    if( op_type == MINEIGENVAL )
        calcMinEigenVal( cov, eigenv );
    else if( op_type == HARRIS )
        calcHarris( cov, eigenv, k );
    else if( op_type == EIGENVALSVECS )
        calcEigenValsVecs( cov, eigenv );
}

    calcHarris 函数:
static void
calcHarris( const Mat& _cov, Mat& _dst, double k )
{
    int i, j;
    Size size = _cov.size();     //得到尺寸大小
#if CV_SSE
    volatile bool simd = checkHardwareSupport(CV_CPU_SSE);
#endif
    //_cov 和 dst 如果连续，则图像的宽和高要重新赋值，这样就可以加快运算速度
    if( _cov.isContinuous() && _dst.isContinuous() )
    {
        size.width *= size.height;
```

```
        size.height = 1;
    }
    //遍历图像的每个像素
    for( i = 0; i < size.height; i++ )
    {
        //得到当前行的首地址
        const float* cov = (const float*)(_cov.data + _cov.step*i);
        float* dst = (float*)(_dst.data + _dst.step*i);
        j = 0;

#if CV_SSE
    if( simd )
    {
        __m128 k4 = _mm_set1_ps((float)k);
        for( ; j <= size.width - 5; j += 4 )
        {
            __m128 t0 = _mm_loadu_ps(cov + j*3); // a0 b0 c0 x
            __m128 t1 = _mm_loadu_ps(cov + j*3 + 3); // a1 b1 c1 x
            __m128 t2 = _mm_loadu_ps(cov + j*3 + 6); // a2 b2 c2 x
            __m128 t3 = _mm_loadu_ps(cov + j*3 + 9); // a3 b3 c3 x
            __m128 a, b, c, t;
            t = _mm_unpacklo_ps(t0, t1); // a0 a1 b0 b1
            c = _mm_unpackhi_ps(t0, t1); // c0 c1 x x
            b = _mm_unpacklo_ps(t2, t3); // a2 a3 b2 b3
            c = _mm_movelh_ps(c, _mm_unpackhi_ps(t2, t3)); // c0 c1 c2 c3
            a = _mm_movelh_ps(t, b);
            b = _mm_movehl_ps(b, t);
            t = _mm_add_ps(a, c);
            a = _mm_sub_ps(_mm_mul_ps(a, c), _mm_mul_ps(b, b));
            t = _mm_mul_ps(_mm_mul_ps(k4, t), t);
            a = _mm_sub_ps(a, t);
            _mm_storeu_ps(dst + j, a);
        }
    }
#endif

    for( ; j < size.width; j++ )
    {
        float a = cov[j*3];        //自相关矩阵中的元素 a
        float b = cov[j*3+1];      //自相关矩阵中的元素 b
        float c = cov[j*3+2];      //自相关矩阵中的元素 c
        dst[j] = (float)(a*c - b*b - k*(a + c)*(a + c));  //式(3-5)~式(3-7)，得到响应值 R
    }
    }
}
```

3.3 应用实例

下面给出一段程序来演示如何应用 cornerHarris 函数进行角点检测：

```cpp
#include "opencv2/core/core.hpp"
#include "opencv2/highgui/highgui.hpp"
#include "opencv2/imgproc/imgproc.hpp"
#include <iostream>

using namespace cv;
using namespace std;

int main( int argc, char** argv )
{
    Mat src, src_gray;
    Mat dst, dst_norm, dst_norm_scaled;

    src=imread("building.jpg");
    if( !src.data )
        return -1;
    //输入图像转换成灰度图像
    cvtColor( src, src_gray, CV_BGR2GRAY );

    int blockSize = 2;          //均值窗口的尺寸
    int apertureSize = 3;       //Sobel 的孔径尺寸
    double k = 0.04;            //式(3-5)中的经验系数 k
    int thresh = 155;           //步骤 5 中的阈值
    //Harris角点检测，输出图像中每个像素的值为式(3-5)中的 R 值
    cornerHarris( src_gray, dst, blockSize, apertureSize, k, BORDER_DEFAULT );

    //归一化 R 图像，使其在 0~255
    normalize( dst, dst_norm, 0, 255, NORM_MINMAX, CV_32FC1, Mat() );
    //把 R 图像转换成 CV_8U，以便能够正确显示出来
    convertScaleAbs( dst_norm, dst_norm_scaled );

    //执行步骤 5，在角点处画一个红色的圆
    for( int j = 0; j < dst_norm.rows ; j++ )
    {
    for( int i = 0; i < dst_norm.cols; i++ )
      {
        if( (int) dst_norm.at<float>(j,i) > thresh )
        {
          circle( src, Point( i, j ), 5, Scalar(0, 0, 255), 1, 8, 0 );
        }
      }
    }
    //显示结果
    namedWindow( "Harris corners detected", CV_WINDOW_AUTOSIZE );
    imshow( "Harris corners detected", src );
    waitKey(0);

    return 0;
}
```

该程序的处理结果如图 3-2 所示。

▲图 3-2 Harris 角点检测结果

由于 dst_norm_scaled 为归一化的 Harris 响应图，在该图内边缘处 R 值最小，角点处 R 值最大，因此我们可以通过设置一个较大的阈值，大于该阈值的都是角点。而如果要检测边缘，只需设置一个较小的阈值，小于该阈值的就都是边缘。

第 4 章　Shi-Tomasi 角点检测

4.1　理论分析

上一章介绍的 Harris 角点检测方法，它是通过下式来判断是否为角点的：

$$R = \det\big(C(x,y)\big) - k\big(\text{trace}\big(C(x,y)\big)\big)^2 \tag{4-1}$$

式中，$C(x, y)$ 为自相关矩阵。Shi 和 Tomasi 对此提出了一种改进的方法，通过两个特征值 λ_1 和 λ_2 中的最小值 λ_2 的大小来判断是否为角点，因为角点检测的不确定性完全取决于这个最小的特征值：λ_2 很大，则说明是角点；λ_2 很小，则说明要么是边缘（λ_1 很大），要么是平坦区域（λ_1 也很小）。

该方法被称为 Shi-Tomasi 角点检测方法。而 OpenCV 之所以把该方法称为 goodFeaturesToTrack，是源于提出该方法的那篇论文的题目。

在实际应用该方法进行角点检测时，为了提高鲁棒性，还增加了一些环节，具体步骤如下：

（1）计算图像中每个像素的自相关矩阵的两个特征值中的最小特征值，有时为了加快运行速度，最小特征值也可以用式（4-1）中的 R 替代；

（2）设定一个阈值，抛弃那些小于该阈值的特征值所对应的角点；

（3）在 3×3 的邻域内对特征值进行非极大值抑制；

（4）对剩下的特征值进行由大到小的顺序排序；

（5）设定一个最小距离，计算特征值与其排序靠前的特征值的两点之间的坐标距离，抛弃那些小于最小距离的特征值，也就是在一定范围内只保留那些特征值最大的角点。

4.2　源码解析

执行 Shi-Tomasi 角点检测方法的函数为 goodFeaturesToTrack，它的原型是：

```
void goodFeaturesToTrack(InputArray image, OutputArray corners, int maxCorners, double
qualityLevel, double minDistance, InputArray mask=noArray(), int block-Size=3, bool
useHarrisDetector=false, double k=0.04 )
```

其中：

image 为输入图像，要求是单通道 8 位整型或 32 位浮点型。

corners 为输出矢量，存储着检测到的角点的坐标位置。

maxCorners 为最大输出角点数。

qualityLevel 决定着步骤 2 中的阈值大小。

minDistance 为步骤 5 中的最小距离。

mask 为掩码区域，决定着图像中哪些区域需要计算角点。

block-Size 表示窗口尺寸。该参数为 cornerHarris 函数需要，具体含义请看上一章 cornerHarris 函数中参数 blockSize 的介绍。

useHarrisDetector 是使用 cornerHarris 函数还是使用 cornerMinEigenVal 函数使用。cornerMinEigenVal 函数可以直接得到最小的特征值，而使用 cornerHarris 函数则是用式（4-1）中的 R 代替最小特征值，默认是使用 cornerMinEigenVal 函数。

k 为式（4-1）中的 k，默认为 0.04。

goodFeaturesToTrack 函数在 sources/modules/imgproc/src/featureselect.cpp 文件中给出：

```cpp
void cv::goodFeaturesToTrack( InputArray _image, OutputArray _corners,
                             int maxCorners, double qualityLevel, double minDistance,
                             InputArray _mask, int blockSize,
                             bool useHarrisDetector, double harrisK )
{
    //得到输入图像矩阵和掩码矩阵
    Mat image = _image.getMat(), mask = _mask.getMat();
    //确保参数正确
    CV_Assert( qualityLevel > 0 && minDistance >= 0 && maxCorners >= 0 );
    //确保掩码正确
    CV_Assert( mask.empty() || (mask.type() == CV_8UC1 && mask.size() == image.size()) );

    //执行步骤1，eig 为输出特征值矩阵，存储着最小特征值或式（4-1）中的 R 值
    Mat eig, tmp;
    //根据 useHarrisDetector 的不同，得到不同的特征值矩阵 eig
    if( useHarrisDetector )
        //调用 cornerHarris 函数，得到矩阵 eig，该矩阵存储着每个像素的 R 值
        cornerHarris( image, eig, blockSize, 3, harrisK );
    else
        //调用 cornerMinEigenVal 函数，得到矩阵 eig，该矩阵存储着每个像素的最小特征值
        cornerMinEigenVal( image, eig, blockSize, 3 );

    double maxVal = 0;
    //得到图像中所有角点的特征值中最大值 maxVal
    minMaxLoc( eig, 0, &maxVal, 0, 0, mask );
    //执行步骤2，阈值为 maxVal × qualityLevel
    threshold( eig, eig, maxVal*qualityLevel, 0, THRESH_TOZERO );
    //执行步骤3
    //对角点的特征值图像矩阵进行灰度形态学的膨胀运算，结构元素的大小为 3×3，结果存储在矩阵 tmp 中，膨胀
    //运算的目的是在 3×3 邻域内选择最大值
    dilate( eig, tmp, Mat());

    Size imgsize = image.size();     //得到图像尺寸
```

```
vector<const float*> tmpCorners;

// collect list of pointers to features - put them into temporary image
//遍历图像的所有像素
for( int y = 1; y < imgsize.height - 1; y++ )
{
    //得到各个矩阵的当前行的首地址指针
    const float* eig_data = (const float*)eig.ptr(y);
    const float* tmp_data = (const float*)tmp.ptr(y);
    const uchar* mask_data = mask.data ? mask.ptr(y) : 0;

    for( int x = 1; x < imgsize.width - 1; x++ )
    {
        float val = eig_data[x];     //提取出当前像素的最小特征值
        //在 3×3 的邻域内，进行非极大值抑制，并把结果的地址指针存入向量 tmpCorners 中
        // val == tmp_data[x]的目的是判断 val 是否为 3×3 邻域内的最大值
        if( val != 0 && val == tmp_data[x] && (!mask_data || mask_data[x]) )
            // eig_data + x 为当前像素的地址指针
            tmpCorners.push_back(eig_data + x);
    }
}
//执行步骤 4
//对角点的特征值进行由大到小排序
sort( tmpCorners, greaterThanPtr<float>() );
vector<Point2f> corners;
//total 为检测到的角点的数量，ncorners 是对角点的计数值，并与 maxCorners 相比较
size_t i, j, total = tmpCorners.size(), ncorners = 0;
//执行步骤 5
if(minDistance >= 1)
{
    // Partition the image into larger grids
    //把图像分割成大小相同的块，在块的 8 邻域范围内（即 9 个块）计算特征值之间的 L2 范数
    int w = image.cols;     //图像的宽
    int h = image.rows;     //图像的高
    //对 minDistance 进行向上取整，代表块的尺寸
    const int cell_size = cvRound(minDistance);
    //图像一共有 grid_width × grid_height 个块
    const int grid_width = (w + cell_size - 1) / cell_size;
    const int grid_height = (h + cell_size - 1) / cell_size;
    //定义向量 grid，它的长度为图像的块数，grid 中的元素对应着图像中的一块，而每个元素存储着该块
    //所有保留下来的特征值的坐标位置
    std::vector<std::vector<Point2f> > grid(grid_width*grid_height);
    //距离平方，省去 L2 范数开根号的步骤
    minDistance *= minDistance;
    //按由大到小的顺序遍历所有角点
    for( i = 0; i < total; i++ )
    {
        //提取角点，并得到其在图像中的偏移量，即该角点的坐标
        int ofs = (int)((const uchar*)tmpCorners[i] - eig.data);
```

```
//得到该角点的纵坐标
int y = (int)(ofs / eig.step);
//得到该角点的横坐标
int x = (int)((ofs - y*eig.step)/sizeof(float));
//good 为标识变量，true 表示距离大于最小距离，保留该角点，false 表示舍弃该角点
bool good = true;
//得到该角点所在块的位置
int x_cell = x / cell_size;
int y_cell = y / cell_size;
//得到该角点所在块的 8 邻域的范围，(x1,y1) 为左上角，(x2,y2) 为右下角
int x1 = x_cell - 1;
int y1 = y_cell - 1;
int x2 = x_cell + 1;
int y2 = y_cell + 1;

// boundary check
//在图像边界处，为避免超过边界，重新计算 8 邻域
x1 = std::max(0, x1);
y1 = std::max(0, y1);
x2 = std::min(grid_width-1, x2);
y2 = std::min(grid_height-1, y2);

//遍历 8 邻域内的所有块（即 3×3=9 块）
for( int yy = y1; yy <= y2; yy++ )
{
    for( int xx = x1; xx <= x2; xx++ )
    {
        //得到块中所有角点的坐标，这些角点是在以前遍历角点时存储到向量 grid 中的，所以向量
//grid 内的角点的特征值一定大于当前角点的特征值，只需考虑距离即可
        vector <Point2f> &m = grid[yy*grid_width + xx];

        if( m.size() )     //块内有角点
        {
            for(j = 0; j < m.size(); j++)     //遍历块内所有角点
            {
                //计算当前角点与块内角点的距离
                float dx = x - m[j].x;
                float dy = y - m[j].y;
                //只要有一个距离小于 minDistance，就抛弃该角点
                if( dx*dx + dy*dy < minDistance )
                {
                    good = false;        //标识变量
                    goto break_out;      //不再进行邻域块的遍历
                }
            }
        }
    }
}

break_out:
```

```
                //处理距离比较后，没有被抛弃的角点，即"好"的角点
                if(good)
                {
                    // printf("%d: %d %d -> %d %d, %d, %d -- %d %d %d %d, %d %d, c=%d\n",
                    //i,x, y, x_cell, y_cell, (int)minDistance, cell_size,x1,y1,x2,y2,
                    //grid_width,grid_height,c);
                    //把角点坐标存入向量 grid 中，以备以后距离比较之用
                    grid[y_cell*grid_width + x_cell].push_back(Point2f((float)x, (float)y));
                    //再次把该角点坐标存入向量 corners 中，以备输出之用
                    corners.push_back(Point2f((float)x, (float)y));
                    ++ncorners;      //角点计数
                    //当角点数等于 maxCorners 时，停止检测角点
                    if( maxCorners > 0 && (int)ncorners == maxCorners )
                        break;
                }
            }
        }
        // minDistance 小于 1 时，不需要执行步骤 5，只需把前 maxCorners 个角点输出即可
        else
        {
            //遍历所有角点
            for( i = 0; i < total; i++ )
            {
                int ofs = (int)((const uchar*)tmpCorners[i] - eig.data);      //得到偏移量
                //得到角点坐标
                int y = (int)(ofs / eig.step);
                int x = (int)((ofs - y*eig.step)/sizeof(float));

                corners.push_back(Point2f((float)x, (float)y));      //存储角点
                ++ncorners;
                if( maxCorners > 0 && (int)ncorners == maxCorners )
                    break;
            }
        }
        //把 corners 向量转换为所需类型的向量
        Mat(corners).convertTo(_corners, _corners.fixedType() ? _corners.type() : CV_32F);

        /*
        for( i = 0; i < total; i++ )
        {
            int ofs = (int)((const uchar*)tmpCorners[i] - eig.data);
            int y = (int)(ofs / eig.step);
            int x = (int)((ofs - y*eig.step)/sizeof(float));

            if( minDistance > 0 )
            {
                for( j = 0; j < ncorners; j++ )
                {
                    float dx = x - corners[j].x;
                    float dy = y - corners[j].y;
```

```
                    if( dx*dx + dy*dy < minDistance )
                        break;
                }
                if( j < ncorners )
                    continue;
            }

            corners.push_back(Point2f((float)x, (float)y));
            ++ncorners;
            if( maxCorners > 0 && (int)ncorners == maxCorners )
                break;
        }
*/
    }
```

4.3 应用实例

下面就给出应用 goodFeaturesToTrack 函数检测角点的实例：

```
#include "opencv2/core/core.hpp"
#include "opencv2/highgui/highgui.hpp"
#include "opencv2/imgproc/imgproc.hpp"
#include <iostream>
using namespace cv;
using namespace std;

int main( int argc, char** argv )
{
    Mat src, src_gray;
    src=imread("building.jpg");
    if( !src.data )
        return -1;

    cvtColor( src, src_gray, CV_BGR2GRAY );
    //给出 goodFeaturesToTrack 函数所需的参数
    vector<Point2f> corners;
    double qualityLevel = 0.01;
    double minDistance = 10;
    int maxCorners =150;
    int blockSize = 3;
    bool useHarrisDetector = false;
    double k = 0.04;

    Mat copy;
    copy = src.clone();

    //角点检测
    goodFeaturesToTrack( src_gray,
            corners,
```

```
                    maxCorners,
                    qualityLevel,
                    minDistance,
                    Mat(),
                    blockSize,
                    useHarrisDetector,
                    k );

    //画出角点位置
    for( int i = 0; i < corners.size(); i++ )
        circle( copy, corners[i], 5, Scalar(0,0,255), -1, 8, 0 );

    //显示
    namedWindow( "Shi-Tomasi", CV_WINDOW_AUTOSIZE );
    imshow( "Shi-Tomasi", copy );
    waitKey(0);

    return 0;
}
```

图 4-1 所示为 Shi-Tomasi 角点检测结果。

▲图 4-1　Shi-Tomasi 角点检测结果

第 5 章 SIFT 方法

5.1 原理分析

SIFT（尺度不变特征变换，Scale-Invariant Feature Transform）是在计算机视觉领域中检测和描述图像中局部特征的算法，该算法于 1999 年被 Lowe 提出，并于 2004 年进行了补充和完善。该算法应用很广，如目标识别、自动导航、图像拼接、三维建模、手势识别、视频跟踪等。不幸的是，该算法已经在美国申请了专利，专利拥有者为 Lowe 所在的加拿大不列颠哥伦比亚大学，因此我们不能随意使用它。

用 SIFT 算法所检测到的特征是局部的，而且该特征对于图像的尺度和旋转能够保持不变。同时，这些特征对亮度变化具有很强的鲁棒性，对噪声和视角的微小变化也能保持一定的稳定性。SIFT 特征还具有很强的可区分性，特征很容易被提取出来，并且即使在低概率的不匹配情况下也能够正确地识别出目标来。因此鲁棒性和可区分性是 SIFT 算法最主要的特点。

SIFT 算法分为 4 个阶段。

（1）尺度空间极值检测：该阶段是在图像的全部尺度和全部像素点上进行搜索，并通过应用高斯差分函数可以有效地识别出尺度不变性和旋转不变性的潜在候选特征点来。

（2）特征点的定位：在每个候选特征点上，一个精确的模型被拟合出来用于确定特征点的位置和尺度。而特征点的最后选取依赖的是它们的稳定程度，特征点的稳定性越好，越有可能被选取。

（3）方向角度的确定：基于图像的局部梯度方向，为每个特征点分配一个或多个方向角度。所有后续的操作都是相对于所确定下来的特征点的角度、尺度和位置的基础上进行的，因此特征点具有这些角度、尺度和位置的不变性。

（4）特征点的描述符：在所选定的尺度空间内，计算特征点邻域内的局部图像梯度，将这些梯度转换成一种允许局部较大程度的形状变形和亮度变化的描述符的形式。

下面就详细阐述 SIFT 算法的这 4 个阶段。

1. 尺度空间极值检测

特征点检测的第一步是能够识别出目标的位置和尺度，对同一个目标在不同的视角下这些位置和尺度可以被重复地分配。并且这些检测到的位置是不随图像尺度的变化而改变的，因为它们是通过搜索所有尺度上的稳定特征得到的，所应用的工具就是被称为尺度空间的连续尺度函数。

真实世界的物体只有在一定尺度上才有意义，例如我们能够看到放在桌子上的水杯，但对于整个银河系，这个水杯是不存在的。物体的这种多尺度的本质在自然界中是普遍存在的。尺度空间就是试图在数字图像领域复制这个概念。又比如，对于某幅森林图像来说，我们是想看到叶子还是想看到整棵树，如果是树，那么我们就应该有意识地去除图像的细节部分（如叶子、细枝等）。在去除细节部分的过程中，我们一定要确保不能引进新的错误的细节。因此在创建尺度空间的过程中，我们应该对原始图像逐渐地做模糊平滑处理。进行该操作的唯一方法是高斯模糊处理，因为已经被证实，高斯函数是唯一可能的尺度空间核。

图像的尺度空间用 $L(x, y, \sigma)$ 函数表示，它是由一个变尺度的二维高斯函数 $G(x, y, \sigma)$ 与图像 $I(x, y)$ 通过卷积产生的，即：

$$L(x, y, \sigma) = G(x, y, \sigma) \otimes I(x, y) \tag{5-1}$$

式中，$\otimes$ 表示在水平和垂直两个方向上（即二维空间内）进行卷积操作，而 $G(x, y, \sigma)$ 为：

$$G(x, y, \sigma) = \frac{1}{2\pi\sigma^2} e^{-\frac{x^2+y^2}{2\sigma^2}} \tag{5-2}$$

式中，σ 是尺度空间因子，它决定着图像模糊平滑处理的程度。在大尺度下，σ 值大，表现的是图像的概貌信息；在小尺度下，σ 值小，表现的是图像的细节信息。因此大尺度对应着低分辨率，小尺度对应着高分辨率。(x, y) 则表示在 σ 尺度下的图像像素坐标。

需要说明的是，式（5-1）中的图像 $I(x, y)$ 是具有无限分辨率的图像，也就是说它的尺度 $\sigma = 0$，即 $I(x, y) = L(x, y, 0)$。因此式（5-1）得到的尺度空间图像 $L(x, y, \sigma)$ 是由尺度为 0 的图像 $L(x, y, 0)$ 生成的。很显然，尺度为 0，即无限分辨率的图像是无法获得的，Lowe 就是把初始图像的尺度设定为 0.5。那么由 $L(x, y, \sigma_1)$ 得到 $L(x, y, \sigma_2)$，即由尺度为 σ_1 的图像生成尺度为 σ_2 的图像的公式为：

$$L(x, y, \sigma_2) = G\left(x, y, \sqrt{\sigma_2^2 - \sigma_1^2}\right) \otimes L(x, y, \sigma_1), \qquad \sigma_2 \geqslant \sigma_1 \tag{5-3}$$

式中，

$$G\left(x, y, \sqrt{\sigma_2^2 - \sigma_1^2}\right) = \frac{1}{2\pi\left(\sigma_2^2 - \sigma_1^2\right)} e^{-\frac{x^2+y^2}{2\left(\sigma_2^2 - \sigma_1^2\right)}} \tag{5-4}$$

由于尺度为 0 的图像无法得到，因此在实际应用中要想得到任意尺度下的图像，一定是利用式（5-3）生成的，即由一个已知尺度（该尺度不为 0）的图像生成另一个尺度的图像，并且一定是小尺度的图像生成大尺度的图像。

利用高斯拉普拉斯方法（Laplacian of Gaussian，LoG），即图像的二阶导数，能够在不同的尺度下检测到图像的斑点特征，从而可以确定图像的特征点。但 LoG 的效率不高，因此 SIFT 算法进行了改进，通过对两个相邻高斯尺度空间的图像相减，得到一个 Difference of Gaussians（高斯差分，DoG）的响应值图像 $D(x, y, \sigma)$ 来近似 LoG：

$$D(x,y,\sigma)=\big(G(x,y,k\sigma)-G(x,y,\sigma)\big)\otimes I(x,y)=L(x,y,k\sigma)-L(x,y,\sigma) \tag{5-5}$$

式中，k 为两个相邻尺度空间的倍数，它为常系数。

可以证明 DoG 是对 LoG 的近似表示，并且用 DoG 代替 LoG 并不影响对图像斑点位置的检测。而且用 DoG 近似 LoG 可以实现下列好处：第一是 LoG 需要使用两个方向的高斯二阶微分卷积核，而 DoG 直接使用高斯卷积核，省去了卷积核生成的运算量；第二是 DoG 保留了个高斯尺度空间的图像，因此在生成某一空间尺度的特征时，可以直接使用式(5-1)或式(5-3)产生的尺度空间图像，而无须重新再次生成该尺度的图像；第三是 DoG 具有与 LoG 相同的性质，即稳定性好、抗干扰能力强。

为了在连续的尺度下检测图像的特征点，需要建立 DoG 金字塔，而 DoG 金字塔的建立又离不开高斯金字塔的建立。如图 5-1 所示，左侧为高斯金字塔，右侧为 DoG 金字塔。

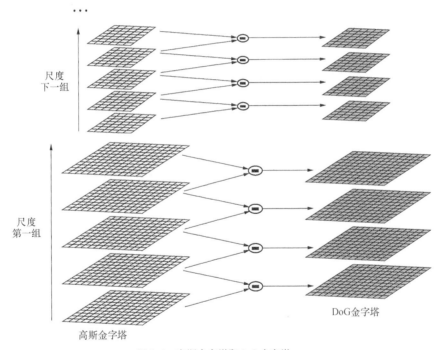

▲图 5-1　高斯金字塔和 DoG 金字塔

高斯金字塔共分 O 组（Octave），每组又分 S 层（Layer）。组内各层图像的分辨率是相同的，即长和宽相同，但尺度逐渐增加，即越往塔顶图像越模糊。而下一组的图像是由上一组图像按照隔点降采样得到的，即图像的长和宽分别减半。高斯金字塔的组数 O 是由输入图像的分辨率得到的，因为要进行隔点降采样，所以在执行降采样生成高斯金字塔过程中，一直到不能降采样为止，但图像太小又毫无意义，因此组数 O 具体的公式为：

$$O=\big\lfloor \log_2 \min(X,Y)-2 \big\rfloor \tag{5-6}$$

式中，X 和 Y 分别为输入图像的长和宽，$\lfloor\ \rfloor$ 表示向下取整。

金字塔的层数 S 为：

$$S = s + 3 \tag{5-7}$$

Lowe 建议 s 为 3。需要注意的是，除了式（5-7）中的第一个字母是大写的 S 外，后面出现的都是小写的 s。

高斯金字塔的创建是这样的：设输入图像的尺度为 0.5，由该图像经过高斯函数处理得到高斯金字塔的第 0 组的第 0 层图像，它的尺度为 σ_0，我们称 σ_0 为基准层尺度，再由第 0 层得到第 1 层，它的尺度为 $k\sigma_0$，第 2 层的尺度为 $k^2\sigma_0$，依次类推。这里的 k 为：

$$k = 2^{\frac{1}{s}} \tag{5-8}$$

我们以 $s=3$ 为例，第 0 组的 6（$s+3=6$）幅图像的尺度分别为：

$$\sigma_0,\ k\sigma_0,\ k^2\sigma_0,\ k^3\sigma_0,\ k^4\sigma_0,\ k^5\sigma_0 \tag{5-9}$$

写成更一般的公式为：

$$\sigma = k^r\sigma_0 \qquad r\in[0,\cdots,s+2] \tag{5-10}$$

第 0 组构建完成后，再构建第 1 组。第 1 组的第 0 层图像是由第 0 组的倒数第 3 层图像经隔点降采样得到的。由式（5-10）可以得到，第 0 组的倒数第 3 层图像的尺度为 $k^s\sigma_0$，k 的值由式（5-8）得到，则最终得到了该层图像的尺度正好为 $2\sigma_0$，因此第 1 组的第 0 层图像的尺度仍然是 $2\sigma_0$。但由于第 1 组图像是由第 0 组图像经隔点降采样得到的，因此相对于第 1 组图像的分辨率来说，第 0 层图像的尺度为 σ_0，因为尺度为 $2\sigma_0$ 是相对于输入图像的分辨率来说的，而尺度为 σ_0 是相对于该组图像的分辨率来说的。这也就是我们称 σ_0 为基准层尺度的原因（它是每组图像的基准层尺度）。第 1 组其他层图像的生成与第 0 组的情况相同。因此可以看出，第 1 组各层图像的尺度相对于该组分辨率来说仍然满足式（5-10）。这样做的好处就是编程的效率会提高，并且也保证了高斯金字塔尺度空间的连续性。而之所以会出现这样的结果，是因为在参数选择上同时满足了式（5-7）、式（5-8）以及对上一组倒数第 3 层图像降采样这 3 个必要条件的原因。

那么第 1 组各层图像相对于输入图像来说，它们的尺度为：

$$\sigma = 2k^r\sigma_0 \qquad r\in[0,\cdots,s+2] \tag{5-11}$$

该式与式（5-10）相比较可以看出，第 1 组各层图像的尺度比第 0 组相对应层图像的尺度大了一倍。高斯金字塔的其他组的构建依次类推，不再赘述。下面给出相对于输入图像的各层图像的尺度公式：

$$\sigma(o, r) = 2^o k^r\sigma_0 \qquad o\in[0,\cdots,O-1],\quad r\in[0,\cdots,s+2] \tag{5-12}$$

式中，o 表示组的坐标，r 表示层的坐标，σ_0 为基准层尺度。k 用式（5-8）代入，得：

$$\sigma(o,r) = \sigma_0 2^{\frac{o+\frac{r}{s}}{}} \qquad o\in[0,\cdots,o-1], r\in[0,\cdots,s+2] \tag{5-13}$$

在高斯金字塔中，第 0 组第 0 层的图像是输入图像经高斯模糊后的结果，模糊后的图像的高频部分必然会减少，因此为了最大程度地保留原图地信息量，Lowe 建议在创建尺度空间前，首先对输入图像的长宽扩展一倍,这样就形成了高斯金字塔的第 -1 组。由扩展后的图像依次进行高斯平滑处理就得到了第-1 组的各个层的尺度图像,方法与其他组的一样。由于增加了第 -1 组,因此式(5-13)重新写为:

$$\sigma(o,r) = \sigma_0 2^{o+\frac{r}{s}} \quad o \in [-1,0,\cdots,o-1], r \in [0,\cdots,s+2] \tag{5-14}$$

DoG 金字塔是由高斯金字塔得到的,即高斯金字塔组内相邻两层图像相减得到 DoG 金字塔。如高斯金字塔的第 0 组的第 0 层和第 1 层相减得到 DoG 金字塔的第 0 组的第 0 层图像,高斯金字塔的第 0 组的第 1 层和第 2 层相减得到 DoG 金字塔的第 0 组的第 1 层图像,依次类推。需要注意的是,只有高斯金字塔的组内相邻两层才可以相减,而两组间的各层是不能相减的。因此高斯金字塔每组有 $s+3$ 层图像,而 DoG 金字塔每组则有 $s+2$ 层图像。

极值点的搜索是在 DoG 金字塔内进行的,这些极值点就是候选的特征点。

在搜索之前,我们需要在 DoG 金字塔内剔除那些像素灰度值过小的点,因为这些像素具有较低的对比度,它们肯定不是稳定的特征点。

极值点的搜索不仅需要在它所在尺度空间图像的邻域内进行,还需要在它的相邻尺度空间的图像内进行,如图 5-2 所示。

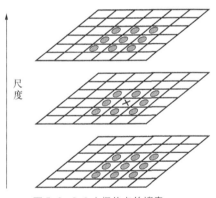

▲图 5-2 DoG 中极值点的搜索

每个像素在它的尺度图像中一共有 8 个相邻点,而在它的下一个相邻尺度图像和上一个相邻尺度图像则还各有 9 个相邻点(图 5-2 中圆形标注的像素),也就是说,该点是在 3×3×3 的立方体内被包围着,因此该点在 DoG 金字塔内一共有 26 个相邻点需要比较,来判断其是否为极大值或极小值。这里所说的相邻尺度图像指的是在同一个组内,因此在 DoG 金字塔内,每一个组内的第 0 层和最后一层各只有一个相邻尺度图像,所以在搜索极值点时无须在这两层尺度图像内进行,从而使极值点的搜索就只在每组的中间的、共 s 层尺度图像内进行。

搜索的过程是这样的:从每组的第 1 层开始,以第 1 层为当前层,对第 1 层的 DoG 图像中的每个点取一个 3×3×3 的立方体,立方体上下层分别为第 0 层和第 2 层。这样,搜索得到的极值点既有位置坐标(该点所在图像的空间坐标),又有尺度空间坐标(该点所在层的尺度)。当第 1 层搜索完成后,再以第 2 层为当前层,其过程与第 1 层的搜索类似,依次类推。

2. 特征点的定位

通过上一步，我们得到了极值点，但这些极值点还仅仅是候选的特征点，因为它们还存在一些不确定的因素。首先是极值点的搜索是在离散空间内进行的，并且这些离散空间还是经过不断的降采样得到的。如果把采样点拟合成曲面后我们会发现，原先的极值点并不是真正的极值点，也就是离散空间的极值点并不一定是连续空间的极值点。在这里，我们是需要精确定位特征点的位置和尺度的，也就是要达到亚像素级精度，因此必须进行拟合处理。

我们使用泰勒级数展开式作为拟合函数。如上所述，极值点是一个三维矢量，即它包括极值点所在的尺度，以及它的尺度图像坐标，即 $\boldsymbol{X} = (x, y, \sigma)^{\mathrm{T}}$，因此我们需要三维函数的泰勒级数展开式，设我们在 $\boldsymbol{X_0} = (x_0, y_0, \sigma_0)^{\mathrm{T}}$ 处进行泰勒级数展开，则它的矩阵形式为：

$$f\left(\begin{bmatrix} x \\ y \\ \sigma \end{bmatrix}\right) \approx f\left(\begin{bmatrix} x_0 \\ y_0 \\ \sigma_0 \end{bmatrix}\right) + \begin{bmatrix} \dfrac{\partial f}{\partial x} & \dfrac{\partial f}{\partial y} & \dfrac{\partial f}{\partial \sigma} \end{bmatrix}\left(\begin{bmatrix} x \\ y \\ \sigma \end{bmatrix} - \begin{bmatrix} x_0 \\ y_0 \\ \sigma_0 \end{bmatrix}\right) +$$

$$\frac{1}{2}([x \quad y \quad \sigma] - [x_0 \quad y_0 \quad \sigma_0]) \begin{bmatrix} \dfrac{\partial^2 f}{\partial x \partial x} & \dfrac{\partial^2 f}{\partial x \partial y} & \dfrac{\partial^2 f}{\partial x \partial \sigma} \\ \dfrac{\partial^2 f}{\partial x \partial y} & \dfrac{\partial^2 f}{\partial y \partial y} & \dfrac{\partial^2 f}{\partial y \partial \sigma} \\ \dfrac{\partial^2 f}{\partial x \partial \sigma} & \dfrac{\partial^2 f}{\partial y \partial \sigma} & \dfrac{\partial^2 f}{\partial \sigma \partial \sigma} \end{bmatrix}\left(\begin{bmatrix} x \\ y \\ \sigma \end{bmatrix} - \begin{bmatrix} x_0 \\ y_0 \\ \sigma_0 \end{bmatrix}\right) \tag{5-15}$$

式（5-15）为舍去高阶项的形式，而它的矢量表示形式为：

$$f(X) = f(X_0) + \frac{\partial f^{\mathrm{T}}}{\partial X}(X - X_0) + \frac{1}{2}(X - X_0)^{\mathrm{T}}\frac{\partial^2 f}{\partial X^2}(X - X_0) \tag{5-16}$$

式中，$\boldsymbol{X_0}$ 表示离散空间下的插值中心（在离散空间内也就是采样点）坐标，$\boldsymbol{X}$ 表示拟合后连续空间下的插值点坐标，设 $\hat{\boldsymbol{X}} = \boldsymbol{X} - \boldsymbol{X_0}$，则 $\hat{\boldsymbol{X}}$ 表示相对于插值中心，插值后的偏移量。因此式（5-16）经过变量变换后，又可写成：

$$f(\hat{X}) = f(X_0) + \frac{\partial f^{\mathrm{T}}}{\partial X}\hat{X} + \frac{1}{2}\hat{X}^{\mathrm{T}}\frac{\partial^2 f}{\partial X^2}\hat{X} \tag{5-17}$$

对上式求导，得：

$$\frac{\partial f(\hat{X})}{\partial \hat{X}} = \frac{\partial f^{\mathrm{T}}}{\partial X} + \frac{1}{2}\left(\frac{\partial^2 f}{\partial X^2} + \frac{\partial^2 f^{\mathrm{T}}}{\partial X^2}\right)\hat{X} = \frac{\partial f^{\mathrm{T}}}{\partial X} + \frac{\partial^2 f}{\partial X^2}\hat{X} \tag{5-18}$$

让它的导数为 0，就可得到极值点下的相对于插值中心 $\boldsymbol{X_0}$ 的偏移量：

$$\hat{X} = -\left(\frac{\partial^2 f}{\partial X^2}\right)^{-1}\frac{\partial f}{\partial X} \tag{5-19}$$

把式（5-19）得到的极值点带入式（5-17）中，就得到了该极值点下的极值：

$$f\left(\hat{X}\right) = f\left(X_0\right) + \frac{\partial f^{\mathrm{T}}}{\partial X}\hat{X} + \frac{1}{2}\left(-\frac{\partial^2 f^{-1}}{\partial X^2}\frac{\partial f}{\partial X}\right)^{\mathrm{T}}\frac{\partial^2 f}{\partial X^2}\left(-\frac{\partial^2 f^{-1}}{\partial X^2}\frac{\partial f}{\partial X}\right)$$

$$= f\left(X_0\right) + \frac{\partial f^{\mathrm{T}}}{\partial X}\hat{X} + \frac{1}{2}\frac{\partial f^{\mathrm{T}}}{\partial X}\frac{\partial^2 f^{-\mathrm{T}}}{\partial X^2}\frac{\partial^2 f}{\partial X^2}\frac{\partial^2 f^{-1}}{\partial X^2}\frac{\partial f}{\partial X}$$

$$= f\left(X_0\right) + \frac{\partial f^{\mathrm{T}}}{\partial X}\hat{X} + \frac{1}{2}\frac{\partial f^{\mathrm{T}}}{\partial X}\frac{\partial^2 f^{-1}}{\partial X^2}\frac{\partial f}{\partial X}$$

$$= f\left(X_0\right) + \frac{\partial f^{\mathrm{T}}}{\partial X}\hat{X} + \frac{1}{2}\frac{\partial f^{\mathrm{T}}}{\partial X}\left(-\hat{X}\right)$$

$$= f\left(X_0\right) + \frac{1}{2}\frac{\partial f^{\mathrm{T}}}{\partial X}\hat{X} \tag{5-20}$$

对于式（5-19）所求得的偏移量如果大于 0.5（只要 x、y 和 σ 任意一个量大于 0.5），则表明插值点已偏移到了它的临近的插值中心，所以必须改变当前的位置，使其为它所偏移到的插值中心处，然后在新的位置上重新进行泰勒级数插值拟合，直到偏移量小于 0.5 为止（x、y 和 σ 都小于 0.5），这是一个迭代的工程。当然，为了避免无限次的迭代，我们还需要设置一个最大迭代次数，在达到了迭代次数但仍然没有满足偏移量小于 0.5 的情况下，该极值点就要被剔除掉。另外，如果由式（5-20）所得到的极值 $f(\hat{X})$ 过小，即 $\left|f(\hat{X})\right| < 0.03$ 时（假设图像的灰度值在 0～1.0），则这样的点易受到噪声的干扰而变得不稳定，所以这些点也应该剔除。而在 OpenCV 中，使用的是下列公式来判断其是否为不稳定的极值：

$$\left|f\left(\hat{X}\right)\right| < \frac{T}{s} \tag{5-21}$$

式中 T 为经验阈值，系统默认为 0.04。

极值点的求取是在 DoG 尺度图像内进行的，DoG 图像的一个特点就是对图像边缘有很强的响应。一旦特征点落在图像的边缘上，这些点就是不稳定的点。这一方面是因为图像边缘上的点是很难定位的，具有定位的歧义性；另一方面这样的点很容易受到噪声的干扰而变得不稳定。因此我们一定要把这些点找到并剔除掉。它的方法与 Harris 角点检测方法相似，即一个平坦的 DoG 响应峰值往往在横跨边缘的地方有较大的主曲率，而在垂直边缘的方向上有较小的主曲率，主曲率可以通过 2×2 的 Hessian 矩阵 H 求出：

$$H\left(x, y\right) = \begin{bmatrix} D_{xx}\left(x, y\right) & D_{xy}\left(x, y\right) \\ D_{xy}\left(x, y\right) & D_{yy}\left(x, y\right) \end{bmatrix} \tag{5-22}$$

式中，$D_{xx}(x, y)$、$D_{yy}(x, y)$ 和 $D_{xy}(x, y)$ 分别表示对 DoG 图像中的像素在水平方向和垂直方向上的二阶偏导和二阶混合偏导。在这里，我们不需要求精确的 H 矩阵的两个特征值——α 和 β，而只要知道两个特征值的比例就可以判断该像素点的主曲率大小。

矩阵 $\boldsymbol{H}$ 的迹和行列式值分别为：

$$\mathrm{tr}(\boldsymbol{H}) = D_{xx} + D_{yy} = \alpha + \beta \tag{5-23}$$

$$\det(\boldsymbol{H}) = D_{xx}D_{yy} - (D_{xy})^2 = \alpha\beta \tag{5-24}$$

我们首先剔除掉那些行列式为负数的点，即 $\det(\boldsymbol{H}) < 0$，因为如果矩阵 $\boldsymbol{H}$ 的特征值有不同的符号，则该点肯定不是特征点。设 $\alpha > \beta$，并且 $\alpha = \gamma\beta$，其中 $\gamma > 1$，则：

$$\frac{\mathrm{tr}(\boldsymbol{H})^2}{\det(\boldsymbol{H})} = \frac{(\alpha + \beta)^2}{\alpha\beta} = \frac{(\gamma\beta + \beta)^2}{\gamma\beta^2} = \frac{(\gamma + 1)^2}{\gamma} \tag{5-25}$$

式（5-25）的结果只与两个特征值的比例有关，而与具体的特征值无关。我们知道，当某个像素的 $\boldsymbol{H}$ 矩阵的两个特征值相差越大，即 γ 很大，则该像素越有可能是边缘。对于式（5-25），当两个特征值相等时，等式的值最小，随着 γ 的增加，等式的值也增加。所以，要想判断主曲率的比值是否小于某一阈值 γ，只要确定下式是否成立即可：

$$\frac{\mathrm{tr}(\boldsymbol{H})}{\det(\boldsymbol{H})} < \frac{(\gamma + 1)^2}{\gamma} \tag{5-26}$$

对不满足式（5-26）的极值点就不是特征点，因此应该把它们剔除掉。Lowe 给出 γ 为 10。在上面的运算中，需要用到有限差分法求偏导，在这里我们给出具体的公式。为方便起见，我们以图像为例只给出二元函数的实例。与二元函数类似，三元函数的偏导可以很容易得到。

设 $f(i,j)$ 是 y 轴为 i、x 轴为 j 的图像像素灰度值，则在 (i,j) 点处的一阶偏导、二阶偏导及二阶混合偏导为：

$$\frac{\partial f}{\partial x} = \frac{f(i, j+1) - f(i, j-1)}{2h}, \frac{\partial f}{\partial y} = \frac{f(i+1, j) - f(i-1, j)}{2h} \tag{5-27}$$

$$\frac{\partial^2 f}{\partial x^2} = \frac{f(i, j+1) + f(i, j-1) - 2f(i,j)}{h^2}, \frac{\partial^2 f}{\partial y^2} = \frac{f(i+1, j) + f(i-1, j) - 2f(i,j)}{h^2} \tag{5-28}$$

$$\frac{\partial^2 f}{\partial x \partial y} = \frac{f(i-1, j-1) + f(i+1, j+1) - f(i-1, j+1) - f(i+1, j-1)}{4h^2} \tag{5-29}$$

由于在图像中，相邻像素之间的间隔都是 1，所以这里的 $h = 1$。

3. 方向角度的确定

经过上面两个步骤，一幅图像的特征点就可以完全找到，而且这些特征点是具有尺度不变性的。但为了实现旋转不变性，还需要为特征点分配一个方向角度，也就是需要根据检测到的特征点所在的高斯尺度图像的局部结构求得一个方向基准。该高斯尺度图像的尺度 σ 是已知的，并且该尺度是相对于高斯金字塔所在组的基准层的尺度，也就是式（5-10）所表示的尺度。而所谓局部结构指的是在高斯尺度图像中以特征点为中心，以 r 为半径的区域内计算所有像素梯度的幅角和幅值，半径 r 为：

$$r = 3 \times 1.5\sigma \tag{5-30}$$

式中，σ 就是上面提到的相对于所在组的基准层的高斯尺度图像的尺度。

像素梯度的幅值和幅角的计算公式为：

$$m(x,y) = \sqrt{\left(L(x+1,y) - L(x-1,y)\right)^2 + \left(L(x,y+1) - L(x,y-1)\right)^2} \tag{5-31}$$

$$\theta(x,y) = \arctan\left(\frac{L(x,y+1) - L(x,y-1)}{L(x+1,y) - L(x-1,y)}\right) \tag{5-32}$$

因为在以 r 为半径的区域内的像素梯度幅值对圆心处的特征点的贡献是不同的，距离圆心越近，贡献越大，因此还需要对幅值进行加权处理，这里采用的是高斯加权，该高斯函数的标准差 σ_m 为：

$$\sigma_m = 1.5\sigma \tag{5-33}$$

式中，参数 σ 也就是式 5-30 中的 σ。

在完成特征点邻域范围内的梯度计算后，还要应用梯度方向直方图来统计邻域内像素的梯度幅角所对应的幅值大小。具体的做法是，把 360° 分为 36 个柱，则每 10° 为一个柱，即 0°～9° 为第 1 柱，10°～19° 为第 2 柱，依次类推。在以 r 为半径的区域内，把那些梯度幅角在 0°～9° 范围内的像素找出来，把它们的加权后的梯度幅值相加在一起，作为第 1 柱的柱高；求第 2 柱以及其他柱的高度的方法相同，不再赘述。为了防止某个梯度幅角因受到噪声的干扰而发生突变，我们还需要对梯度方向直方图进行平滑处理。OpenCV 所使用的平滑公式为：

$$H(i) = \frac{h(i-2) + h(i+2)}{16} + \frac{4 \times \left(h(i-1) + h(i+1)\right)}{16} + \frac{6 \times h(i)}{16}, \qquad i = 0, \cdots, 15 \tag{5-34}$$

式中，h 和 H 分别表示平滑前和平滑后的直方图。由于角度是循环的，即 0°=360°，如果出现 $h(j)$，j 超出了 $(0, \cdots, 15)$ 的范围，那么可以通过圆周循环的方法找到它所对应的在 0°～360° 的值，如 $h(-1) = h(15)$。

这样，直方图的主峰值，即最高的那个柱体所代表的方向就是该特征点处邻域范围内图像梯度的主方向，也就是该特征点的主方向。由于柱体所代表的角度只是一个范围，如第 1 柱的角度为 0°～9°，因此还需要对离散的梯度方向直方图进行插值拟合处理，以得到更精确的方向角度值 θ。例如我们已经得到了第 i 柱所代表的方向为特征点的主方向，则拟合公式为：

$$B = i + \frac{H(i-1) - H(i+1)}{2 \times \left(H(i-1) + H(i+1) - 2 \times H(i)\right)}, \qquad i = 0, \cdots, 15 \tag{5-35}$$

$$\theta = 360 - 10 \times B \tag{5-36}$$

式中，H 为由式（5-34）得到的直方图，角度 θ 的单位是度。同样的，式（5-35）和式（5-36）也存在着式（5-34）所遇到的角度问题，处理的方法同样还是利用角度的圆周循环。

每个特征点除了必须分配一个主方向外，还可能有一个或更多个辅方向，增加辅方向的目的是增强图像匹配的鲁棒性。辅方向的定义是，当存在另一个柱体高度大于主方向柱体高度的80%时，则该柱体所代表的方向角度就是该特征点的辅方向。

在第二步中，我们实现了用两个信息量来表示一个特征点，即位置和尺度。那么经过上面的计算，我们对特征点的表示形式又增加了一个信息量——方向，即 $\boldsymbol{K}(x, y, \sigma, \theta)$。如果某个特征点还有一个辅方向，则这个特征点就要用两个值来表示——$\boldsymbol{K}(x, y, \sigma, \theta_1)$ 和 $\boldsymbol{K}(x, y, \sigma, \theta_2)$，其中 θ_1 表示主方向，θ_2 表示辅方向，而其他的变量 x, y, σ 不变。

4. 特征点描述符生成

通过上面 3 个步骤的操作，每个特征点被分配了坐标位置、尺度和方向。在图像局部区域内，这些参数可以重复地用来描述局部二维坐标系统，因为这些参数具有不变性。下面就来计算局部图像区域的描述符，描述符既要具有可区分性，又要具有对某些变量的不变性，如光亮或三维视角等。

描述符是与特征点所在的尺度有关的，所以描述特征点是需要在该特征点所在的高斯尺度图像上进行。在高斯尺度图像上，以特征点为中心，将其附近邻域划分为 $d \times d$ 个子区域（Lowe 取 $d = 4$）。每个子区域都是一个正方形，正方形的边长为 3σ，也就是说正方形的边长有 3σ 个像素点（这里当然要对 3σ 取整）。σ 为相对于特征点所在的高斯金字塔的组的基准层图像的尺度，即式（5-10）所表示的尺度。考虑到实际编程的需要，特征点邻域范围的边长应为 $3\sigma(d+1)$，因此特征点邻域区域一共应有 $3\sigma(d+1) \times 3\sigma(d+1)$ 个像素点。

为了保证特征点具有旋转不变性，还需要以特征点为中心，将上面确定下来的特征点邻域区域旋转 θ（θ 就是该特征点的方向）。由于是对正方形进行旋转，为了使旋转后的区域包括整个正方形，应该以从正方形的中心到它的边的最长距离为半径，也就是正方形对角线长度的一半，即：

$$r = \frac{3\sigma(d+1)\sqrt{2}}{2} \tag{5-37}$$

所以上述的特征点邻域区域实际应该有 $(2r+1) \times (2r+1)$ 个像素点。由于进行了旋转，则这些采样点的新坐标为：

$$\begin{bmatrix} x' \\ y' \end{bmatrix} = \begin{bmatrix} \cos\theta & -\sin\theta \\ \sin\theta & \cos\theta \end{bmatrix} \begin{bmatrix} x \\ y \end{bmatrix} \qquad x, y \in [-r, r] \tag{5-38}$$

式中，$[x', y']^{\mathrm{T}}$ 为旋转后的像素新坐标，$[x, y]^{\mathrm{T}}$ 为旋转前的坐标。

这时，我们需要计算旋转以后特征点邻域范围内像素的梯度幅值和梯度幅角。这里的梯度幅值还需要根据其对中心特征点贡献的大小进行加权处理，加权函数仍然采用高斯函数，它的方差为 $d^2/2$。在实际应用中，我们是先以特征点为圆心，以式（5-37）中的 r 为半径，计算该圆内所有像素的梯度幅角和高斯加权后的梯度幅值，然后再根据式（5-38）得到这些幅值和幅角所对应的像素在旋转以后新的坐标位置。

在计算特征点描述符的时候，我们不需要精确知道邻域内所有像素的梯度幅值和幅角，我们只需要根据直方图知道其统计值即可。这里的直方图是三维直方图，如图 5-3 所示。

图 5-3 中的三维直方图为一个立方体，立方体的底就是特征点邻域区域，如前面所述。该区域被分为 4×4 个子区域，即 16 个子区域，邻域内的像素根据其坐标位置，把它们归属于这

16 个子区域中的一个。立方体的三维直方图的高为邻域像素幅角的大小。我们把 360° 的幅角范围进行 8 等分，每一个等份为 45°。则再根据邻域像素梯度幅角的大小，把它们归属于这 8 等份中的一份。这样三维直方图就建立了起来，即以特征点为中心的邻域像素根据其坐标位置，以及它的幅角的大小被划归为某个小正方体（图 5-4 中的 C 点，在这里，可以通过归一化处理，得到边长都为单位长度的正方体的）内，该直方图一共有 4×4×8=128 个这样的正方体。而这个三维直方图的值则是正方体内所有邻域像素的高斯加权后的梯度幅值之和，所以一共有 128 个值。我们把这 128 个数写成一个 128 维的矢量，该矢量就是该特征点的特征矢量，所有特征点的矢量构成了最终的输入图像的 SIFT 描述符。

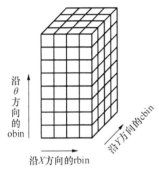

▲图 5-3 描述符的三维直方图

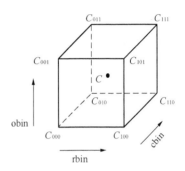

▲图 5-4 三维直方图中的正方体

显然，正方体的中心应该代表着该正方体。但落入正方体内的邻域像素不可能都在中心处，因此我们应该对上面提到的梯度幅值做进一步处理，根据它对中心点位置的贡献大小进行加权处理，即在正方体内，根据像素点相对于正方体中心的距离，对梯度幅值做加权处理。所以三维直方图的值，即正方体的值共需要下面 4 个步骤计算得到：

（1）计算落入该正方体内的邻域像素的梯度幅值 A；

（2）根据该像素相对于特征点的距离，对 A 进行高斯加权处理，得到 B；

（3）根据该像素相对于它所在的正方体的中心的贡献大小，再对 B 进行加权处理，得到 C；

（4）对所有落入该正方体内的像素做上述处理，再进行求和运算 ΣC，得到 D，D 即为该正方体的值。

由于计算相对于正方体中心点的贡献大小略显烦琐，因此在实际应用中，我们需要经过坐标平移，把中心点平移到正方体的顶点上，这样只要计算正方体内的点对正方体的 8 个顶点的贡献大小即可。根据三线性插值法，对某个顶点的贡献值是以该顶点和正方体内的点为对角线的两个顶点，所构成的立方体的体积。在图 5-4 中，C_{000} 的坐标为 $(0, 0, 0)$，C_{100} 的坐标为 $(1, 0, 0)$，依次类推，C 的坐标为 (r, c, θ)，（因为进行了归一化处理，这里的 r, c, θ 值的大小肯定是在 0~1），则 C 点与 8 个顶点所构成的立方体的体积，也就是 C 点对这 8 个顶点的贡献分别为：

$$C_{000}: \quad r \times c \times \theta,$$
$$C_{100}: \quad (1-r) \times c \times \theta$$

$$C_{010}:\quad r\times(1-c)\times\theta$$
$$C_{001}:\quad r\times c\times(1-\theta)$$
$$C_{110}:\quad (1-r)\times(1-c)\times\theta \tag{5-39}$$
$$C_{101}:\quad (1-r)\times c\times(1-\theta)$$
$$C_{011}:\quad r\times(1-c)\times(1-\theta)$$
$$C_{111}:\quad (1-r)\times(1-c)\times(1-\theta)$$

经过上面的三维直方图的计算，最终我们得到了该特征点的特征矢量 $P=\{p_1,p_2,\cdots,p_{128}\}$。为了去除光照变化的影响，需要对特征矢量进行归一化处理，即：

$$q_i=\frac{p_i}{\sqrt{\Sigma_{j=1}^{128}p_j^2}},i=1,2,\cdots,128 \tag{5-40}$$

则 $Q=\{q_1,q_2,\cdots,q_{128}\}$ 为归一化后的特征矢量。尽管通过归一化处理可以消除对光照变化的影响，但由于照相机饱和以及三维物体表面的不同数量不同角度的光照变化所引起的非线性光照变化仍然存在，这些因素能够影响到一些梯度的相对幅值，但不太会影响梯度幅角。为了消除这部分的影响，我们还需要设一个 $t=0.2$ 的阈值，保留 Q 中小于 0.2 的元素，而把 Q 中大于 0.2 的元素用 0.2 替代。最后再对 Q 进行一次归一化处理，以提高特征点的可区分性。

5.2　源码解析

在 OpenCV 中，SIFT 算法的实现是用类的方法给出的，它在 modules/nonfree/src/sift.cpp 中实现。

SIFT 的构造函数：

```
SIFT::SIFT(int nfeatures=0, int nOctaveLayers=3, double contrastThreshold=0.04, double
edgeThreshold=10, double sigma=1.6)
```

其中：

nfeatures 表示需要输出的特征点的数量，程序能够通过排序输出最好的前 nfeatures 个特征点，如果 nfeatures=0，则表示输出所有的特征点。

nOctaveLayers 为式（5-7）中的参数 s。

contrastThreshold 为式（5-21）中的参数 T。

edgeThreshold 为式（5-26）中的参数 γ。

sigma 表示基准层尺度 σ_0。

SIFT 类中的重载运算符函数：

```
void SIFT::operator()(InputArray img, InputArray mask, vector<KeyPoint>& keypoints,
OutputArray descriptors, bool useProvidedKeypoints=false)
```

其中：

img 为输入的 8 位灰度图像。

mask 表示可选的输入掩码矩阵，用来标注需要检测的特征点的区域。

keypoints 为特征点矢量。

descriptors 为输出的特征点描述符矩阵，如果不想得到该值，则需要赋予该值为 cv::noArray()。useProvidedKeypoints 为二值标识符，默认为 false 时，表示需要计算输入图像的特征点；为 true 时，表示无须特征点检测，而是利用输入的特征点 keypoints 值计算它们的描述符。

下面就详细讲解 SIFT 算法的实现。

```cpp
void SIFT::operator()(InputArray _image, InputArray _mask,
                  vector<KeyPoint>& keypoints,
                  OutputArray _descriptors,
                  bool useProvidedKeypoints) const
{
    //定义并初始化一些变量
    //firstOctave 表示金字塔的组索引是从 0 开始还是从-1 开始，-1 表示需要对输入图像的长宽扩大一倍，
    //actualNOctaves 和 actualNLayers 分别表示实际的金字塔的组数和层数
    int firstOctave = -1, actualNOctaves = 0, actualNLayers = 0;
    //得到输入图像矩阵和掩码矩阵
    Mat image = _image.getMat(), mask = _mask.getMat();

    //对输入图像和掩码进行必要的参数确认
    if( image.empty() || image.depth() != CV_8U )
        CV_Error( CV_StsBadArg, "image is empty or has incorrect depth (!=CV_8U)" );

    if( !mask.empty() && mask.type() != CV_8UC1 )
        CV_Error( CV_StsBadArg, "mask has incorrect type (!=CV_8UC1)" );

    //进入下面 if 语句表示不需要计算图像的特征点，只需要根据输入的特征点 keypoints 参数计算它们的描述符
    if( useProvidedKeypoints )
    {
        //因为不需要扩大输入图像的长宽，所以重新赋值 firstOctave 为 0
        firstOctave = 0;
        //给 maxOctave 赋予一个极小的值
        int maxOctave = INT_MIN;
        //遍历全部的输入特征点，得到最小和最大组索引，以及实际的层数
        for( size_t i = 0; i < keypoints.size(); i++ )
        {
            int octave, layer;    //组索引，层索引
            float scale;          //尺度
            //从输入的特征点变量中提取出该特征点所在的组、层，以及它的尺度
            unpackOctave(keypoints[i], octave, layer, scale);
            firstOctave = std::min(firstOctave, octave);      //最小组索引号
            maxOctave = std::max(maxOctave, octave);          //最大组索引号
            actualNLayers = std::max(actualNLayers, layer-2); //实际层数
        }
        //确保最小组索引号不大于 0
        firstOctave = std::min(firstOctave, 0);
        //确保最小组索引号大于等于-1，实际层数小于等于输入参数 nOctaveLayers
        CV_Assert( firstOctave >= -1 && actualNLayers <= nOctaveLayers );
        //计算实际的组数
        actualNOctaves = maxOctave - firstOctave + 1;
```

```
        }
        //创建基层图像矩阵 base，详见下面对 createInitialImage 函数的分析
        //createInitialImage 函数的第二个参数表示是否进行扩大输入图像长宽尺寸操作，true 表示进行该操作，
        //第三个参数为基准层尺度 σ0
        Mat base = createInitialImage(image, firstOctave < 0, (float)sigma);
        //gpyr 为高斯金字塔矩阵向量，dogpyr 为 DoG 金字塔矩阵向量
        vector<Mat> gpyr, dogpyr;
        //计算金字塔的组的数量，当 actualNOctaves > 0 时，表示进入了上面的 if( useProvidedKeypoints )
        //语句，所以组数直接等于 if( useProvidedKeypoints ) 内计算得到的值
        //如果 actualNOctaves 不大于 0，则利用式 5-6 计算组数
        //这里面还考虑了组的初始索引等于-1 的情况，所以最后加上了 - firstOctave 这项
        int nOctaves = actualNOctaves > 0 ? actualNOctaves :
cvRound(log( (double)std::min( base.cols, base.rows ) ) / log(2.) - 2) - firstOctave;

        //double t, tf = getTickFrequency();
        //t = (double)getTickCount();
        //buildGaussianPyramid 和 buildDoGPyramid 分别为构建高斯金字塔和 DoG 金字塔函数，详见下面的分析
        buildGaussianPyramid(base, gpyr, nOctaves);
        buildDoGPyramid(gpyr, dogpyr);

        //t = (double)getTickCount() - t;
        //printf("pyramid construction time: %g\n", t*1000./tf);
        // useProvidedKeypoints 为 false，表示需要计算图像的特征点
        if( !useProvidedKeypoints )
        {
            //t = (double)getTickCount();
            //在尺度空间内找到极值点，后面给出了 findScaleSpaceExtrema 函数的详细分析
            findScaleSpaceExtrema(gpyr, dogpyr, keypoints);
            //在特征点检测的过程中（尤其是在泰勒级数插值拟合的过程中）会出现特征点被重复检测到的现象，因此
            //要剔除掉那些重复的特征点
            //KeyPointsFilter 类是在 modules/features2d/src/keypoint.cpp 定义的
            KeyPointsFilter::removeDuplicated( keypoints );
            //保留那些最好的前 nfeatures 个特征点
            if( nfeatures > 0 )
                KeyPointsFilter::retainBest(keypoints, nfeatures);
            //t = (double)getTickCount() - t;
            //printf("keypoint detection time: %g\n", t*1000./tf);
            //如果 firstOctave < 0，则表示对输入图像进行了扩大处理，所以要对特征点的一些变量进行适当调整。
            //这是因为 firstOctave < 0，金字塔增加了一个第-1 组，而在检测特征点的时候，所有变量都是基于
            //这个第-1 组的基准层尺度图像的
            if( firstOctave < 0 )
                //遍历所有特征点
                for( size_t i = 0; i < keypoints.size(); i++ )
                {
                    KeyPoint& kpt = keypoints[i];     //提取出特征点
                    //其实这里的 firstOctave = -1，所以 scale = 0.5
                    float scale = 1.f/(float)(1 << -firstOctave);
                    //重新调整特征点所在的组
                    kpt.octave = (kpt.octave & ~255) | ((kpt.octave + firstOctave) & 255);
                    //特征点的位置坐标调整到真正的输入图像内，即得到的坐标除以 2
```

```
                    kpt.pt *= scale;
                    //特征点的尺度调整到相对于输入图像的尺度，即得到的尺度除以2
                    kpt.size *= scale;
                }
            //根据掩码矩阵，只保留掩码矩阵所涵盖的特征点
            if( !mask.empty() )
                KeyPointsFilter::runByPixelsMask( keypoints, mask );
        }
        else
        {
            // filter keypoints by mask
            //KeyPointsFilter::runByPixelsMask( keypoints, mask );
        }
        //如果需要得到特征点描述符，则进入下面的if内，生成特征点描述符
        if( _descriptors.needed() )
        {
            //t = (double)getTickCount();
            //dsize 为特征点描述符的大小
            //即 SIFT_DESCR_WIDTH*SIFT_DESCR_WIDTH*SIFT_DESCR_HIST_BINS=4×4×8=128
            int dsize = descriptorSize();
            //创建特征点描述符，为其开辟一段内存空间
            _descriptors.create((int)keypoints.size(), dsize, CV_32F);
            //描述符的矩阵形式
            Mat descriptors = _descriptors.getMat();
            //计算特征点描述符，calcDescriptors 函数在后面将给出详细的分析
            calcDescriptors(gpyr, keypoints, descriptors, nOctaveLayers, firstOctave);
            //t = (double)getTickCount() - t;
            //printf("descriptor extraction time: %g\n", t*1000./tf);
        }
}
```

创建基层图像矩阵 createInitialImage 函数：

```
static Mat createInitialImage( const Mat& img, bool doubleImageSize, float sigma )
{
    Mat gray, gray_fpt;
    //如果输入图像是彩色图像，则需要转换成灰度图像
    if( img.channels() == 3 || img.channels() == 4 )
        cvtColor(img, gray, COLOR_BGR2GRAY);
    else
        img.copyTo(gray);
    //调整图像的像素数据类型
    gray.convertTo(gray_fpt, DataType<sift_wt>::type, SIFT_FIXPT_SCALE, 0);

    float sig_diff;

    if( doubleImageSize )      //需要扩大图像的长宽尺寸
    {
        // SIFT_INIT_SIGMA 为 0.5，即输入图像的尺度，SIFT_INIT_SIGMA×2=1.0，即图像扩大2倍以后的
        //尺度，sig_diff 为式（5-4）中的高斯函数所需要的标准差
        sig_diff = sqrtf( std::max(sigma * sigma - SIFT_INIT_SIGMA * SIFT_INIT_SIGMA * 4, 0.01f) );
```

```
        Mat dbl;
        //利用双线性插值法把图像的长宽都扩大 2 倍
        resize(gray_fpt, dbl, Size(gray.cols*2, gray.rows*2), 0, 0, INTER_LINEAR);
        //利用式（5-3）对图像进行高斯平滑处理
        GaussianBlur(dbl, dbl, Size(), sig_diff, sig_diff);
        return dbl;    //输出图像矩阵
    }
    else    //不需要扩大图像的尺寸
    {
        // sig_diff 为式（5-4）中的高斯函数所需要的标准差
        sig_diff = sqrtf( std::max(sigma * sigma - SIFT_INIT_SIGMA * SIFT_INIT_SIGMA, 0.01f) );
        //利用式（5-3）对图像进行高斯平滑处理
        GaussianBlur(gray_fpt, gray_fpt, Size(), sig_diff, sig_diff);
        return gray_fpt;        //输出图像矩阵
    }
}
```

构建高斯金字塔 buildGaussianPyramid 函数：

```
void SIFT::buildGaussianPyramid( const Mat& base, vector<Mat>& pyr, int nOctaves ) const
{
    //向量数组 sig 表示每组中计算各层图像所需的标准差，nOctaveLayers + 3 即为式（5-7）
    vector<double> sig(nOctaveLayers + 3);
    //定义高斯金字塔的总层数，nOctaves × (nOctaveLayers + 3)，即组数乘以层数
    pyr.resize(nOctaves*(nOctaveLayers + 3));

    // precompute Gaussian sigmas using the following formula:
    //  \sigma_{total}^2 = \sigma_{i}^2 + \sigma_{i-1}^2
    //提前计算好各层图像所需的标准差
    sig[0] = sigma;    //第一层图像的尺度为基准层尺度 σ₀
    //由式（5-8）计算 k 值
    double k = pow( 2., 1. / nOctaveLayers );
    //遍历所有层，计算标准差
    for( int i = 1; i < nOctaveLayers + 3; i++ )
    {
        //由式（5-10）计算前一层图像的尺度
        double sig_prev = pow(k, (double)(i-1))*sigma;
        //由式（5-10）计算当前层图像的尺度
        double sig_total = sig_prev*k;
        //计算式（5-4）中高斯函数所需的标准差，并存入 sig 数组内
        sig[i] = std::sqrt(sig_total*sig_total - sig_prev*sig_prev);
    }
    //遍历高斯金字塔的所有层，构建高斯金字塔
    for( int o = 0; o < nOctaves; o++ )
    {
        for( int i = 0; i < nOctaveLayers + 3; i++ )
        {
            //dst 为当前层图像矩阵
            Mat& dst = pyr[o*(nOctaveLayers + 3) + i];
            //如果当前层为高斯金字塔的第 0 组第 0 层，则直接赋值
            if( o == 0 && i == 0 )
```

```
                //把由 createInitialImage 函数得到的基层图像矩阵赋予该层
                dst = base;
            // base of new octave is halved image from end of previous octave
            //如果当前层是除了第 0 组以外的其他组中的第 0 层，则要进行降采样处理
            else if( i == 0 )
            {
                //提取出当前层所在组的前一组中的倒数第 3 层图像
                const Mat& src = pyr[(o-1)*(nOctaveLayers + 3) + nOctaveLayers];
                //隔点降采样处理
                resize(src, dst, Size(src.cols/2, src.rows/2),
                       0, 0, INTER_NEAREST);
            }
            //除了以上两种情况以外的其他情况的处理
            else
            {
                //提取出当前层的前一层图像
                const Mat& src = pyr[o*(nOctaveLayers + 3) + i-1];
                //根据式（5-3），由前一层尺度图像得到当前层的尺度图像
                GaussianBlur(src, dst, Size(), sig[i], sig[i]);
            }
        }
    }
}
```

构建 DoG 金字塔 buildDoGPyramid 函数：

```
void SIFT::buildDoGPyramid( const vector<Mat>& gpyr, vector<Mat>& dogpyr ) const
{
    //计算金字塔的组的数量
    int nOctaves = (int)gpyr.size()/(nOctaveLayers + 3);
    //定义 DoG 金字塔的总层数，DoG 金字塔比高斯金字塔每组少一层
    dogpyr.resize( nOctaves*(nOctaveLayers + 2) );
    //遍历 DoG 的所有层，构建 DoG 金字塔
    for( int o = 0; o < nOctaves; o++ )
    {
        for( int i = 0; i < nOctaveLayers + 2; i++ )
        {
            //提取出高斯金字塔的当前层图像
            const Mat& src1 = gpyr[o*(nOctaveLayers + 3) + i];
            //提取出高斯金字塔的上层图像
            const Mat& src2 = gpyr[o*(nOctaveLayers + 3) + i + 1];
            //提取出 DoG 金字塔的当前层图像
            Mat& dst = dogpyr[o*(nOctaveLayers + 2) + i];
            //DoG 金字塔的当前层图像等于高斯金字塔的当前层图像减去高斯金字塔的上层图像，即式（5-5）
            subtract(src2, src1, dst, noArray(), DataType<sift_wt>::type);
        }
    }
}
```

在 DoG 尺度空间内找到极值点 findScaleSpaceExtrema 函数：

```
// Detects features at extrema in DoG scale space.  Bad features are discarded
// based on contrast and ratio of principal curvatures.
void SIFT::findScaleSpaceExtrema( const vector<Mat>& gauss_pyr, const vector<Mat>& dog_pyr,
                     vector<KeyPoint>& keypoints ) const
{
    //得到金字塔的组数
    int nOctaves = (int)gauss_pyr.size()/(nOctaveLayers + 3);
    //SIFT_FIXPT_SCALE = 1，设定一个阈值用于判断在 DoG 尺度图像中像素的大小
    int threshold = cvFloor(0.5 * contrastThreshold / nOctaveLayers * 255 * SIFT_FIXPT_SCALE);
    //SIFT_ORI_HIST_BINS = 36，定义梯度方向的数量
    const int n = SIFT_ORI_HIST_BINS;
    float hist[n];   //定义梯度方向直方图变量
    KeyPoint kpt;

    keypoints.clear();    //清空
    //遍历 DoG 金字塔的所有层
    for( int o = 0; o < nOctaves; o++ )
        for( int i = 1; i <= nOctaveLayers; i++ )
        {
            int idx = o*(nOctaveLayers+2)+i;        //DoG 金字塔的当前层索引
            const Mat& img = dog_pyr[idx];          //DoG 金字塔当前层的尺度图像
            const Mat& prev = dog_pyr[idx-1];       //DoG 金字塔下层的尺度图像
            const Mat& next = dog_pyr[idx+1];       //DoG 金字塔上层的尺度图像
            int step = (int)img.step1();             //步长
            int rows = img.rows, cols = img.cols;    //图像的长和宽
            //遍历当前层图像的所有像素
            //SIFT_IMG_BORDER = 5，该变量的作用是保留一部分图像的四周边界
            for( int r = SIFT_IMG_BORDER; r < rows-SIFT_IMG_BORDER; r++)
            {
                //DoG 金字塔当前层图像的当前行指针
                const sift_wt* currptr = img.ptr<sift_wt>(r);
                //DoG 金字塔下层图像的当前行指针
                const sift_wt* prevptr = prev.ptr<sift_wt>(r);
                //DoG 金字塔上层图像的当前行指针
                const sift_wt* nextptr = next.ptr<sift_wt>(r);

                for( int c = SIFT_IMG_BORDER; c < cols-SIFT_IMG_BORDER; c++)
                {
                    sift_wt val = currptr[c];    //DoG 金字塔当前层尺度图像的像素值

                    // find local extrema with pixel accuracy
                    //精确定位局部极值点
                    //如果满足 if 条件，则找到了极值点，即候选特征点
                    if( std::abs(val) > threshold &&    //像素值要大于一定的阈值才稳定，即要具有较
                                                        //强的对比度
                    //下面的逻辑判断被“或”分为两个部分，前一个部分要满足像素值大于 0，在 3×3×3 的
                    //立方体内与周围 26 个邻近像素比较找极大值，后一个部分要满足像素值小于 0，找极小值
                        ((val > 0 && val >= currptr[c-1] && val >= currptr[c+1] &&
                         val>=currptr[c-step-1]&& val >= currptr[c-step] && val >= currptr[c-step+1] &&
                         val>= currptr[c+step-1]&& val >= currptr[c+step]&& val >= currptr[c+step+1] &&
                         val >= nextptr[c] && val >= nextptr[c-1] && val >= nextptr[c+1] &&
```

```
        val>= nextptr[c-step-1]&& val >= nextptr[c-step]&& val >= nextptr[c-step+1] &&
        val>= nextptr[c+step-1]&& val >= nextptr[c+step]&& val >= nextptr[c+step+1] &&
        val>= prevptr[c] && val >= prevptr[c-1] && val >= prevptr[c+1] &&
        val>= prevptr[c-step-1]&& val >= prevptr[c-step]&& val >= prevptr[c-step+1] &&
        val>= prevptr[c+step-1]&& val >= prevptr[c+step]&& val>= prevptr[c+step+1]) ||
        (val < 0 && val <= currptr[c-1] && val <= currptr[c+1] &&
        val<= currptr[c-step-1]&& val <= currptr[c-step]&& val <= currptr[c-step+1] &&
        val<= currptr[c+step-1]&& val <= currptr[c+step]&& val <= currptr[c+step+1] &&
        val<= nextptr[c] && val <= nextptr[c-1] && val <= nextptr[c+1] &&
        val<= nextptr[c-step-1]&& val <= nextptr[c-step]&& val <= nextptr[c-step+1] &&
        val<= nextptr[c+step-1]&& val <= nextptr[c+step]&& val <= nextptr[c+step+1] &&
        val<= prevptr[c] && val <= prevptr[c-1] && val <= prevptr[c+1] &&
        val<= prevptr[c-step-1]&& val <= prevptr[c-step]&& val <= prevptr[c-step+1] &&
        val<= prevptr[c+step-1] && val <=prevptr[c+step] && val<=prevptr[c+step+1])))
{
    //三维坐标，长、宽、层（层与尺度相对应）
    int r1 = r, c1 = c, layer = i;
    // adjustLocalExtrema 函数的作用是调整局部极值的位置，即找到亚像素级精度的
    //特征点，该函数在后面给出详细的分析
    //如果满足 if 条件，说明该极值点不是特征点，继续上面的 for 循环
    if( !adjustLocalExtrema(dog_pyr, kpt, o, layer, r1, c1,
                        nOctaveLayers, (float)contrastThreshold,
                        (float)edgeThreshold, (float)sigma) )
        continue;
    //计算特征点相对于它所在组的基准层的尺度，即式（5-10）所得的尺度
    float scl_octv = kpt.size*0.5f/(1 << o);
    // calcOrientationHist 函数为计算特征点的方向角度，后面给出该函数的详细分析
    //SIFT_ORI_SIG_FCTR = 1.5f, SIFT_ORI_RADIUS = 3 *
    //SIFT_ORI_SIG_FCTR
    float omax=calcOrientationHist(gauss_pyr[o*(nOctaveLayers+3)+ layer],
                        Point(c1, r1),
                        cvRound(SIFT_ORI_RADIUS * scl_octv),
                        SIFT_ORI_SIG_FCTR * scl_octv,
                        hist, n);
    //SIFT_ORI_PEAK_RATIO = 0.8f
    //计算直方图辅方向的阈值，即主方向的80%，
    float mag_thr = (float)(omax * SIFT_ORI_PEAK_RATIO);
    //计算特征点的方向
    for( int j = 0; j < n; j++ )
    {
        //j 为直方图当前柱体索引，l 为前一个柱体索引，r2 为后一个柱体索引，如果 l 和
        //r2 超出了柱体范围，则要进行圆周循环处理
        int l = j > 0 ? j - 1 : n - 1;
        int r2 = j < n-1 ? j + 1 : 0;
        //方向角度拟合处理
        //判断柱体高度是否大于直方图辅方向的阈值，因为拟合处理的需要，还要满足
        //柱体的高度大于其前后相邻两个柱体的高度
        if(hist[j] > hist[l]&& hist[j]>hist[r2]  && hist[j] >= mag_thr )
        {
            //式（5-35）
```

```
                                      float bin=j+0.5f*(hist[l]-hist[r2])/(hist[l]-2*hist[j]+ hist[r2]);
                                      //圆周循环处理
                                      bin = bin < 0 ? n + bin : bin >= n ? bin - n : bin;
                                      //式（5-36），得到特征点的方向
                                      kpt.angle = 360.f - (float)((360.f/n) * bin);
                                      //如果方向角度十分接近于 360°，则就让它等于 0°
                                      if(std::abs(kpt.angle - 360.f) < FLT_EPSILON)
                                          kpt.angle = 0.f;
                                      //保存特征点
                                      keypoints.push_back(kpt);
                              }
                          }
                      }
                  }
              }
          }
}
```

精确找到图像的特征点 adjustLocalExtrema 函数：

```
// Interpolates a scale-space extremum's location and scale to subpixel
// accuracy to form an image feature. Rejects features with low contrast.
// Based on Section 4 of Lowe's paper.
//dog_pyr 为 DoG 金字塔，kpt 为特征点，octv 和 layer 为极值点所在的组和组内的层，r 和 c 为极值点的位置坐标
static bool adjustLocalExtrema( const vector<Mat>& dog_pyr, KeyPoint& kpt, int octv,
                                int& layer, int& r, int& c, int nOctaveLayers,
                                float contrastThreshold, float edgeThreshold, float sigma )
{
    // SIFT_FIXPT_SCALE = 1, img_scale 为对图像进行归一化处理的系数
    const float img_scale = 1.f/(255*SIFT_FIXPT_SCALE);
    //式（5-27）中分母的倒数
    const float deriv_scale = img_scale*0.5f;
    //式（5-28）中分母的倒数
    const float second_deriv_scale = img_scale;
    //式（5-29）中分母的倒数
    const float cross_deriv_scale = img_scale*0.25f;

    float xi=0, xr=0, xc=0, contr=0;
    int i = 0;
    // SIFT_MAX_INTERP_STEPS = 5, 表示最多循环迭代 5 次
    for( ; i < SIFT_MAX_INTERP_STEPS; i++ )
    {
        //找到极值点所在的 DoG 金字塔的层索引
        int idx = octv*(nOctaveLayers+2) + layer;
        const Mat& img = dog_pyr[idx];            //当前层尺度图像
        const Mat& prev = dog_pyr[idx-1];         //下层尺度图像
        const Mat& next = dog_pyr[idx+1];         //上层尺度图像
        //变量 dD 就是式（5-19）中的∂f / ∂X，一阶偏导的公式为式（5-27）
        Vec3f dD((img.at<sift_wt>(r, c+1) - img.at<sift_wt>(r, c-1))*deriv_scale,
        //f 对 x 的一阶偏导
                (img.at<sift_wt>(r+1, c) - img.at<sift_wt>(r-1, c))*deriv_scale,
```

```
        //f 对 y 的一阶偏导
                (next.at<sift_wt>(r, c) - prev.at<sift_wt>(r, c))*deriv_scale);
        //f 对尺度 σ 的一阶偏导

        //当前像素灰度值的 2 倍
        float v2 = (float)img.at<sift_wt>(r, c)*2;
        //下面是求二阶纯偏导，式（5-28）
        //这里的 x, y, s 分别代表 X = (x, y, σ)^T 中的 x, y, σ
        float dxx = (img.at<sift_wt>(r, c+1) + img.at<sift_wt>(r, c-1) - v2)*second_deriv_scale;
        float dyy = (img.at<sift_wt>(r+1, c) + img.at<sift_wt>(r-1, c) - v2)*second_deriv_scale;
        float dss = (next.at<sift_wt>(r, c) + prev.at<sift_wt>(r, c) - v2)*second_deriv_scale;
        //下面是求二阶混合偏导，式（5-29）
        float dxy = (img.at<sift_wt>(r+1, c+1) - img.at<sift_wt>(r+1, c-1) -
                img.at<sift_wt>(r-1, c+1) + img.at<sift_wt>(r-1, c-1))*cross_deriv_scale;
        float dxs = (next.at<sift_wt>(r, c+1) - next.at<sift_wt>(r, c-1) -
                prev.at<sift_wt>(r, c+1) + prev.at<sift_wt>(r, c-1))*cross_deriv_scale;
        float dys = (next.at<sift_wt>(r+1, c) - next.at<sift_wt>(r-1, c) -
                prev.at<sift_wt>(r+1, c) + prev.at<sift_wt>(r-1, c))*cross_deriv_scale;
        //变量 H 就是式（5-16）中的 ∂²f / ∂X²，它的具体展开形式可以在式（5-15）中看到
        Matx33f H(dxx, dxy, dxs,
                dxy, dyy, dys,
                dxs, dys, dss);
        //求方程 A×X=B，即 X=A⁻¹×B，这里 A 就是 H，B 就是 dD
        Vec3f X = H.solve(dD, DECOMP_LU);
        //可以看出上面求得的 X 与式（5-19）求得的变量差了一个符号，因此下面的变量都加上了负号
        xi = -X[2];      //层坐标的偏移量，这里的层与图像尺度相对应
        xr = -X[1];      //纵坐标的偏移量
        xc = -X[0];      //横坐标的偏移量
        //如果由泰勒级数插值得到的三个坐标的偏移量都小于 0.5，说明已经找到特征点，则退出迭
        if( std::abs(xi) < 0.5f && std::abs(xr) < 0.5f && std::abs(xc) < 0.5f )
            break;
        //如果 3 个坐标偏移量中任意一个大于一个很大的数，则说明该极值点不是特征点，函数返回
        if( std::abs(xi) > (float)(INT_MAX/3) ||
            std::abs(xr) > (float)(INT_MAX/3) ||
            std::abs(xc) > (float)(INT_MAX/3) )
            return false;    //没有找到特征点，返回
        //由上面得到的偏移量重新计算插值中心的坐标位置
        c += cvRound(xc);
        r += cvRound(xr);
        layer += cvRound(xi);
        //如果新的坐标超出了金字塔的坐标范围，则说明该极值点不是特征点，函数返回
        if( layer < 1 || layer > nOctaveLayers ||
            c < SIFT_IMG_BORDER || c >= img.cols - SIFT_IMG_BORDER ||
            r < SIFT_IMG_BORDER || r >= img.rows - SIFT_IMG_BORDER )
            return false;     //没有找到特征点，返回
    }

    // ensure convergence of interpolation
    //进一步确认是否大于迭代次数，
    if( i >= SIFT_MAX_INTERP_STEPS )
```

```
        return false;      //没有找到特征点，返回

    {
        //由上面得到的层坐标计算它在 DoG 金字塔中的层索引
        int idx = octv*(nOctaveLayers+2) + layer;
        const Mat& img = dog_pyr[idx];           //该层索引所对应的 DoG 金字塔的当前层尺度图像
        const Mat& prev = dog_pyr[idx-1];        //DoG 金字塔的下层尺度图像
        const Mat& next = dog_pyr[idx+1];        //DoG 金字塔的上层尺度图像
        //再次计算式（5-19）中的∂f / ∂X
        Matx31f dD((img.at<sift_wt>(r, c+1) - img.at<sift_wt>(r, c-1))*deriv_scale,
                (img.at<sift_wt>(r+1, c) - img.at<sift_wt>(r-1, c))*deriv_scale,
                (next.at<sift_wt>(r, c) - prev.at<sift_wt>(r, c))*deriv_scale);
        //dD 点乘(xc, xr, xi)，点乘类似于 MATLAB 中的点乘 ".*"，即对应元素相乘
        //变量 t 就是式（5-20）中等号右边的第 2 项内容
        float t = dD.dot(Matx31f(xc, xr, xi));
        //计算式（5-20），求极值点处图像的灰度值，即响应值
        contr = img.at<sift_wt>(r, c)*img_scale + t * 0.5f;
        //由式（5-21）判断响应值是否稳定
        if( std::abs( contr ) * nOctaveLayers < contrastThreshold )
            return false;      //不稳定的极值，说明没有找到特征点，返回

        // principal curvatures are computed using the trace and det of Hessian
        //边缘极值点的判断
        float v2 = img.at<sift_wt>(r, c)*2.f;      //当前像素灰度值的 2 倍
        //计算矩阵 H 的 4 个元素
        //二阶纯偏导，如式（5-28）
        float dxx = (img.at<sift_wt>(r, c+1) + img.at<sift_wt>(r, c-1) - v2)*second_deriv_scale;
        float dyy = (img.at<sift_wt>(r+1, c) + img.at<sift_wt>(r-1, c) - v2)*second_deriv_scale;
        //二阶混合偏导，如式（5-29）
        float dxy = (img.at<sift_wt>(r+1, c+1) - img.at<sift_wt>(r+1, c-1) -
                img.at<sift_wt>(r-1,c+1)+img.at<sift_wt>(r-1,c-1))*cross_deriv_scale;
        float tr = dxx + dyy;      //求矩阵的直迹，式（5-23）
        float det = dxx * dyy - dxy * dxy;      //求矩阵的行列式，式（5-24）
        //逻辑"或"的前一项表示矩阵的行列式值不能小于 0，后一项如式（5-26）
        if( det <= 0 || tr*tr*edgeThreshold >= (edgeThreshold + 1)*(edgeThreshold + 1)*det )
            return false;      //不是特征点，返回
    }
    //保存特征点信息
    //特征点对应于输入图像的横坐标位置
    kpt.pt.x = (c + xc) * (1 << octv);
    //特征点对应于输入图像的纵坐标位置
    //需要注意的是，这里的输入图像特指实际的输入图像扩大一倍以后的图像，因为这里的 octv 是包括了
    //金字塔的第-1 组
    kpt.pt.y = (r + xr) * (1 << octv);
    //按一定格式保存特征点所在的组、层以及插值后的层的偏移量
    kpt.octave = octv + (layer << 8) + (cvRound((xi + 0.5)*255) << 16);
    //特征点相对于输入图像的尺度，即式（5-13）
    //同样的，这里的输入图像也是特指实际的输入图像扩大一倍以后的图像，所以下面的语句其实是比式（5-13）
    //多了一项——乘以 2
    kpt.size = sigma*powf(2.f, (layer + xi) / nOctaveLayers)*(1 << octv)*2;
```

```
    //特征点的响应值
    kpt.response = std::abs(contr);

    return true;       //是特征点，返回
}
```

计算特征点的方向角度 calcOrientationHist 函数：

```
// Computes a gradient orientation histogram at a specified pixel
//img 为特征点所在的高斯尺度图像
//pt 为特征点在该尺度图像的坐标点
//radius 为邻域半径，即式（5-30）
//sigma 为高斯函数的方差，即式（5-33）
//hist 为梯度方向直方图
//n 为梯度方向直方图柱体的数量，n=36
//该函数返回直方图的主峰值
static float calcOrientationHist( const Mat& img, Point pt, int radius,
                                  float sigma, float* hist, int n )
{
    //len 为计算特征点方向时的特征点邻域像素的数量
    int i, j, k, len = (radius*2+1)*(radius*2+1);
    // expf_scale 为高斯加权函数中 e 指数中的常数部分
    float expf_scale = -1.f/(2.f * sigma * sigma);
    //分配一段内存空间
    AutoBuffer<float> buf(len*4 + n+4);
    //X 表示 x 轴方向的差分，Y 表示 y 轴方向的差分，Mag 为梯度幅值，Ori 为梯度幅角，W 为高斯加权值
    //上述变量在 buf 空间的分配是：X 和 Mag 共享一段长度为 len 的空间，Y 和 Ori 分别占用一段长度为 len 的
    //空间，W 占用一段长度为 len+2 的空间，它们的空间顺序为 X（Mag）在 buf 的最下面，然后是 Y，Ori，
    //最后是 W
    float *X = buf, *Y = X + len, *Mag = X, *Ori = Y + len, *W = Ori + len;
    //temphist 表示暂存的梯度方向直方图，空间长度为 n+2，空间位置是在 W 的上面
    //之所以 temphist 的长度是 n+2，W 的长度是 len+2，而不是 n 和 len，是因为要进行圆周循环操作，
    //必须给 temphist 的前后各留出两个空间位置
    float* temphist = W + len + 2;
    //直方图变量清空
    for( i = 0; i < n; i++ )
        temphist[i] = 0.f;
    //计算水平方法和垂直方向的导数，以及高斯加权值
    for( i = -radius, k = 0; i <= radius; i++ )
    {
        int y = pt.y + i;       //邻域像素的 y 轴坐标
        //判断 y 轴坐标是否超出图像的范围
        if( y <= 0 || y >= img.rows - 1 )
            continue;
        for( j = -radius; j <= radius; j++ )
        {
            int x = pt.x + j;       //邻域像素的 x 轴坐标
            //判断 x 轴坐标是否超出图像的范围
            if( x <= 0 || x >= img.cols - 1 )
                continue;
            //分别计算 x 轴和 y 轴方向的差分，即式 5-27 的分子部分，因为只需要相对值，所有分母部分
```

```
        //可以不用计算
        float dx = (float)(img.at<sift_wt>(y, x+1) - img.at<sift_wt>(y, x-1));
        float dy = (float)(img.at<sift_wt>(y-1, x) - img.at<sift_wt>(y+1, x));
        //保存变量，这里的 W 为高斯函数的 e 指数
        X[k] = dx; Y[k] = dy; W[k] = (i*i + j*j)*expf_scale;
        k++;      //邻域像素的计数值加 1
    }
}
//这里的 len 为特征点实际的邻域像素的数量
len = k;


// compute gradient values, orientations and the weights over the pixel neighborhood
//计算邻域中所有元素的高斯加权值 W，梯度幅角 Ori 和梯度幅值 Mag
exp(W, W, len);
fastAtan2(Y, X, Ori, len, true);
magnitude(X, Y, Mag, len);
//计算梯度方向直方图
for( k = 0; k < len; k++ )
{
    //判断邻域像素的梯度幅角属于 36 个柱体的哪一个
    int bin = cvRound((n/360.f)*Ori[k]);
    //如果超出范围，则利用圆周循环确定其真正属于的那个柱体
    if( bin >= n )
        bin -= n;
    if( bin < 0 )
        bin += n;
    //累积经高斯加权处理后的梯度幅值
    temphist[bin] += W[k]*Mag[k];
}


// smooth the histogram
//平滑直方图
//为了圆周循环，提前填充好直方图前后各两个变量
temphist[-1] = temphist[n-1];
temphist[-2] = temphist[n-2];
temphist[n] = temphist[0];
temphist[n+1] = temphist[1];
for( i = 0; i < n; i++ )
{
    //利用式 5-34，进行平滑直方图操作
    hist[i] = (temphist[i-2] + temphist[i+2])*(1.f/16.f) +
        (temphist[i-1] + temphist[i+1])*(4.f/16.f) +
        temphist[i]*(6.f/16.f);
}
//计算直方图的主峰值
float maxval = hist[0];
for( i = 1; i < n; i++ )
    maxval = std::max(maxval, hist[i]);

return maxval;      //返回直方图的主峰值
```

}

计算特征点描述符 calcDescriptors 函数：

```
static void calcDescriptors(const vector<Mat>& gpyr, const vector<KeyPoint>& keypoints,
                    Mat& descriptors, int nOctaveLayers, int firstOctave )
{
    //SIFT_DESCR_WIDTH = 4, SIFT_DESCR_HIST_BINS = 8
    int d = SIFT_DESCR_WIDTH, n = SIFT_DESCR_HIST_BINS;
    //遍历所有特征点
    for( size_t i = 0; i < keypoints.size(); i++ )
    {
        KeyPoint kpt = keypoints[i];    //当前特征点
        int octave, layer;    // octave 为组索引，layer 为层索引
        float scale;    //尺度
        //从特征点结构变量中分离出该特征点所在的组、层以及它的尺度
        //一般情况下，这里的尺度 scale = 2⁻°，o 表示特征点所在的组，即 octave 变量
        unpackOctave(kpt, octave, layer, scale);
        //确保组和层在合理的范围内
        CV_Assert(octave >= firstOctave && layer <= nOctaveLayers+2);
        //得到当前特征点相对于它所在高斯金字塔的组的基准层尺度图像的尺度，即式 5-10
        //特征点变量保存的尺度是相对于输入图像的尺度，即式 5-12
        //式 5-12 的表达式乘以 2⁻° 就得到了式 5-10 的表达式
        float size=kpt.size*scale;
        //得到当前特征点所在的高斯尺度图像的位置坐标，具体原理与上面得到的尺度相类似
        Point2f ptf(kpt.pt.x*scale, kpt.pt.y*scale);
        //得到当前特征点所在的高斯尺度图像矩阵
        const Mat& img = gpyr[(octave - firstOctave)*(nOctaveLayers + 3) + layer];
        //得到当前特征点的方向角度
        float angle = 360.f - kpt.angle;
        //如果方向角度十分接近于 360 度，则就让它等于 0 度
        if(std::abs(angle - 360.f) < FLT_EPSILON)
            angle = 0.f;
        //计算特征点的特征矢量，calcSIFTDescriptor 函数详见下面的分析
        // size*0.5f，这里尺度又除以 2，可能是为了减小运算量
        calcSIFTDescriptor(img,ptf,angle,size*0.5f,d,n, descriptors.ptr<float>((int)i));
    }
}
```

计算 SIFT 算法中特征点的特征矢量（即描述符）calcSIFTDescriptor 函数：

```
static void calcSIFTDescriptor( const Mat& img, Point2f ptf, float ori, float scl,
                        int d, int n, float* dst )
{
    Point pt(cvRound(ptf.x), cvRound(ptf.y));    //特征点的位置坐标
    //特征点方向的余弦和正弦，即 cosθ 和 sinθ
    float cos_t = cosf(ori*(float)(CV_PI/180));
    float sin_t = sinf(ori*(float)(CV_PI/180));
    //n = 8, bins_per_rad 为 45 度的倒数
    float bins_per_rad = n / 360.f;
    //高斯加权函数中的 e 指数的常数部分
```

```
float exp_scale = -1.f/(d * d * 0.5f);
//SIFT_DESCR_SCL_FCTR = 3.f, 即 3σ
float hist_width = SIFT_DESCR_SCL_FCTR * scl;
//特征点邻域区域的半径, 即式 (5-37)
int radius = cvRound(hist_width * 1.4142135623730951f * (d + 1) * 0.5f);
// Clip the radius to the diagonal of the image to avoid autobuffer too large exception
//避免邻域过大
radius = std::min(radius, (int) sqrt((double) img.cols*img.cols + img.rows*img.rows));
//归一化处理
cos_t /= hist_width;
sin_t /= hist_width;
//len 为特征点邻域区域内像素的数量, histlen 为直方图的数量, 即特征矢量的长度, 实际应为 d×d×n, 之所
//以每个变量又加上了 2, 是因为要为圆周循环留出一定的内存空间
int i, j, k, len = (radius*2+1)*(radius*2+1), histlen = (d+2)*(d+2)*(n+2);
int rows = img.rows, cols = img.cols;      //特征点所在的尺度图像的长和宽
//开辟一段内存空间
AutoBuffer<float> buf(len*6 + histlen);
//X 表示水平方向梯度, Y 表示垂直方向梯度, Mag 表示梯度幅值, Ori 表示梯度幅角, W 为高斯加权值, 其中 Y
//和 Mag 共享一段内存空间, 长度都为 len, 它们在 buf 的顺序为 X 在最下面, 然后是 Y (Mag), Ori, 最后是 W
float *X = buf, *Y = X + len, *Mag = Y, *Ori = Mag + len, *W = Ori + len;
//下面是三维直方图的变量, RBin 和 CBin 分别表示 d×d 邻域范围的横、纵坐标, hist 表示直方图的值。
//RBin 和 CBin 的长度都是 len, hist 的长度为 histlen, 顺序为 RBin 在 W 的上面, 然后是 CBin, 最后是 hist。
float *RBin = W + len, *CBin = RBin + len, *hist = CBin + len;
//直方图数组 hist 清零
for( i = 0; i < d+2; i++ )
{
    for( j = 0; j < d+2; j++ )
        for( k = 0; k < n+2; k++ )
            hist[(i*(d+2) + j)*(n+2) + k] = 0.;
}
//遍历当前特征点的邻域范围
for( i = -radius, k = 0; i <= radius; i++ )
    for( j = -radius; j <= radius; j++ )
    {
        // Calculate sample's histogram array coords rotated relative to ori.
        // Subtract 0.5 so samples that fall e.g. in the center of row 1 (i.e.
        // r_rot = 1.5) have full weight placed in row 1 after interpolation.
        //根据式 5-38 计算旋转后的位置坐标
        float c_rot = j * cos_t - i * sin_t;
        float r_rot = j * sin_t + i * cos_t;
        //*把邻域区域的原点从中心位置移到该区域的左下角, 以便后面的使用。因为变量 cos_t 和 sin_t 都
        //已进行了归一化处理, 所以原点位移时只需要加 d/2 即可。而再减 0.5f 的目的是进行坐标平移, 从
        //而在三线性插值计算中, 计算的是正方体内的点对正方体 8 个顶点的贡献大小, 而不是对正方体的中
        //心点的贡献大小。之所以没有对角度 obin 进行坐标平移, 是因为角度是连续的量, 无须平移*/
        float rbin = r_rot + d/2 - 0.5f;
        float cbin = c_rot + d/2 - 0.5f;
        //得到邻域像素点的位置坐标
        int r = pt.y + i, c = pt.x + j;
        //确定邻域像素是否在 d×d 的正方形内, 以及是否超过了图像边界
        if( rbin > -1 && rbin < d && cbin > -1 && cbin < d &&
```

```
                r > 0 && r < rows - 1 && c > 0 && c < cols - 1 )
        {
            //根据式（5-27）计算水平方向和垂直方向的一阶导数，这里省略了公式中的分母部分，因为没有
            //分母部分不影响后面所进行的归一化处理
            float dx = (float)(img.at<sift_wt>(r, c+1) - img.at<sift_wt>(r, c-1));
            float dy = (float)(img.at<sift_wt>(r-1, c) - img.at<sift_wt>(r+1, c));
            //保存到各自的数组中
            X[k] = dx; Y[k] = dy; RBin[k] = rbin; CBin[k] = cbin;
            //高斯加权函数中的 e 指数部分
            W[k] = (c_rot * c_rot + r_rot * r_rot)*exp_scale;
            k++;     //统计实际的邻域像素的数量
        }
    }

len = k;     //赋值
fastAtan2(Y, X, Ori, len, true);     //计算梯度幅角
magnitude(X, Y, Mag, len);           //计算梯度幅值
exp(W, W, len);     //计算高斯加权函数
//遍历所有邻域像素
for( k = 0; k < len; k++ )
{
    //得到 d×d 邻域区域的坐标，即三维直方图的底内的位置
    float rbin = RBin[k], cbin = CBin[k];
    //得到幅角所属的 8 等份中的某一个等份，即三维直方图的高的位置
    float obin = (Ori[k] - ori)*bins_per_rad;
    float mag = Mag[k]*W[k];     //得到高斯加权以后的梯度幅值
    //向下取整
    //r0，c0 和 o0 为三维坐标的整数部分，它表示在图 3 中属于的哪个正方体
    int r0 = cvFloor( rbin );
    int c0 = cvFloor( cbin );
    int o0 = cvFloor( obin );
    //小数部分
    //rbin，cbin 和 obin 为三维坐标的小数部分，即在图 5-4 中 C 点在正方体的坐标
    rbin -= r0;
    cbin -= c0;
    obin -= o0;
    //如果角度 o0 小于 0 度或大于 360°，则根据圆周循环，把该角度调整到 0～360°
    if( o0 < 0 )
        o0 += n;
    if( o0 >= n )
        o0 -= n;

    // histogram update using tri-linear interpolation
    //根据三线性插值法，计算该像素对正方体的 8 个顶点的贡献大小，即式（5-39）中得到的 8 个立方体的体积，
    //当然这里还需要乘以高斯加权后的梯度值 mag
    float v_r1 = mag*rbin, v_r0 = mag - v_r1;
    float v_rc11 = v_r1*cbin, v_rc10 = v_r1 - v_rc11;
    float v_rc01 = v_r0*cbin, v_rc00 = v_r0 - v_rc01;
    float v_rco111 = v_rc11*obin, v_rco110 = v_rc11 - v_rco111;
    float v_rco101 = v_rc10*obin, v_rco100 = v_rc10 - v_rco101;
    float v_rco011 = v_rc01*obin, v_rco010 = v_rc01 - v_rco011;
```

```
        float v_rco001 = v_rc00*obin, v_rco000 = v_rc00 - v_rco001;
        //得到该像素点在三维直方图中的索引
        int idx = ((r0+1)*(d+2) + c0+1)*(n+2) + o0;
        //8 个顶点对应于坐标平移前的 8 个直方图的正方体，对其进行累加求和
        hist[idx] += v_rco000;
        hist[idx+1] += v_rco001;
        hist[idx+(n+2)] += v_rco010;
        hist[idx+(n+3)] += v_rco011;
        hist[idx+(d+2)*(n+2)] += v_rco100;
        hist[idx+(d+2)*(n+2)+1] += v_rco101;
        hist[idx+(d+3)*(n+2)] += v_rco110;
        hist[idx+(d+3)*(n+2)+1] += v_rco111;
    }

    // finalize histogram, since the orientation histograms are circular
    //由于圆周循环的特性，对计算以后幅角小于 0° 或大于 360° 的值重新进行调整，使其在 0～360°
    for( i = 0; i < d; i++ )
        for( j = 0; j < d; j++ )
        {
            int idx = ((i+1)*(d+2) + (j+1))*(n+2);
            hist[idx] += hist[idx+n];
            hist[idx+1] += hist[idx+n+1];
            for( k = 0; k < n; k++ )
                dst[(i*d + j)*n + k] = hist[idx+k];
        }
    // copy histogram to the descriptor,
    // apply hysteresis thresholding
    // and scale the result, so that it can be easily converted
    // to byte array
    float nrm2 = 0;
    len = d*d*n;    //特征矢量的维数——128
    for( k = 0; k < len; k++ )
        nrm2 += dst[k]*dst[k];    //平方和
    // SIFT_DESCR_MAG_THR = 0.2f
    //为了避免计算中的累加误差，对光照阈值进行反归一化处理，即 0.2 乘以式（5-40）中的分母部分，得到
    //反归一化阈值 thr
    float thr = std::sqrt(nrm2)*SIFT_DESCR_MAG_THR;
    for( i = 0, nrm2 = 0; i < k; i++ )
    {
        //把特征矢量中大于反归一化阈值 thr 的元素用 thr 替代
        float val = std::min(dst[i], thr);
        dst[i] = val;
        nrm2 += val*val;    //平方和
    }
    //SIFT_INT_DESCR_FCTR = 512.f，浮点型转换为整型时所用到的系数
    //归一化处理，计算式（5-40）中的分母部分
    nrm2 = SIFT_INT_DESCR_FCTR/std::max(std::sqrt(nrm2), FLT_EPSILON);

#if 1
    for( k = 0; k < len; k++ )
    {
```

```
        dst[k] = saturate_cast<uchar>(dst[k]*nrm2);      //最终归一化后的特征矢量
    }
#else
    float nrm1 = 0;
    for( k = 0; k < len; k++ )
    {
        dst[k] *= nrm2;
        nrm1 += dst[k];
    }
    nrm1 = 1.f/std::max(nrm1, FLT_EPSILON);
    for( k = 0; k < len; k++ )
    {
        dst[k] = std::sqrt(dst[k] * nrm1);//saturate_cast<uchar>(std::sqrt(dst[k] *
        nrm1)*SIFT_INT_DESCR_FCTR);
    }
#endif
}
```

5.3 应用实例

首先给出的是特征点的检测：

```
#include "opencv2/core/core.hpp"
#include "opencv2/highgui/highgui.hpp"
#include "opencv2/imgproc/imgproc.hpp"
#include "opencv2/features2d/features2d.hpp"
#include "opencv2/nonfree/nonfree.hpp"

using namespace cv;
//using namespace std;

int main(int argc, char** argv)
{
    Mat img = imread("box_in_scene.png");

    SIFT sift;    //实例化 SIFT 类

    vector<KeyPoint> key_points;    //特征点
    // descriptors 为描述符, mascara 为掩码矩阵
    Mat descriptors, mascara;
    Mat output_img;  //输出图像矩阵

    sift(img,mascara,key_points,descriptors);    //执行 SIFT 运算
    //在输出图像中绘制特征点
    drawKeypoints(img,           //输入图像
        key_points,              //特征点矢量
        output_img,              //输出图像
        Scalar::all(-1),         //绘制特征点的颜色, 为随机
        //以特征点为中心画圆, 圆的半径表示特征点的大小, 直线表示特征点的方向
        DrawMatchesFlags::DRAW_RICH_KEYPOINTS);
```

```
    namedWindow("SIFT");
    imshow("SIFT", output_img);
    waitKey(0);

    return 0;
}
```

结果如图 5-5 所示。

▲图 5-5　SIFT 特征点检测结果

上面的程序需要说明一点的是，如果需要改变 SIFT 算法的默认参数，可以通过实例化 SIFT 类的时候更改，例如我们只想检测 20 个特征点，则实例化 SIFT 的语句为：

```
    SIFT sift(20);
```

下面给出利用描述符进行图像匹配的实例：

```
#include "opencv2/core/core.hpp"
#include "opencv2/highgui/highgui.hpp"
#include "opencv2/imgproc/imgproc.hpp"
#include "opencv2/features2d/features2d.hpp"
#include "opencv2/nonfree/nonfree.hpp"
#include "opencv2/legacy/legacy.hpp"

using namespace cv;
using namespace std;

int main(int argc, char** argv)
{
    //待匹配的两幅图像，其中 img1 包括 img2，也就是要从 img1 中识别出 img2
    Mat img1 = imread("box_in_scene.png");
    Mat img2 = imread("box.png");

    SIFT sift1, sift2;
```

```
    vector<KeyPoint> key_points1, key_points2;

    Mat descriptors1, descriptors2, mascara;

    sift1(img1,mascara,key_points1,descriptors1);
    sift2(img2,mascara,key_points2,descriptors2);

    //实例化暴力匹配器——BruteForceMatcher
    BruteForceMatcher<L2<float>> matcher;
    //定义匹配器算子
    vector<DMatch>matches;
    //实现描述符之间的匹配，得到算子 matches
    matcher.match(descriptors1,descriptors2,matches);

    //提取出前 30 个最佳匹配结果
    std::nth_element(matches.begin(),        //匹配器算子的初始位置
        matches.begin()+29,       // 排序的数量
        matches.end());           // 结束位置
    //剔除掉其余的匹配结果
    matches.erase(matches.begin()+30, matches.end());

    namedWindow("SIFT_matches");
    Mat img_matches;
    //在输出图像中绘制匹配结果
    drawMatches(img1,key_points1,         //第一幅图像和它的特征点
        img2,key_points2,        //第二幅图像和它的特征点
        matches,                 //匹配器算子
        img_matches,             //匹配输出图像
        Scalar(255,255,255));    //用白色直线连接两幅图像中的特征点
    imshow("SIFT_matches",img_matches);
    waitKey(0);

    return 0;
}
```

结果如图 5-6 所示。

程序是通过距离测度实现两幅图像描述符之间的比较的，距离越小，匹配性越好，越说明这两个描述符表示的是同一特征。描述符的匹配结果保存在匹配器算子 matches 中。如果直接使用 matches，匹配效果并不好，因为它是尽可能地匹配所有的描述符。因此我们要进行筛选，只保留那些好的结果。在这里，我们利用排序，选择距离最小的前 30 个匹配结果，并进行输出。另外，matcher.match 函数中，两个描述符的顺序一定不能写反，否则运行会出错。

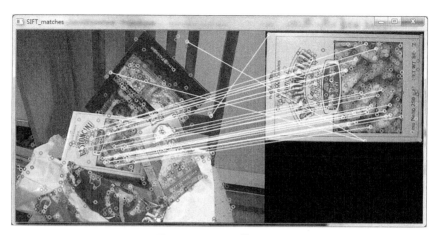

▲图 5-6　SIFT 匹配结果

第6章 MSER 区域检测

6.1 原理分析

最大稳定极值区域（Maximally Stable Extremal Regions，MSER）可以用于图像的斑点区域检测。该算法最早是由 Matas 等人于 2002 年提出，它是基于分水岭的概念。

MSER 的基本原理是对一幅灰度图像（灰度值为 0～255）取阈值进行二值化处理，阈值从 0 到 255 依次递增。阈值的递增类似于分水岭算法中的水面上升，随着水面的上升，有一些较矮的丘陵会被淹没，如果从天空往下看，则大地分为陆地和水域两个部分，这类似于二值图像。在得到的所有二值图像中，图像中的某些连通区域变化很小，甚至没有变化，则该区域就被称为最大稳定极值区域。这类似于当水面持续上升的时候，有些被水淹没的地方的面积没有变化。它的数学定义为：

$$q(i) = \frac{|Q_{i+\Delta} - Q_{i-\Delta}|}{|Q_i|} \tag{6-1}$$

式中，Q_i 表示阈值为 i 时的某一连通区域面积，Δ 为灰度阈值的微小变化量，$q(i)$ 为阈值是 i 时的区域 Q_i 的变化率。当 $q(i)$ 为局部极小值时，则 Q_i 为最大稳定极值区域。

需要说明的是，上述做法只能检测出灰度图像的黑色区域，不能检测出白色区域，因此还需要对原图进行反转，然后再进行阈值从 0～255 的二值化处理过程。这两种操作又分别称为 MSER+ 和 MSER–。

MSER 具有以下特点：

（1）对图像灰度具有仿射变换的不变性；

（2）稳定性好，具有相同阈值范围内所支持的区域才会被选择；

（3）无须任何平滑处理就可以实现多尺度检测，即小的和大的结构都可以被检测到。

MSER 的原理比较简单，但要更快更好地实现它，是需要一定的算法、数据结构和编程技巧的。Nister 等人于 2008 年提出了 Linear Time Maximally Stable Extremal Regions 算法，该算法要比 Matas 提出的算法快，OpenCV 就是利用该算法实现 MSER 的。但这里要说明一点的是，OpenCV 不是利用式（6-1）计算 MSER 的，而是利用更易于实现的改进方法：

$$q(i) = \frac{|Q_i - Q_{i-\Delta}|}{|Q_{i-\Delta}|} \tag{6-2}$$

Nister 提出的算法是基于改进的分水岭算法，即往一个固定的地方注水的时候，只有当该地方的沟壑被水填满以后，水才会向其四周溢出，随着注水量的不断增加，各个沟壑也会逐渐被水淹没，但各个沟壑的水面一般不是同时上升的，它是根据水漫过地方的先后顺序，一个沟壑一个沟壑地填满水，只有当相邻两个沟壑被水连通在一起以后，水面对于这两个沟壑来说才是同时上升的，如图 6-1（b）所示。这种淹没方式完全符合实际情况。

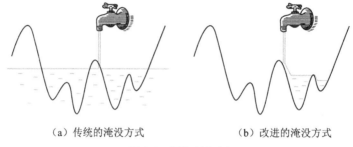

（a）传统的淹没方式　　　　　　　（b）改进的淹没方式

▲图 6-1　两种淹没对比

在淹没的过程中可以分为两个阶段：一个是水向下流寻找沟壑最凹点的过程，另一个是水已经到达了最凹点，那么水面就开始上升。对应于 MSER 算法，沟壑的最凹点就是灰度图像的局部极值点，而水面的上升对应于阈值的增加。水淹没的过程又可以用一棵组件树（component tree）表示。什么是组件？组件就是沟壑，也就是区域。如图 6-2 所示，用垂直框来绘制树的节点（即组件），框的垂直程度表示每个组件的灰度级跨度。水总是会向下流去寻找新的沟壑，当某个沟壑被水填满，则该沟壑会与其相邻的、已经被水填满的另一个沟壑合并组成一个新的沟壑，在组件树中就相当于分配了一个新的节点（即父节点）。这个过程不断进行，最终整幅图像形成了一个组件，即根节点。在组件演变的过程中，我们可以根据组件信息，并依据式（6-1）或式（6-2）判断是否为 MSER。

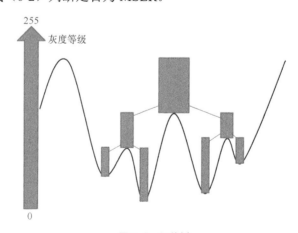

▲图 6-2　组件树

完成上述算法需要 3 个数据结构：第一个是二值掩码结构，用于标注被访问过的像素；第二个是具有优先级的队列，即堆，用于存储组件的边界像素，灰度级越大，优先级越低（如果

MSER 为暗区域的话），边界像素相当于沟壑的岸边，岸边要高于水面的，因此边界像素的灰度值一定不小于它所包围的区域（即组件）的灰度值；第三个是存储组件信息的栈。

图 6-3 给出了 3 种数据结构的示例。源像素被标注为 S，它表示从该点注水，图像的哪个像素作为 S 都可以，但一般 S 为图像的左上角像素，当前像素（即此时水流到了该像素处）被标注为 C，堆中的像素被标注为○，完全被处理过的像素被标注为×，MSER 用虚椭圆线标注了出来，栈中存储着各个组件。

图 6-4 表现了在组件合并之前栈的情况。水从源像素注入，沿着任意方向流向最凹点，但水到达深色沟壑时，开始填满该沟壑（即组件），填满后水开始溢出，流入了其相邻的沟壑（即右边浅色沟壑），当该沟壑被填满，其邻域又没有其他沟壑的情况下，深色沟壑和浅色沟壑就可以合并。

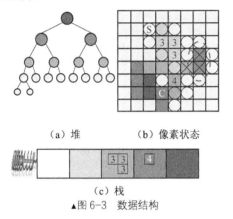

（a）堆　　（b）像素状态

（c）栈

▲图 6-3　数据结构

栈顶

▲图 6-4　组件栈

下面具体给出该算法的实现步骤。

（1）清空 3 个数据结构，并事先向栈底存入一个虚假的组件，当该组件被弹出时意味着程序的结束。

（2）让源像素为当前像素，并标注为已访问过，存储当前像素的灰度值。

（3）向栈内放入一个空组件，该组件的值为当前像素的灰度值。

（4）按照顺序搜索当前像素的 4 邻域内剩余的像素，对于每一个邻域像素，检查它是否已经被访问过，如果没有，则标注它为已访问过并检索它的灰度值，如果该灰度值不小于当前像素的灰度值，则把它放入堆中。另一方面，如果邻域灰度值小于当前值，则把当前像素放入堆中，而把该邻域像素作为当前像素，并回到步骤 3。

（5）累计栈顶组件的像素个数，即计算区域的面积，这是通过循环累计得到的，这一步相当于水面的饱和。

（6）弹出堆中的边界像素。如果堆是空的，则程序结束；如果弹出的边界像素的灰度值等于当前值，则回到步骤 4。

（7）从堆中得到的像素灰度值会大于当前值，因此我们需要处理栈中所有的组件，直到栈中的组件的灰度值大于当前边界像素灰度值为止。然后回到步骤 4。

在上面的第 7 步中需要处理栈中的组件，如何处理组件，则需要进入"处理栈"子模块中，传入该子模块的值为第 7 步中从堆中提取得到的边界像素灰度值。子模块的具体实现步骤如下。

（1）处理栈顶的组件，即根据式（6-1）或式（6-2）计算最大稳定区域，判断其是否为极值区域。

（2）如果边界像素灰度值小于距栈顶第二个组件的灰度值，那么设栈顶组件的灰度值为边界像素灰度值，并退出该子模块。之所以会出现这种情况，是因为在栈顶组件和第二个组件之间还有组件没有被检测处理，因此我们需要改变栈顶组件的灰度值为边界像素灰度值（相当于这两层的组件进行了合并），并回到主程序，再次搜索组件。

（3）弹出栈顶组件，并与当前栈顶组件合并。

（4）如果边界像素灰度值大于栈顶组件的灰度值，则回到步骤 1。

6.2　源码解析

在 OpenCV 中，MSER 算法是用类的方法给出的：

```
class MserFeatureDetector : public FeatureDetector
{
public:
    MserFeatureDetector( CvMSERParams params=cvMSERParams() );
    MserFeatureDetector( int delta, int minArea, int maxArea,
                         double maxVariation, double minDiversity,
                         int maxEvolution, double areaThreshold,
                         double minMargin, int edgeBlurSize );
    virtual void read( const FileNode& fn );
    virtual void write( FileStorage& fs ) const;
protected:
    ...
};
```

而具体的 MSER 类为：

```
class MSER : public CvMSERParams
{
public:
    // default constructor
    //缺省的构造函数
    MSER();
    // constructor that initializes all the algorithm parameters
    //带有所有算法参数的构造函数
    MSER( int _delta, int _min_area, int _max_area,
        float _max_variation, float _min_diversity,
        int _max_evolution, double _area_threshold,
        double _min_margin, int _edge_blur_size );
    // runs the extractor on the specified image; returns the MSERs,
    // each encoded as a contour (vector<Point>, see findContours)
    // the optional mask marks the area where MSERs are searched for
    void operator()( const Mat& image, vector<vector<Point> >& msers, const Mat& mask )
const;
```

```
};
```

MSER 算法所需要的参数较多。

delta 为灰度值的变化量，即式（6-1）和式（6-2）中的 Δ。

_min_area 和_max_area 为检测到的组件面积的范围，组块的面积太大或太小都不会被认为是最大稳定极值区域。

_max_variation 为最大的变化率，即如果式（6-1）和式（6-2）中的 $q(i)$ 小于该值，则被认为是最大稳定极值区域。

_min_diversity 为稳定区域的最小变化量。

其他的参数用于对彩色图像的 MSER 检测，这里不做介绍。

MSER 类通过重载运算符，得到了最大稳定极值区域的点集 msers，其中 image 为输入图像，mask 为掩码矩阵。

下面我们就对 MSER 类的源码进行分析，首先是重载运算符：

```
void MSER::operator()( const Mat& image, vector<vector<Point> >& dstcontours, const Mat&
mask ) const
{
    CvMat _image = image, _mask, *pmask = 0;
    if( mask.data )
        pmask = &(_mask = mask);
    MemStorage storage(cvCreateMemStorage(0));
    Seq<CvSeq*> contours;
    //调用 extractMSER 函数，得到 MSER 的区域点集序列 contours.seq
    //MSERParams 为 MSER 所需要的各种参数
    extractMSER( &_image, pmask, &contours.seq, storage,
                MSERParams(delta, minArea, maxArea, maxVariation, minDiversity,
                        maxEvolution, areaThreshold, minMargin, edgeBlurSize));
    SeqIterator<CvSeq*> it = contours.begin();
    size_t i, ncontours = contours.size();
    dstcontours.resize(ncontours);
    //复制点集序列
    for( i = 0; i < ncontours; i++, ++it )
        Seq<Point>(*it).copyTo(dstcontours[i]);
}
```

extractMSER 函数首先定义了一些变量，并进行参数的判断，然后根据输入图像的类型分别调用不同的函数：

```
static void
extractMSER( CvArr* _img,
        CvArr* _mask,
        CvSeq** _contours,
        CvMemStorage* storage,
        MSERParams params )
{
    //定义相关参数
    CvMat srchdr, *src = cvGetMat( _img, &srchdr );
```

```
    CvMat maskhdr, *mask = _mask ? cvGetMat( _mask, &maskhdr ) : 0;
    CvSeq* contours = 0;
    //确保相关参数的正确性
    CV_Assert(src != 0);
    CV_Assert(CV_MAT_TYPE(src->type) == CV_8UC1 || CV_MAT_TYPE(src->type) == CV_8UC3);
    CV_Assert(mask == 0 || (CV_ARE_SIZES_EQ(src, mask) && CV_MAT_TYPE(mask->type) == CV_8UC1));
    CV_Assert(storage != 0);
    //创建边界序列
    contours = *_contours = cvCreateSeq( 0, sizeof(CvSeq), sizeof(CvSeq*), storage );

    // choose different method for different image type
    // for grey image, it is: Linear Time Maximally Stable Extremal Regions
    // for color image, it is: Maximally Stable Colour Regions for Recognition and Matching
    switch ( CV_MAT_TYPE(src->type) )
    {
        case CV_8UC1:    //处理灰度图像
            extractMSER_8UC1( src, mask, contours, storage, params );
            break;
        case CV_8UC3:    //处理彩色图像
            extractMSER_8UC3( src, mask, contours, storage, params );
            break;
    }
}
```

灰度图像的 MSER 处理方法就是应用本文介绍的方法:

```
static void extractMSER_8UC1( CvMat* src,
        CvMat* mask,
        CvSeq* contours,
        CvMemStorage* storage,
        MSERParams params )
{
    //为了加快运算速度，把原图的宽扩展成高度复合数，即 2^N 的形式
    //step 为扩展后的宽，初始值为 8
    int step = 8;
    //stepgap 为 N，初始值为 3，即 8=2^3
    int stepgap = 3;
    //通过 step 向左移位的方式扩展原图的宽
    while ( step < src->step+2 )
    {
        step <<= 1;
        stepgap++;
    }
    int stepmask = step-1;

    // to speedup the process, make the width to be 2^N
    //创建扩展后的图像矩阵，宽为 2^N，高为原图高加 2
    CvMat* img = cvCreateMat( src->rows+2, step, CV_32SC1 );
    //定义第二行首地址
    int* ioptr = img->data.i+step+1;
    int* imgptr;
```

```
    // pre-allocate boundary heap
    //步骤1，初始化堆和栈
    //定义堆，用于存储组件的边界像素
    int** heap = (int**)cvAlloc( (src->rows*src->cols+256)*sizeof(heap[0]) );
    int** heap_start[256];
```
/*heap_start 为三指针变量，heap_start 为边界像素的灰度值，因此它的数量为 256 个；*heap_start 表示边界像素中该灰度值的数量；**heap_start 表示边界像素中该灰度值中第*heap_start 个像素所对应的像素地址指针*/
```
    heap_start[0] = heap;

    // pre-allocate linked point and grow history
    //pts 表示组件内像素链表，即像素间相互链接
    LinkedPoint* pts = (LinkedPoint*)cvAlloc( src->rows*src->cols*sizeof(pts[0]) );
    //history 表示每个组件生长的状况，即随着阈值的增加，组件的大小是在不断扩大的
    MSERGrowHistory* history= (MSERGrowHistory*)cvAlloc(src->rows*src->cols*sizeof(history[0]));
```
/*comp 表示图像内连通的组件，原则上每一个灰度值就会有一个组件，但之所以组件的个数是 257 个，是因为有一个组件是虚假组件，用于表示程序的结束。用栈的形式来管理各个组件*/
```
    MSERConnectedComp comp[257];

    // darker to brighter (MSER-)
    //MSER-，检测黑色的区域
    //先对原图进行预处理
    imgptr = preprocessMSER_8UC1( img, heap_start, src, mask );
    //执行MSER操作
    extractMSER_8UC1_Pass( ioptr, imgptr, heap_start, pts, history, comp, step, stepmask,
    stepgap, params, -1, contours, storage );
    // brighter to darker (MSER+)
    //MSER+，检测白色的区域
    imgptr = preprocessMSER_8UC1( img, heap_start, src, mask );
    extractMSER_8UC1_Pass( ioptr, imgptr, heap_start, pts, history, comp, step, stepmask,
    stepgap, params, 1, contours, storage );

    // clean up
    //清理内存
    cvFree( &history );
    cvFree( &heap );
    cvFree( &pts );
    cvReleaseMat( &img );
}
```

preprocessMSER_8UC1 函数为预处理的过程，主要就是对宽度扩展以后的图像矩阵像素进行赋值，每一位都赋予不同的含义：

```
// to preprocess src image to following format
// 32-bit image
// > 0 is available, < 0 is visited
// 17~19 bits is the direction
// 8~11 bits is the bucket it falls to (for BitScanForward)
// 0~8 bits is the color
```

```
/*定义图像矩阵的数据格式为有符号 32 位整型，最高一位表示是否被访问过，0 表示没有被访问过，1 表示被访问过
（因为是有符号数，所以最高一位是 1 也就是负数）；16～18 位（这里源码注解有误）表示 4 邻域的方向；0～7 位表
示该像素的灰度值*/
//img 代表图像矩阵，MSER 处理的是该矩阵
//src 为输入原图
//heap_cur 为边界像素堆
//mask 为掩码
static int* preprocessMSER_8UC1( CvMat* img,
            int*** heap_cur,
            CvMat* src,
            CvMat* mask )
{
    int srccpt = src->step-src->cols;
    //由于图像矩阵的宽经过了 2^N 处理，所以它的宽比原图的宽要长，cpt_1 代表两个宽度的差值
    int cpt_1 = img->cols-src->cols-1;
    //图像矩阵的地址指针
    int* imgptr = img->data.i;
    //定义真实的图像起始地址
    int* startptr;

    //定义并初始化灰度值数组
    int level_size[256];
    for ( int i = 0; i < 256; i++ )
        level_size[i] = 0;
    //为图像矩阵的第一行赋值
    for ( int i = 0; i < src->cols+2; i++ )
    {
        *imgptr = -1;
        imgptr++;
    }
    //地址指针指向图像矩阵的第二行
    imgptr += cpt_1-1;
    //原图首地址指针
    uchar* srcptr = src->data.ptr;
    if ( mask )    //如果定义了掩码矩阵
    {
        startptr = 0;
        //掩码矩阵首地址指针
        uchar* maskptr = mask->data.ptr;
        //遍历整幅原图
        for ( int i = 0; i < src->rows; i++ )
        {
            *imgptr = -1;
            imgptr++;
            for ( int j = 0; j < src->cols; j++ )
            {
                if ( *maskptr )
                {
                    if ( !startptr )
                        startptr = imgptr;        //赋值
```

```
                        *srcptr = 0xff-*srcptr;     //反转图像的灰度值
                        level_size[*srcptr]++;      //为灰度值计数
                        //为图像矩阵赋值，它的低 8 位是原图灰度值，8～10 位是灰度值的高 3 位
                        *imgptr = ((*srcptr>>5)<<8)|(*srcptr);
                    } else {      //掩码覆盖的像素值为-1
                        *imgptr = -1;
                    }
                    //地址加 1
                    imgptr++;
                    srcptr++;
                    maskptr++;
                }
                //跳过图像矩阵比原图多出的部分
                *imgptr = -1;
                imgptr += cpt_1;
                srcptr += srccpt;
                maskptr += srccpt;
            }
        } else {     //没有定义掩码
            startptr = imgptr+img->cols+1;     //赋值
            //遍历整幅图像，为图像矩阵赋值
            for ( int i = 0; i < src->rows; i++ )
            {
                *imgptr = -1;
                imgptr++;
                for ( int j = 0; j < src->cols; j++ )
                {
                    *srcptr = 0xff-*srcptr;      //反转图像的灰度值
                    level_size[*srcptr]++;       //为灰度值计数
                    //为图像矩阵赋值，它的低 8 位是原图灰度值，8～10 位是灰度值的高 3 位
                    *imgptr = ((*srcptr>>5)<<8)|(*srcptr);
                    imgptr++;
                    srcptr++;
                }
                *imgptr = -1;
                imgptr += cpt_1;
                srcptr += srccpt;
            }
        }
        //为图像矩阵的最后一行赋值
        for ( int i = 0; i < src->cols+2; i++ )
        {
            *imgptr = -1;
            imgptr++;
        }
        //定义边界像素堆的大小
        //heap_cur[]对应灰度值，heap_cur[][]对应该灰度值的个数
        //根据灰度值的个数定义 heap_cur 的长度
        heap_cur[0][0] = 0;
        for ( int i = 1; i < 256; i++ )
```

```
    {
        heap_cur[i] = heap_cur[i-1]+level_size[i-1]+1;
        heap_cur[i][0] = 0;
    }
    //返回在图像矩阵中第一个真正的像素点的地址
    return startptr;
}
```

extractMSER_8UC1_Pass 函数执行 MSER 算法，MSER-和 MSER+都执行该函数，但通过参数 color 来区分：

```
static void extractMSER_8UC1_Pass( int* ioptr,
            int* imgptr,
            int*** heap_cur,
            LinkedPoint* ptsptr,
            MSERGrowHistory* histptr,
            MSERConnectedComp* comptr,
            int step,
            int stepmask,
            int stepgap,
            MSERParams params,
            int color,
            CvSeq* contours,
            CvMemStorage* storage )
{
    //设置第一个组件的灰度值为 256，该灰度值是真实图像中不存在的灰度值，以区分真实图像的组件，从而判断
    //程序是否结束
    comptr->grey_level = 256;
    //步骤 2 和步骤 3
    //指向第二个组件
    comptr++;
    //设置第二个组件的值为输入图像第一个像素（左上角）的灰度值
    comptr->grey_level = (*imgptr)&0xff;
    //初始化该组件
    initMSERComp( comptr );
    //在最高位标注该像素为已被访问过，即该值小于 0
    *imgptr |= 0x80000000;
    //得到该像素所对应的堆，即指向它所对应的灰度值
    heap_cur += (*imgptr)&0xff;
    //定义方向，即偏移量，因为是 4 邻域，所以该数组分别对应：右、下、左、上
    int dir[] = { 1, step, -1, -step };
#ifdef __INTRIN_ENABLED__
    unsigned long heapbit[] = { 0, 0, 0, 0, 0, 0, 0, 0 };
    unsigned long* bit_cur = heapbit+(((*imgptr)&0x700)>>8);
#endif
    /*死循环，退出该死循环的条件有两个：一是到达组件的栈底；二是边界像素堆中没有任何值。到达栈底也就意
味着堆中没有值，在此函数中两者是一致的*/
    for ( ; ; )
    {
        // take tour of all the 4 directions
        //步骤 4
```

```
        //在 4 邻域内进行搜索
        while ( ((*imgptr)&0x70000) < 0x40000 )
        {
            // get the neighbor
            /* ((*imgptr)&0x70000)>>16 得到第 16 位至第 18 位数据，该数据对应的 4 邻域的方向，再通过
dir 数组得到 4 邻域的偏移量，因此 imgptr_nbr 为当前像素 4 邻域中某一个方向上邻域的地址指针 */
            int* imgptr_nbr = imgptr+dir[((*imgptr)&0x70000)>>16];
            /*检查邻域像素是否被访问过，如果被访问过，则会在最高位置 1，因此该值会小于 0，否则最高位为 0，
            该值大于 0*/
            if ( *imgptr_nbr >= 0 ) // if the neighbor is not visited yet
            {
                //标注该像素已被访问过，即把最高位置 1
                *imgptr_nbr |= 0x80000000; // mark it as visited
                //比较当前像素与邻域像素灰度值
                if ( ((*imgptr_nbr)&0xff) < ((*imgptr)&0xff) )
                {
                    //如果邻域值小于当前值，把当前值放入堆中
                    // when the value of neighbor smaller than current
                    // push current to boundary heap and make the neighbor to be the current one
                    // create an empty comp
                    //堆中该像素灰度值的数量加 1，即对该灰度值像素个数计数
                    (*heap_cur)++;
                    //把当前值的地址放入堆中
                    **heap_cur = imgptr;
                    //重新标注当前值的方向位，以备下一次访问该值时搜索下一个邻域
                    *imgptr += 0x10000;
                    //定位邻域值所对应的堆的位置
                    //当前 heap_cur 所指向的灰度值为 while 循环搜索中的最小灰度值，即水流过的最低点
                    heap_cur += ((*imgptr_nbr)&0xff)-((*imgptr)&0xff);
#ifdef __INTRIN_ENABLED__
                    _bitset( bit_cur, (*imgptr)&0x1f );
                    bit_cur += (((*imgptr_nbr)&0x700)-((*imgptr)&0x700))>>8;
#endif
                    imgptr = imgptr_nbr;      //邻域值换为当前值
                    //步骤 3
                    comptr++;    //创建一个组件
                    initMSERComp( comptr );    //初始化该组件
                    comptr->grey_level = (*imgptr)&0xff;    //为该组件赋值
                    /*当某个邻域值小于当前值，则不对当前值再做任何操作，继续下次循环，在下次循环中，处
                    理的则是该邻域值，即再次执行步骤 4*/
                    continue;
                } else {
                    //如果邻域值大于当前值，把邻域值放入堆中
                    // otherwise, push the neighbor to boundary heap
                    //找到该邻域值在堆中的灰度值位置，并对其计数，即对该灰度值对应的像素个数计数
                    heap_cur[((*imgptr_nbr)&0xff)-((*imgptr)&0xff)]++;
                    //把该邻域像素地址放入堆中
                    *heap_cur[((*imgptr_nbr)&0xff)-((*imgptr)&0xff)] = imgptr_nbr;
#ifdef __INTRIN_ENABLED__
```

```
                    _bitset( bit_cur+(((((*imgptr_nbr)&0x700)-((*imgptr)&0x700))>>8),
        (*imgptr_nbr)&0x1f );
#endif
                }
            }
            *imgptr += 0x10000;      //重新标注当前值的领域方向
        }
        //imsk 表示结束 while 循环后所得到的最后像素地址与图像首地址的相对距离
        int imsk = (int)(imgptr-ioptr);
        //得到结束 while 循环后的最后像素的坐标位置
        //从这里可以看出图像的宽采样 2^N 的好处，即 imsk>>stepgap
        ptsptr->pt = cvPoint( imsk&stepmask, imsk>>stepgap );
        // get the current location
        //步骤 5
        //对栈顶的组件的像素个数累加，即计算组件的面积，并链接组件内的像素点
        //结束 while 循环后，栈顶组件的灰度值就是该次循环后得到的最小灰度值，也就是该组件为极值点，相当
        //于水已经流到了最低的位置
        accumulateMSERComp( comptr, ptsptr );
        //指向下一个像素点链表位置
        ptsptr++;
        // get the next pixel from boundary heap
        //步骤 6
        /*结束 while 循环后，如果**heap_cur 有值的话，heap_cur 指向的应该是 while 循环中得到的灰度值
        最小值，也就是在组件的边界像素中，有与组件相同的灰度值，因此要把该值作为当前值继续 while 循环，
        也就是相当于组件面积的扩展*/
        if ( **heap_cur )          //有值
        {
            imgptr = **heap_cur;     //把该像素点作为当前值
            (*heap_cur)--;           //像素的个数要相应地减 1
#ifdef __INTRIN_ENABLED__
            if ( !**heap_cur )
                _bitreset( bit_cur, (*imgptr)&0x1f );
#endif
        //步骤 7
        //已经找到了最小灰度值的组件，并且边界像素堆中的灰度值都比组件的灰度值大，则这时需要计算最大稳
        //定极值区域
        } else {
#ifdef __INTRIN_ENABLED__
            bool found_pixel = 0;
            unsigned long pixel_val;
            for ( int i = ((*imgptr)&0x700)>>8; i < 8; i++ )
            {
                if ( _BitScanForward( &pixel_val, *bit_cur ) )
                {
                    found_pixel = 1;
                    pixel_val += i<<5;
                    heap_cur += pixel_val-((*imgptr)&0xff);
                    break;
                }
                bit_cur++;
```

```
          }
          if ( found_pixel )
#else
          heap_cur++;      //指向高一级的灰度值
          unsigned long pixel_val = 0;
          //在边界像素堆中，找到边界像素中的最小灰度值
          for ( unsigned long i = ((*imgptr)&0xff)+1; i < 256; i++ )
          {
              if ( **heap_cur )
              {
                  pixel_val = i;      //灰度值
                  break;
              }
              //定位在堆中所对应的灰度值，与 pixel_val 是相等的
              heap_cur++;
          }
          if ( pixel_val )            //如果找到了像素值
#endif
          {
              imgptr = **heap_cur;      //从堆中提取出该像素
              (*heap_cur)--;            //对应的像素个数减 1
#ifdef __INTRIN_ENABLED__
              if ( !**heap_cur )
                  _bitreset( bit_cur, pixel_val&0x1f );
#endif
              //进入处理栈子模块
              if ( pixel_val < comptr[-1].grey_level )
              /*如果从堆中提取出的最小灰度值小于距栈顶第二个组件的灰度值，则说明栈顶组件和第二个组件
              之间仍然有没有处理过的组件，因此在计算完 MSER 值后还要继续返回步骤 4 搜索该组件*/
              {
                  // check the stablity and push a new history, increase the grey level
                  //利用式(6-2)计算栈顶组件的 q(i)值
                  if ( MSERStableCheck( comptr, params ) )      //是 MSER
                  {
                      //得到组件内的像素点
                      CvContour* contour = MSERToContour( comptr, storage );
                      contour->color = color;      //标注是 MSER-还是 MSER+
                      //把组件像素点放入序列中
                      cvSeqPush( contours, &contour );
                  }
                  MSERNewHistory( comptr, histptr );
                  //改变栈顶组件的灰度值，这样就可以和上一层的组件进行合并
                  comptr[0].grey_level = pixel_val;
                  histptr++;
              } else {
                  //从堆中提取出的最小灰度值大于等于距栈顶第二个组件的灰度值
                  // keep merging top two comp in stack until the grey level >= pixel_val
                  //死循环，用于处理灰度值相同并且相连的组件之间的合并
                  for ( ; ; )
                  {
```

```
                        //指向距栈顶第二个组件
                        comptr--;
                        //合并前两个组件，并把合并后的组件作为栈顶组件
                        MSERMergeComp( comptr+1, comptr, comptr, histptr );
                        histptr++;
                        /*如果 pixel_val = comptr[0].grey_level，说明在边界上还有属于该组件的像素；
                        如果 pixel_val < comptr[0].grey_level，说明还有比栈顶组件灰度值更小的组件
                        没有搜索到。这两种情况都需要回到步骤 4 中继续搜索组件*/
                        if ( pixel_val <= comptr[0].grey_level )
                            break;
                        //合并栈内前两个组件，直到 pixel_val < comptr[-1].grey_level 为止
                        if ( pixel_val < comptr[-1].grey_level )
                        {
                            // check the stablity here otherwise it wouldn't be an ER
                            if ( MSERStableCheck( comptr, params ) )
                            {
                                CvContour* contour = MSERToContour( comptr, storage );
                                contour->color = color;
                                cvSeqPush( contours, &contour );
                            }
                            MSERNewHistory( comptr, histptr );
                            comptr[0].grey_level = pixel_val;
                            histptr++;
                            break;
                        }
                    }
                }
            } else
                //边界像素堆中没有任何像素，则退出死循环，该函数返回。
                break;
        }
    }
}
```

MSER 就分析到这里，至于其中用到的一些子函数就不再介绍了。

6.3　应用实例

下面给出最大稳定极值区域检测的应用实例：

```
#include "opencv2/core/core.hpp"
#include "opencv2/highgui/highgui.hpp"
#include "opencv2/imgproc/imgproc.hpp"
#include "opencv2/features2d/features2d.hpp"
#include <iostream>
using namespace cv;
using namespace std;

int main(int argc, char *argv[])
```

```
{
    Mat src,gray;
    src = imread("lenna.bmp");
    cvtColor( src, gray, CV_BGR2GRAY );
    //创建 MSER 类
    MSER ms;
    //用于组件区域的像素点集
    vector<vector<Point>> regions;
    ms(gray, regions, Mat());
    //在灰度图像中用椭圆形绘制组件
    for (int i = 0; i < regions.size(); i++)
    {
        ellipse(gray, fitEllipse(regions[i]), Scalar(255));
    }
    imshow("mser", gray);
    waitKey(0);
    return 0;
}
```

结果如图 6-5 所示。本文介绍的方法只适用于灰度图像，所以如果输入的是彩色图像，要把它转换为灰度图像。另外在创建 MSER 类的时候，我们使用的是缺省构造函数，因此 MSER 算法所需的参数是系统默认的。所以我们检测的结果与原著中的检测结果略有不同。

▲图 6-5　MSER 检测结果

第 7 章　SURF 方法

7.1　原理分析

SURF（Speeded Up Robust Features）是一种具有鲁棒性的局部特征检测算法，它首先由 Bay 等人于 2006 年提出，并在 2008 年进行了完善。其实该算法是 Bay 在攻读博士期间的研究内容，并作为博士毕业论文的一部分发表。

SURF 算法的部分灵感来自于 SIFT 算法，但正如它的名字一样，该算法除了具有重复性高的检测和可区分性好的描述符特点外，还具有很强的鲁棒性以及更高的运算速度，如 Bay 所述，SURF 至少比 SIFT 快 3 倍以上，综合性能要优于 SIFT 算法。与 SIFT 算法一样，SURF 算法也在美国申请了专利。

SURF 算法之所以有如此优异的表现，尤其是在效率上，是因为该算法一方面在保证正确性的前提下进行了适当的简化和近似，另一方面它多次运用积分图像（integral image）的概念。因此在介绍 SURF 算法之前，我们先来介绍一下积分图像。

积分图像很早就被应用在计算机图形学中，但直到 2001 年才由 Viola 和 Jones 应用到计算机视觉领域中。积分图像 $I_{\Sigma}(x, y)$ 的大小尺寸与原图像 $I(x, y)$ 的大小尺寸相等，而积分图像在(x, y)处的值等于原图像中横坐标小于等于 x 并且纵坐标也小于等于 y 的所有像素灰度值之和，也就是在原图像中，从其左上角到(x, y)处所构成的矩形区域内所有像素灰度值之和，即：

$$I_{\Sigma}\left(x, y\right) = \sum_{i=0}^{i \leqslant x} \sum_{j=0}^{j \leqslant 0} I\left(x, y\right) \qquad (7\text{-}1)$$

事实上，积分图像的计算十分简单，只需要对原图像进行一次扫描，就可以得到一幅完整的积分图像，它的计算公式有几种，下列公式是其中的一种：

$$I_{\Sigma}\left(x, y\right) = I\left(x, y\right) + I_{\Sigma}\left(x-1, y\right) + I_{\Sigma}\left(x, y-1\right) - I_{\Sigma}\left(x-1, y-1\right) \qquad (7\text{-}2)$$

式中，$I_{\Sigma}(x-1, y)$、$I_{\Sigma}(x, y-1)$和$I_{\Sigma}(x-1, y-1)$都是在计算 $I_{\Sigma}(x, y)$ 之前得到的值。

利用积分图像可以计算原图像中任意矩形内像素灰度值之和。如图 7-1 所示，某图像 $I(x, y)$ 中有 4 个点，它们的坐标分别为 A$=(x_0, y_0)$，B$=(x_1, y_0)$，C$=(x_0, y_1)$和 D$=(x_1, y_1)$。由这 4 个点组成了矩阵 W，该 W 内的像素灰度值之和为：

$$\sum_{\substack{x_0 < x \leqslant x_1 \\ y_0 < y \leqslant y_1}} I(x, y) = I_\Sigma(\mathrm{D}) + I_\Sigma(\mathrm{A}) - I_\Sigma(\mathrm{B}) - I_\Sigma(\mathrm{C}) \qquad (7\text{-}3)$$

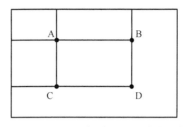

▲图 7-1 积分图像求矩阵内灰度值之和

由式 7-3 可知，一旦图像的积分图像确定下来，图像中任意矩阵区域内的灰度值之和就可以很容易地得到。更重要的是，无论矩阵面积多大，所需要的运算量都是相同的。因此当算法中需要大量重复地计算不同矩阵区域内的灰度值之和时，应用积分图像就可以大大地提高效率。SURF 算法正是很好地利用了这个性质，以近乎恒定的时间完成了不同尺寸大小的盒状滤波器（box filter）的快速卷积运算。

积分图像就介绍到这里，下面进入主题，重点讲解 SURF 算法。

SURF 算法包括下面两个阶段：第一阶段是特征点检测，它由基于 Hessian 矩阵的特征点检测，尺度空间表示和特征点定位等步骤组成；第二阶段是特征点描述，它由方向角度的分配和基于 Haar 小波的特征点描述符等步骤组成。

1. 基于 Hessian 矩阵的特征点检测

关于特征点，还没有一个统一的定义，但 Bay 认为，特征点是那些在两个不同方向上局部梯度有着剧烈变化的小的图像区域。因此角点、斑点和 T 型连接处都可以被认为是特征点。

目前检测特征点最好的方法是基于 Harris 矩阵的方法和基于 Hessian 矩阵的方法，Harris 矩阵能够检测出角点类特征点，Hessian 矩阵能够检测出斑点类特征点。SURF 算法应用的是 Hessian 矩阵，这是因为该矩阵在运算速度和特征点检测的准确率上都具有一定的优势。Hessian 矩阵检测特征点的方法是计算图像所有像素的 Hessian 矩阵的行列式，它的极值点处就是图像特征点所在的位置。由于在特征点检测的过程中采取了一系列加快运算速度的方法，因此 SURF 算法中的特征点检测方法也称为 Fast-Hessian 方法。

无论是 Harris 方法还是 Hessian 方法，都无法实现尺度的不变性。高斯拉普拉斯方法（Laplacian of Gaussian，LoG）是最好的能够保证尺度不变性的方法。Mikolajczyk 和 Schmid 把 Harris 和 LoG 相结合，提出了 Harris-Laplace 方法，从而实现了 Harris 方法的尺度不变性。仿照 Harris-Laplace 方法，SURF 算法把 Hessian 和 LoG 结合，提出了 Hessian-Laplace 方法，也同样保证了用 Hessian 方法所检测到的特征点具有尺度不变性。

给定图像 I 中的某点 $\mathbf{x}=(x, y)$，在该点 $\mathbf{x}$ 处，尺度为 σ 的 Hessian 矩阵 $\boldsymbol{H}(\mathbf{x}, \sigma)$ 定义为：

$$H(\mathbf{x},\sigma)=\begin{bmatrix} L_{xx}(\mathbf{x},\sigma) & L_{xy}(\mathbf{x},\sigma) \\ L_{xy}(\mathbf{x},\sigma) & L_{yy}(\mathbf{x},\sigma) \end{bmatrix} \tag{7-4}$$

式中，$L_{xx}(\mathbf{x},\sigma)$ 是高斯二阶微分 $\dfrac{\partial^2 g(\sigma)}{\partial \mathbf{x}^2}$ 在点 $\mathbf{x}=(x,y)$ 处与图像 I 的卷积，$L_{xy}(\mathbf{x},\sigma)$ 和 $L_{yy}(\mathbf{x},\sigma)$

具有相似的含义。这些微分就是 LoG。

　　Bay 指出，高斯函数虽然是最佳的尺度空间分析工具，但由于在实际应用时总是要对高斯函数进行离散化和剪裁处理，从而损失了一些特性（如重复性）。这一因素为我们用其他工具代替高斯函数对尺度空间的分析提供了可能，因为既然高斯函数会带来误差，那么其他工具所带来的误差也可以被忽略，只要误差不大就可以。况且，SIFT 利用 DoG 近似 LoG 的成功经验也进一步验证了高斯函数的可替代性。

　　如图 7-2 所示，第一行图像就是经过离散化，并被裁减为 9×9 方格，σ 为 1.2 的沿 x 方向、y 方向和 xy 方向的高斯二阶微分算子，即 L_{xx} 模板、L_{yy} 模板、L_{xy} 模板。这些微分算子可以用加权后的 9×9 盒状滤波器——D_{xx} 模板、D_{yy} 模板、D_{xy} 模板替代，即图 7-2 中的第二行图像。因此尺寸大小为 9×9 的盒状滤波器对应于尺度 σ 为 1.2 的高斯二阶微分。在 SURF 算法中，σ 为 1.2 代表着最小的尺度，即最大的空间分辨率。在盒状滤波器中，白色部分的权值为 1，灰色部分的权值为 0，D_{xx} 模板和 D_{yy} 模板的黑色部分的权值为 -2，D_{xy} 模板的黑色部分的权值为 -1，我们把黑色部分和白色部分统称为突起部分（lobe），则灰色部分对应于平坦部分。经过实验证明，盒状滤波器的性能近似或更好于经过离散化和剪裁过的高斯函数。更重要的是，如果利用积分图像，盒状滤波器的运算完全不取决于它的尺寸大小。

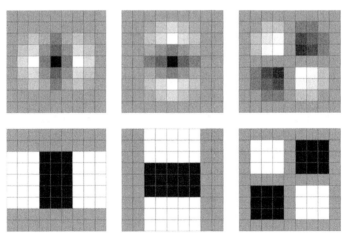

▲图 7-2　LoG 的近似

　　下面我们就给出利用积分图像求 D_{xx}、D_{yy} 和 D_{xy} 方法。首先利用式（7-1）把输入图像转换为积分图像，然后应用盒状滤波器逐一对积分图像中的像素进行处理。从图 7-2 可以看出，盒状滤波器的灰色部分的权值为 0，因此该部分不参与计算，仅仅起到填充模板大小的作用。

而 D_{xx} 模板和 D_{yy} 模板都各有两个白色部分和一个黑色部分，因此它们的盒状滤波器共有 3 个突起部分，而 D_{xy} 模板有两个白色部分和两个黑色部分，因此它的盒状滤波器共有 4 个突起部分。那么利用盒状滤波器对图像进行滤波处理所得到的响应值的一般公式为：

$$D = \sum_{n=1}^{N} \frac{w_n}{S_n} \left(I_{\Sigma}(A_n) + I_{\Sigma}(D_n) - I_{\Sigma}(B_n) - I_{\Sigma}(C_n) \right) \tag{7-5}$$

式中，N 表示突起部分的总和，对于 D_{xx} 模板和 D_{yy} 模板来说，$N=3$，对于 D_{xy} 模板来说，$N=4$；S_n 表示第 n 个突起部分的面积，如对于 9×9 的 D_{xx} 模板和 D_{yy} 模板来说，突起部分的面积都是 15（即该部分像素的数量），而对于 9×9 的 D_{xy} 模板来说，突起部分的面积都是 9，除以 S_n 的作用是对模板进行归一化处理；w_n 表示第 n 个突起部分的权值；而后面的括号部分就是式（7-3），求模板的每个突起部分对应于图像中 4 个点 A、B、C、D 所组成的矩阵区域的灰度之和。

我们在前面提到，Hessian 矩阵的行列式的极值处即为特征点，而用盒状滤波器（D_{xx}、D_{yy}、D_{xy}）近似替代高斯二阶微分算子（L_{xx}、L_{yy}、L_{xy}）得到 Hessian 矩阵的行列式不是简单 $D_{xx}D_{yy}-D_{xy}^2$，而是需要加上一定的权值，即：

$$\det(\boldsymbol{H}_{approx}) = D_{xx}D_{yy} - (wD_{xy})^2 \tag{7-6}$$

式中，w 为权值，它的作用是用以平衡因近似所带来的偏差，它的值为：

$$w = \frac{\left| L_{xy}(1.2) \right|_F \left| D_{yy}(9) \right|_F}{\left| L_{yy}(1.2) \right|_F \left| D_{xy}(9) \right|_F} = 0.912... \cong 0.9 \tag{7-7}$$

式中，$|x|_F$ 表示 Frobenius 范数。尽管该权值 w 是在 σ 为 1.2 和盒状滤波器的大小为 9×9 的情况下得到的，但它也适用于其他的情况。这是因为我们还要对盒状滤波器进行归一化处理（式（7-5）中的除以 S_n），而且把 w 保持为常数所引入的误差对最终的结果影响不大。

用盒状滤波器（D_{xx}、D_{yy}、D_{xy}）近似替代高斯二阶微分算子（L_{xx}、L_{yy}、L_{xy}）得到 Hessian 矩阵的迹的公式为：

$$\text{trace}(\boldsymbol{H}_{approx}) = D_{xx} + D_{yy} \tag{7-8}$$

2. 尺度空间表示

要想实现特征点的尺度不变性，就需要在尽可能多的尺度图像上检测特征点。如何建立连续多幅的尺度图像，就成了尺度不变性特征检测的关键。目前比较好的方法是建立尺度图像金字塔，如 SIFT 那样。方法是用高斯核对输入图像进行迭代的卷积，并重复进行降采样处理，以减小它的尺寸，也就是金字塔中的图像由底向顶尺度逐渐增加，而图像尺寸大小则逐渐缩小。但该方法效率不高，因为金字塔中各层图像的创建完全依赖于它的前一层图像。而在 SURF 中，尺度图像的建立是依靠盒状滤波器模板，而不是高斯核，因此它采用了不改变输入图像的尺寸大小，而仅仅改变盒状滤波器模板大小的方式，即多幅尺度逐渐增加的尺度图像的尺寸大小完全一致，我们称之为图像堆。我们在前面介绍过，盒状滤波器的滤波处理可以使用积分图像，因此无论盒状滤波器模板是大是小，运算速度都是一样的。所以采用图像堆的方法可以大大提高运算效率。

图像堆也是要被分为若干组（octave），每组又由若干层组成，每一组的各层图像都是由输入图像经过不同尺寸大小的盒状滤波器的滤波处理得到，图像的尺度 s 等于该盒状滤波器的尺度 σ。每一组内图像的尺度的变化范围大约是 2 倍的关系。在 SURF 中，最小的尺度图像（即第 1 组第 1 层图像）是由 9×9 的盒状滤波器（即图 7-2）得到，它的尺度 $s = 1.2$，对应于高斯函数 $\sigma = 1.2$，我们把它称为基准滤波器。图像堆中的其他层图像所需的盒状滤波器都是该基准滤波器通过扩展得到，而它们的模板尺寸大小与其所对应的尺度和基准滤波器模板的比率相同，即：

$$s_{approx} = L \times \frac{s_0}{L_0} = L \times \frac{1.2}{9} \tag{7-9}$$

式中，L_0 和 s_0 分别表示基准滤波器模板的尺寸和其所对应图像的尺度，L 表示当前层滤波器模板的尺寸。

为了扩展大尺寸的盒状滤波器模板，还需要考虑下面两个因素：一是模板尺寸的增加受限于模板突起部分的长度，即突起部分短边的长度必须是模板大小的三分之一；二是为了使扩展后的中心不变，模板的四周必须同时扩展，并且突起部分至少扩展 2 个像素长。

由于 D_{xx} 和 D_{yy} 模板有一边包括全部 3 个突起部分，因此 D_{xy} 模板的扩展以 D_{xx} 和 D_{yy} 模板为准。突起部分的短边的长度决定着长边扩展的长度。在 D_{xx} 和 D_{yy} 模板扩展时，如果 3 个突起部分的短边都扩展 2 个像素长，则模板扩展 6 个像素长，所以 6 个像素长是最小的扩展步长，也就是说两个连续模板的长度最小差 6 个像素。

图 7-3 为 D_{yy} 和 D_{xy} 盒状滤波器模板扩展的实例，模板的尺寸从 9×9 扩展为 15×15 和 21×21。由前面分析可知，这些模板是按照最小步长的方式扩展的。由式（7-9）可知，15×15 模板对应的尺度为 2.0，21×21 模板对应的尺度为 2.8。

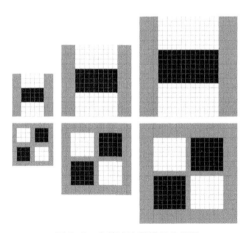

▲图 7-3 盒状滤波器模板的扩展

下面介绍图像堆中各组中各层图像所使用的盒状滤波器模板的变化规律。在第一组中，各层的模板大小分别为 9×9、15×15、21×21、27×27，也就是按照最小步长 6 的方式扩展；第二组中模板扩展的步长翻倍，为 12，模板的大小为 15×15、27×27、39×39、51×51；第三组的步长再翻倍，为 24，则模板大小为 27×27、51×51、75×75、99×99；第四组的步长为 48，模板大小为 51×51、99×99、147×147、195×195；其他组依次类推。一般来说，图像堆分为 3 至 4 组，每组有 4 层。下面给出每层模块的尺寸大小及其所对应的尺度，见表 7-1。

表 7-1　图像堆中各层尺度与尺寸

	第 1 层		第 2 层		第 3 层		第 4 层	
	尺寸	尺度 s	尺寸	尺度 s	尺寸	尺度 s	尺寸	尺度 s
第 1 组	9	1.2	15	2.0	21	2.8	27	3.6
第 2 组	15	2.0	27	3.6	39	5.2	51	6.8
第 3 组	27	3.6	51	6.8	75	10.0	99	13.2
第 4 组	51	6.8	99	13.2	147	19.6	195	26.0

我们在前面提到过，每一组图像的尺度的变化范围大约是 2 倍的关系，我们来验证一下是否满足上述条件。以第 1 组为例，因为在后面我们还要在 3×3×3 的范围内进行非极大值抑制，所以不是在第 1 层图像而是在第 2 层图像找特征点，并且还要进行插值运算，因此最"精细"的尺度应该在第 1 层和第 2 层图像之间，即(1.2 + 2.0) / 2 = 1.6，同理最"粗糙"的尺度为(3.6 + 2.8) / 2 = 3.2。它们之间的变化范围正好是 2 倍的关系。其他组的计算方法相同，尺度的变化范围要略大于 2 倍的关系，但不会超过 2.3 倍。所以基本满足上述条件。

从表 7-1 可以看出，各个层之间尺度有重叠的现象，其目的是覆盖所有可能的尺度。另外随着尺度的增大，被检测到的特征点的数量会锐减，因此为了降低运算量，我们可以在大尺度的图像内减少检测的次数。通常的做法是采用隔点采样的方法，即在第 1 组图像内，我们对所有像素都进行采样从而计算它们的滤波响应值，也就是采样间隔为 $1=2^0$；在第 2 组图像内，我们每隔一个像素采样一次，采样间隔为 $2=2^1$，并且只对采样像素进行滤波处理；同理第 3 组的采样间隔为 $4=2^2$，第 4 组的采样间隔为 $8=2^3$。

下面我们用公式来表述一下图像所在组和层与其所对应的滤波器模板尺寸的关系：

$$L = 3 \times \left[2^{o+1} \times (l+1) + 1 \right] \qquad o = 0,1,2,3 \qquad l = 0,1,2,3 \tag{7-10}$$

式中，L 为模板尺寸，o 表示组索引，l 表示组内的层索引，索引值都是从 0 开始。从该式可以看出，方括号内的部分其实是该模板突起部分短边的长度。

这里需要说明的是，式（7-10）是通过 Bay 的原著总结出来的公式，但 OpenCV 中没有应用该公式，而是使用的下列公式：

$$L = (9 + 6 \times l) \times 2^o \qquad o = 0,1,2,3 \qquad l = 0,1,2,3 \tag{7-11}$$

3. 特征点定位

在上一步，我们通过建立图像堆，并在每一层图像上应用不同尺寸大小的盒状滤波器模板得到了滤波响应值，然后通过式（7-6）得到了所有像素的 Hessian 矩阵的行列式，下面我们就基于这些行列式值找出特征点，并精确定位它们的位置。这包括 3 个步骤——阈值、非极大值抑制和插值。

我们首先选取阈值，去掉那些行列式值低的像素，仅保留那些最强的响应值。很明显，阈值选取得大，所检测到的特征点就多，反之阈值小，特征点就少。

然后就是进行非极大值抑制，即在邻域范围内去掉那些不是最大值的像素。为了满足尺度不变性，在进行非极大值抑制时不仅需要与被检测像素所在的尺度图像的邻域像素相比较，还需要与相邻尺度的图像像素比较，也就是要像图 7-4 所示的那样在 3×3×3 的区域内进行比较，同一层内有 8 个邻域像素，下层和上层各有 9 个邻域像素。

非极大值抑制是在图像堆的组内进行，也就是同组的相邻层之间进行比较。由于每组的第一层图像和最后一层图像各只有一个相邻层，因此这两层不能进行非极大值抑制比较。以每组有四层图像为例，这样就只有中间两层可以进行比较，我们把可以进行非极大值抑制比较的层称为中间层。如果图像堆有 4 组，那么图像堆一共有 16（4×4）层图像，而中间层则只有 8（2×4）层。

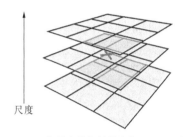

▲图 7-4　非极大值抑制所在的 3×3×3 区域

最后是应用插值法确定特征点位置。由于离散化的原因，前面所检测到的特征点的位置往往并不是真正的位置，因此我们还要应用插值法找到亚像素级精度的特征点位置。特征点的位置不仅应该包括所在层图像的坐标位置，还应该包括尺度（滤波器模板的尺寸也可以，因为它们之间可以通过式（7-9）换算），因此称为尺度坐标：$X = (x, y, s)^{\mathrm{T}}$。

SURF 算法与 SIFT 算法一样，应用的是泰勒级数展开式来进行插值计算。设 $B(X)$ 为在 X 处的特征点响应值，即 Hessian 矩阵的行列式，则它的泰勒级数（只展开到二项式）为：

$$B(X) = B + \left(\frac{\partial B}{\partial X}\right)^{\mathrm{T}} X + \frac{1}{2} X^{\mathrm{T}} \frac{\partial^2 B}{\partial X^2} X \qquad （7-12）$$

相对于点 X 的偏移量 $\hat{x}$ 为：

$$\hat{x} = -\left(\frac{\partial^2 B}{\partial X^2}\right)^{-1} \frac{\partial B}{\partial X} \qquad （7-13）$$

式中，

$$\frac{\partial^2 B}{\partial \boldsymbol{X}^2} = \begin{bmatrix} d_{xx} & d_{xy} & d_{xs} \\ d_{xy} & d_{yy} & d_{ys} \\ d_{xs} & d_{ys} & d_{ss} \end{bmatrix} \tag{7-14}$$

$$\frac{\partial B}{\partial \boldsymbol{X}} = \begin{bmatrix} d_x \\ d_y \\ d_s \end{bmatrix} \tag{7-15}$$

式（7-14）和式（7-15）中等号右侧分别表示对 Hessian 矩阵行列式值图像的二阶偏导和一阶偏导。

式 7-13 的推导详见第 5 章。则通过泰勒级数插值拟合出的新尺度坐标 $\hat{\boldsymbol{X}}$ 为：

$$\hat{\boldsymbol{X}} = \boldsymbol{X} + \hat{\boldsymbol{x}} \tag{7-16}$$

4. 方向角度的分配

为了实现旋转不变性，就必须为每一个特征点分配一个复现性好的方向角度。为此，我们首先建立一个以特征点为中心，半径为 $6s$ 的圆形邻域，我们称之为 $6s$ 圆邻域，并对该圆以 s 为采样间隔进行采样，其中 s 为特征点所在的尺度图像的尺度，则结果如图 7-5 所示。图 7-5 的中心位置为特征点，其他的点为采样像素。

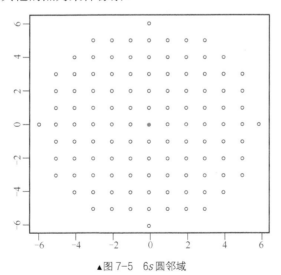

▲图 7-5　$6s$ 圆邻域

然后对该 $6s$ 圆邻域内的所有采样像素计算它们的水平方向和垂直方向上的 Haar 小波响应值，Haar 小波响应的边长尺寸是 $4s$。Haar 小波是一种最简单的滤波器，用它可以检测出水平方向和垂直方向的梯度。如图 7-6 所示，左侧为水平方向的 Haar 小波响应，右侧为垂直方向。黑色部分的权值为 1，白色部分的权值为-1。用 Haar 小波的另一个好处是结合积分图像，不管 Haar 小波响应的尺寸多大，都只需 6 个运算即可得到水平方向和垂直方向的梯度。

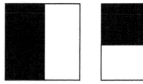

▲图 7-6　Haar 小波响应

很明显，距离特征点越近，采样像素对特征点的影响越大，因此我们还需要对水平方向和垂直方向的 Haar 小波响应值进行加权处理。常用的加权函数为高斯函数，它的标准差设为 2s。

最后我们分别以加权后的水平方向和垂直方向的 Haar 小波响应值为 x 轴和 y 轴，建立一个梯度坐标系，所有的 6s 圆邻域内的采样点都分布在该坐标系内。如图 7-7 所示，坐标系内的点为采样点，它的 x 轴坐标和 y 轴坐标分别对应于加权后的水平方向和垂直方向的 Haar 小波响应值。为了求取特征点的方向，我们需要在该梯度坐标系内设计一个以原点为中心，张角为 60° 的扇形滑动窗口，如图 7-7 所示，要以一定的步长角度旋转这个滑动窗口，并对该滑动窗口内的所有点累计其 x 轴坐标和 y 轴坐标值，计算累计和的模和幅角。

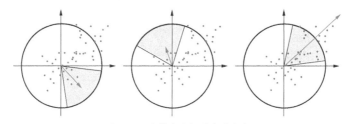

▲图 7-7　在梯度坐标系内求方向

$$m_w = \sum_k x + \sum_k y \tag{7-17}$$

$$\theta_w = \arctan\left(\frac{\sum_k x}{\sum_k y}\right) \tag{7-18}$$

式中，m_w 和 θ_w 分别为 w 扇形滑动窗口内采样点的模和幅角，假设 w 窗口内共有 k 个点，则 $\sum_k x$ 和 $\sum_k y$ 分别表示这 k 个点的横坐标和纵坐标之和，前面已经介绍过，坐标之和也就是 Haar 小波响应值之和。

这样旋转扇形滑动窗口，直至旋转一周为止，比较所有窗口下的模值，其模值最大的那个窗口所对应的幅角就是该特征点的方向角度：

$$\theta = \theta_{w|\max\{m_w\}} \tag{7-19}$$

需要说明一点的是，在一些应用中，旋转不变性并不是必需的。这就像一个人如果保持正常的姿态，让他去观察一个固定的建筑物，可能会由于观察位置的变化，建筑物的尺度和视角会不同，还可能由于天气的原因，亮度会不同，但建筑物的旋转角度变化不大，甚至不会变化。Bay 把这种不需要确定特征点方向的方法称为 U-SURF。实验表明 U-SURF 计算速度更快，并且对在-15°~15°范围内的旋转变化下，U-SURF 具备较强的鲁棒性。

5. 特征点描述符的生成

对特征点检测的要求是重复性要好，而对特征点描述符的要求是可区分性要好。

提取 SURF 描述符的第一步是构造一个以特征点为中心的正方形邻域，正方形的边长为 $20s$，s 仍然指的是尺度，我们称该邻域为 $20s$ 方邻域。当然为了实现旋转不变性，该 $20s$ 方邻域需要校正为与特征点的方向一致，如图 7-8 所示。我们对 $20s$ 方邻域进行采样间隔为 s 的等间隔采样，并把该邻域划分为 4×4=16 个子区域，则 $20s$ 方邻域内共有 400 个采样像素，而每个子区域则有 25 个采样像素。

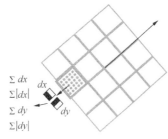

▲图 7-8 描述符表示

对每个子区域内的所有 25 个采样像素，仍然采用图 7-6 所示的 Haar 小波计算它们的水平方向和垂直方向的梯度，在这里 Haar 小波响应的尺寸为 $2s$。我们把水平方向和垂直方向的 Haar 小波响应值分别定义为 dx 和 dy。对于某个采样像素的 dx 和 dy 仍然需要根据该像素与中心特征点的距离进行高斯加权处理，高斯函数的方差为 $3.3s$。

在每个子区域，我们需要累加所有 25 个采样像素的 dx 和 dy，这样就形成了描述符的一部分。而为了把强度变化的极性信息也包括进描述符中，我们还需要对 dx 和 dy 的绝对值进行累加。这样每个子区域就可以用一个 4 维特征矢量 v 表示：

$$\mathbf{v} = [\ \Sigma dx, \ \Sigma dy, \ \Sigma|dx|, \ \Sigma|dy|\ ] \tag{7-20}$$

把所有 4×4 个子区域的 4 维特征矢量 v 组合在一起，就形成了一个 64 维特征矢量，即 SURF 描述符。

为了去除光照变化的影响，我们还需要对该描述符进行归一化处理。设 64 维特征矢量的 SURF 描述符为 $P=\{p_1,p_2,\cdots,p_{64}\}$，归一化公式为：

$$q_i = \frac{p_i}{\sqrt{\sum_{j=1}^{64} p_j^2}}, \qquad i = 1,2,\cdots,64 \tag{7-21}$$

则 $Q=\{q_1,q_2,\cdots,q_{64}\}$ 为归一化后的特征矢量。

Bay 在论文中指出，他们对各类小波特性进行了大量的实验，使用了 dx^2 和 dy^2、高阶小波、PCA、中值、均值等，并通过评估，得出了使用式（7-20）那样的形式能够达到最佳的效果。而且他们还通过改变 $20s$ 方邻域内的采样像素和子区域的数量，得出了 4×4 个子区域是最佳的划分方式。多于 4×4 个子区域的划分鲁棒性较差，并且增加了匹配时间；反之，匹配效果较差，但缩短了匹配时间。但 3×3 个子区域划分方式仍然是可以接受的，因为它要好过其他的描述符。

另外除了 64 维特征矢量的 SURF 描述符外，Bay 还提出了 128 维特征矢量的描述符方法。两者方法基本相同，区别在于根据 dy 是否小于 0，Σdx 和 $\Sigma|dx|$ 分别被划分成两个部分，同理，Σdy 和 $\Sigma|dy|$ 也是根据 dx 的正负号分别被划分成两个部分。这样每个子区域就用一个 8 维特征矢量表示，则最终的描述符就增加到了 128 维。这么做虽然增加了匹配时间，但描述符的可区分性更强。

为了实现快速匹配，我们还可以利用特征点的拉普拉斯响应的正负号。SURF 算法检测的是斑点类的特征点，而特征点的拉普拉斯正负号分别代表着黑背景下的亮斑和白背景下的黑斑，如图 7-9 所示。在匹配的时候，只有拉普拉斯符合相同的特征点才能进行相互匹配，显然，这样可以节省特征点匹配搜索的时间。拉普拉斯符号就是 Hessian 矩阵的迹的符号，因此只要求出 Hessian 矩阵的迹的符号即可。这一步骤并不会增加运算量，因为在特征点检测时已对式（7-8）中 Hessian 矩阵的迹进行了计算，我们只要把该值作为特征点的一个变量保存下来即可。

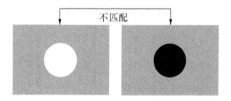

▲图 7-9　特征点的两种拉普拉斯响应

SURF 算法在许多地方都借鉴了 SIFT 算法的成功经验，下面我们就比较一下两者：

（1）SURF 算法的抗干扰能力要强于 SIFT 算法；

（2）SURF 算法不像 SIFT 算法，它可以实现并行计算，这样更加快了运算速度；

（3）SURF 算法的精度略逊于 SIFT 算法；

（4）在亮度不变性和视角不变性方面，SURF 算法不如 SIFT 算法。

7.2　源码解析

实现 SURF 算法的文件为 sources/modules/nonfree/src/surf.cpp。

SURF 类的构造函数为：

```
SURF::SURF( )
SURF::SURF(double hessianThreshold, int nOctaves=4, int nOctaveLayers=2, bool
extended=true,
    bool upright=false )
```

参数的含义为：

hessianThreshold 为 Hessian 矩阵行列式响应值的阈值；

nOctaves 为图像堆的组数；

nOctaveLayers 为图像堆中每组中的中间层数，该值加 2 等于每组包含的层数；

extended 表示是 128 维描述符还是 64 维描述符，为 true 时，表示 128 维描述符；

upright 表示是否采用 U-SURF 算法，为 true 时，采用 U-SURF 算法。

SURF 类的重载运算符函数：

```
void SURF::operator()(InputArray _img, InputArray _mask,
                    CV_OUT vector<KeyPoint>& keypoints,
                    OutputArray _descriptors,
                    bool useProvidedKeypoints) const
//_img 表示输入 8 位灰度图像
//_mask 为掩码矩阵
//keypoints 为特征点矢量数组
//_descriptors 为特征点描述符
//useProvidedKeypoints 表示是否进行特征点的检测，该值为 true 表示不进行特征点的检测，而只是利用输入
//的特征点进行特征点描述符的运算。
{
    //定义、初始化各种矩阵，sum 为输入图像的积分图像矩阵，mask1 和 msum 为掩码所需矩阵
    Mat img = _img.getMat(), mask = _mask.getMat(), mask1, sum, msum;
    //变量 doDescriptors 表示是否进行特征点描述符的运算
    bool doDescriptors = _descriptors.needed();
    //确保输入图像的正确
    CV_Assert(!img.empty() && img.depth() == CV_8U);
    if( img.channels() > 1 )
        cvtColor(img, img, COLOR_BGR2GRAY);
    //确保各类输入参数的正确
    CV_Assert(mask.empty() || (mask.type() == CV_8U && mask.size() == img.size()));
    CV_Assert(hessianThreshold >= 0);
    CV_Assert(nOctaves > 0);
    CV_Assert(nOctaveLayers > 0);
    //计算输入图像的积分图像
    integral(img, sum, CV_32S);

    // Compute keypoints only if we are not asked for evaluating the descriptors are some
    // given locations:
    //是否进行特征点检测运算，useProvidedKeypoints=false 表示进行该运算
    if( !useProvidedKeypoints )
    {
        if( !mask.empty() )     //掩码
        {
            cv::min(mask, 1, mask1);
            integral(mask1, msum, CV_32S);      //msum 为掩码图像的积分图像
        }
        //进行 Fast-Hessian 特征点检测，fastHessianDetector 函数在后面给出详细解释
        fastHessianDetector( sum, msum, keypoints, nOctaves, nOctaveLayers,
        (float)hessianThreshold );
```

```
    }
    //N 为所检测到的特征点数量
    int i, j, N = (int)keypoints.size();
    if( N > 0 )     //如果检测到了特征点
    {
        Mat descriptors;     //描述符变量矩阵
        bool _1d = false;
        //由 extended 变量得到描述符是 128 维的还是 64 维的
        int dcols = extended ? 128 : 64;
        //一个描述符的存储空间大小
        size_t dsize = dcols*sizeof(float);

        if( doDescriptors )     //需要得到描述符
        {
            //定义所有描述符的排列形式
            _1d = _descriptors.kind()==_InputArray::STD_VECTOR&&_descriptors.type()==CV_32F;
            if( _1d )
            {
                //所有特征点的描述符连在一起，组成一个矢量
                _descriptors.create(N*dcols, 1, CV_32F);
                descriptors = _descriptors.getMat().reshape(1, N);
            }
            else
            {
                //一个特征点就是一个描述符，一共 N 个描述符
                _descriptors.create(N, dcols, CV_32F);
                descriptors = _descriptors.getMat();
            }
        }

        // we call SURFInvoker in any case, even if we do not need descriptors,
        // since it computes orientation of each feature.
        //方向角度的分配和描述符的生成，SURFInvoker 在后面给出了详细的解释
        parallel_for_(Range(0,N),SURFInvoker(img, sum, keypoints, descriptors, extended, upright));

        // remove keypoints that were marked for deletion
        //删除那些被标注为无效的特征点
        // i 表示特征点删除之前的特征点索引，j 表示删除之后的特征点索引
        for( i = j = 0; i < N; i++ )
        {
            if( keypoints[i].size > 0 )     //size 大于 0，表示该特征点为有效的特征点
            {
                if( i > j )     // i > j 表示在 i 之前有被删除的特征点
                {
                    //用后面的特征点依次填补被删除的那些特征点的位置
                    keypoints[j] = keypoints[i];
                    //相应的描述符的空间位置也要调整
                    if( doDescriptors )
                        memcpy( descriptors.ptr(j), descriptors.ptr(i), dsize);
                }
```

```
                    j++;     //索引值计数
                }
            }
        //N 表示特征点删除之前的总数，j 表示删除之后的总数，N > j 表明有一些特征点被删除
        if( N > j )
        {
            //重新赋值特征点的总数
            N = j;
            keypoints.resize(N);
            if( doDescriptors )
            {
                //根据描述符的排列形式，重新赋值
                Mat d = descriptors.rowRange(0, N);
                if( _1d )
                    d = d.reshape(1, N*dcols);
                d.copyTo(_descriptors);
            }
        }
    }
}
```

SURF 算法中特征点检测函数 fastHessianDetector：

```
static void fastHessianDetector( const Mat& sum, const Mat& mask_sum, vector<KeyPoint>&
keypoints, int nOctaves, int nOctaveLayers, float hessianThreshold )
{
    /* Sampling step along image x and y axes at first octave. This is doubled
       for each additional octave. WARNING: Increasing this improves speed,
       however keypoint extraction becomes unreliable. */
```
/*为了减少运算量，提高计算速度，程序设置了采样间隔。即在第 1 组的各层图像的每个像素都通过盒状滤波器
模块进行滤波处理，而在第 2 组的各层图像中采用隔点（采样间隔为 2^1）滤波器处理的方式，第 3 组的采样间隔为 2^2，
其他组依次类推*/
```
    //定义初始采样间隔，即第 1 组各层图像的采样间隔
    const int SAMPLE_STEP0 = 1;
    //总的层数，它等于组数乘以每组的层数
    int nTotalLayers = (nOctaveLayers+2)*nOctaves;
    //中间层数，即进行非极大值抑制的层数
    int nMiddleLayers = nOctaveLayers*nOctaves;
```
/*各类矢量变量，dets 为 Hessian 矩阵行列式矢量矩阵，traces 为 Hessian 矩阵迹矢量矩阵，sizes 为盒
状滤波器的尺寸大小矢量，sampleSteps 为每一层的采样间隔矢量，middleIndices 为中间层（即进行非极大值抑
制的层）的索引矢量*/
```
    vector<Mat> dets(nTotalLayers);
    vector<Mat> traces(nTotalLayers);
    vector<int> sizes(nTotalLayers);
    vector<int> sampleSteps(nTotalLayers);
    vector<int> middleIndices(nMiddleLayers);
    //清空特征点变量
    keypoints.clear();

    // Allocate space and calculate properties of each layer
```
//index 为变量 nTotalLayers 的索引，middleIndex 为变量 nMiddleLayers 的索引，step 为采样间隔

```
    int index = 0, middleIndex = 0, step = SAMPLE_STEP0;
    //分配内存空间，计算各层的数据
    //由于采用了采样间隔，因此各层图像所检测到的行列式、迹等数量会不同，这样就需要为每一层图像分配不同
    //的空间大小，保存不同数量的数据
    for( int octave = 0; octave < nOctaves; octave++ )
    {
        for( int layer = 0; layer < nOctaveLayers+2; layer++ )
        {
            /* The integral image sum is one pixel bigger than the source image*/
            dets[index].create( (sum.rows-1)/step, (sum.cols-1)/step, CV_32F );
            traces[index].create( (sum.rows-1)/step, (sum.cols-1)/step, CV_32F );
            //SURF_HAAR_SIZE0 = 9 表示第 1 组第 1 层所使用的盒状滤波器的尺寸大小
            //SURF_HAAR_SIZE_INC = 6 表示盒状滤波器尺寸大小增加的像素数量
            //式(7-11)
            sizes[index] = (SURF_HAAR_SIZE0 + SURF_HAAR_SIZE_INC*layer) << octave;
            sampleSteps[index] = step;

            if( 0 < layer && layer <= nOctaveLayers )
                middleIndices[middleIndex++] = index;      //标记中间层对应于图像堆中的所在层
            index++;    //层的索引值加 1
        }
        step *= 2;      //采样间隔翻倍
    }

    // Calculate hessian determinant and trace samples in each layer
    //计算每层的 Hessian 矩阵的行列式和迹，具体实现的函数为 SURFBuildInvoker，该函数在后面给出
    //详细的讲解
    //parallel_for_表示这些计算可以进行平行处理（当然在编译的时候要选择 TBB 才能实现平行计算）
    parallel_for_( Range(0, nTotalLayers),
                SURFBuildInvoker(sum, sizes, sampleSteps, dets, traces) );

    // Find maxima in the determinant of the hessian
    //检测特征点，具体实现的函数为 SURFFindInvoker，该函数在后面给出详细的讲解
    parallel_for_( Range(0, nMiddleLayers),
                SURFFindInvoker(sum, mask_sum, dets, traces, sizes,
                            sampleSteps, middleIndices, keypoints,
                            nOctaveLayers, hessianThreshold) );
    //特征点排序
    std::sort(keypoints.begin(), keypoints.end(), KeypointGreater());
}
```

计算行列式和迹的类：

```
// Multi-threaded construction of the scale-space pyramid
struct SURFBuildInvoker : ParallelLoopBody
{
    //构造函数
    SURFBuildInvoker( const Mat& _sum, const vector<int>& _sizes,
                const vector<int>& _sampleSteps,
                vector<Mat>& _dets, vector<Mat>& _traces )
    {
```

```
        sum = &_sum;
        sizes = &_sizes;
        sampleSteps = &_sampleSteps;
        dets = &_dets;
        traces = &_traces;
    }
    //重载运算符
    void operator()(const Range& range) const
    {
        //遍历所有层，计算每层的行列式和迹，calcLayerDetAndTrace 函数在后面给出详细介绍
        for( int i=range.start; i<range.end; i++ )
            calcLayerDetAndTrace(*sum,(*sizes)[i],(*sampleSteps)[i],(*dets)[i],(*traces)[i] );
    }
    //定义类的成员变量
    const Mat *sum;
    const vector<int> *sizes;
    const vector<int> *sampleSteps;
    vector<Mat>* dets;
    vector<Mat>* traces;
};
```

计算某一层的行列式和迹 calcLayerDetAndTrace 函数：

```
/*
 * Calculate the determinant and trace of the Hessian for a layer of the
 * scale-space pyramid
 */
static void calcLayerDetAndTrace( const Mat& sum, int size, int sampleStep,
                                  Mat& det, Mat& trace )
{
```

//NX、NY、NXY 分别表示 D_{xx} 模板、D_{yy} 模板和 D_{xy} 模板中突起部分的数量，即式 7-5 中的变量 N

```
    const int NX=3, NY=3, NXY=4;
```

/*dx_s 变量、dy_s 变量、dxy_s 变量的意思是分别用二维数组表示 9×9 的 D_{xx} 模板、D_{yy} 模板和 D_{xy} 模板，二维数组的第二维代表模板的突起部分，第一维代表突起部分的坐标位置和权值。以模板的左上角为坐标原点，数组第一维中 5 个元素中的前两个表示突起部分左上角坐标，紧接着的后 2 个元素表示突起部分的右下角坐标，最后一个元素表示该突起部分的权值*/

```
    const int dx_s[NX][5] = { {0, 2, 3, 7, 1}, {3, 2, 6, 7, -2}, {6, 2, 9, 7, 1} };
    const int dy_s[NY][5] = { {2, 0, 7, 3, 1}, {2, 3, 7, 6, -2}, {2, 6, 7, 9, 1} };
    const int dxy_s[NXY][5] = { {1, 1, 4, 4, 1}, {5, 1, 8, 4, -1}, {1, 5, 4, 8, -1}, {5,
5, 8, 8, 1} };
    //Dx、Dy 和 Dxy 为尺寸重新调整以后的模板的信息数据
    SurfHF Dx[NX], Dy[NY], Dxy[NXY];
    //判断盒状滤波器的尺寸大小是否超出了输入图像的边界
    if( size > sum.rows-1 || size > sum.cols-1 )
        return;
    //由 9×9 的初始模板生成其他尺寸大小的盒状滤波器模板，resizeHaarPattern 函数在后面给出详细的解释
    resizeHaarPattern( dx_s , Dx , NX , 9, size, sum.cols );
    resizeHaarPattern( dy_s , Dy , NY , 9, size, sum.cols );
    resizeHaarPattern( dxy_s, Dxy, NXY, 9, size, sum.cols );

    /* The integral image 'sum' is one pixel bigger than the source image */
```

```
//由该层的采样间隔计算图像的行和列的采样像素的数量
int samples_i = 1+(sum.rows-1-size)/sampleStep;
int samples_j = 1+(sum.cols-1-size)/sampleStep;

/* Ignore pixels where some of the kernel is outside the image */
//由该层的模板尺寸和采样间隔计算因为边界效应而需要预留的图像边界的大小
int margin = (size/2)/sampleStep;
//遍历该层所有的采样像素
for( int i = 0; i < samples_i; i++ )
{
    //在积分图像中，得到当前行的首地址指针
    const int* sum_ptr = sum.ptr<int>(i*sampleStep);
    //去掉边界预留部分的当前行的行列式首地址指针
    float* det_ptr = &det.at<float>(i+margin, margin);
    //去掉边界预留部分的当前行的迹首地址指针
    float* trace_ptr = &trace.at<float>(i+margin, margin);
    for( int j = 0; j < samples_j; j++ )
    {
        //利用式（7-5）计算 3 个盒状滤波器的响应值，calcHaarPattern 函数很简单，就不再给出详细解释
        float dx  = calcHaarPattern( sum_ptr, Dx , 3 );
        float dy  = calcHaarPattern( sum_ptr, Dy , 3 );
        float dxy = calcHaarPattern( sum_ptr, Dxy, 4 );
        //指向积分图像中该行的下一个像素
        sum_ptr += sampleStep;
        //利用式(7-6)计算行列式
        det_ptr[j] = dx*dy - 0.81f*dxy*dxy;
        //利用式(7-8)计算迹
        trace_ptr[j] = dx + dy;
    }
}
}
```

由 9×9 的初始模板生成其他尺寸大小的盒状滤波器模板 resizeHaarPattern 函数：

```
static void
resizeHaarPattern( const int src[][5], SurfHF* dst, int n, int oldSize, int newSize, int
widthStep )
// src 为源模板，即 9×9 的模板
// dst 为得到的新模板的信息数据
// n 为该模板的突起部分的数量
// oldSize 为源模板 src 的尺寸，即为 9
// newSize 为新模板 dst 的尺寸
// widthStep 为积分图像的宽步长，也就是输入图像的宽步长
{
    //由新、旧两个模板的尺寸计算它们的比值
    float ratio = (float)newSize/oldSize;
    //遍历模板的所有突起部分
    for( int k = 0; k < n; k++ )
    {
        //由比值计算新模板突起部分的左上角和右下角坐标
        int dx1 = cvRound( ratio*src[k][0] );
```

```
        int dy1 = cvRound( ratio*src[k][1] );
        int dx2 = cvRound( ratio*src[k][2] );
        int dy2 = cvRound( ratio*src[k][3] );
        //由突起部分的坐标计算它在积分图像的坐标位置，即图7-1中的4个点A、B、C、D
        dst[k].p0 = dy1*widthStep + dx1;
        dst[k].p1 = dy2*widthStep + dx1;
        dst[k].p2 = dy1*widthStep + dx2;
        dst[k].p3 = dy2*widthStep + dx2;
        //式(7-5)中的wn/sn
        dst[k].w = src[k][4]/((float)(dx2-dx1)*(dy2-dy1));
    }
}
```

特征点检测的类：

```
// Multi-threaded search of the scale-space pyramid for keypoints
struct SURFFindInvoker : ParallelLoopBody
{
    //构造函数
    SURFFindInvoker( const Mat& _sum, const Mat& _mask_sum,
                const vector<Mat>& _dets, const vector<Mat>& _traces,
                const vector<int>& _sizes, const vector<int>& _sampleSteps,
                const vector<int>& _middleIndices, vector<KeyPoint>& _keypoints,
                int _nOctaveLayers, float _hessianThreshold )
    {
        sum = &_sum;                          //积分图像
        mask_sum = &_mask_sum;                //掩码所需的积分图像
        dets = &_dets;                        //行列式
        traces = &_traces;                    //迹
        sizes = &_sizes;                      //尺寸
        sampleSteps = &_sampleSteps;          //采样间隔
        middleIndices = &_middleIndices;      //中间层
        keypoints = &_keypoints;              //特征点
        nOctaveLayers = _nOctaveLayers;       //层
        hessianThreshold = _hessianThreshold; //行列式的阈值
    }
    //成员函数，该函数在后面给出详细解释
    static void findMaximaInLayer( const Mat& sum, const Mat& mask_sum,
                const vector<Mat>& dets, const vector<Mat>& traces,
                const vector<int>& sizes, vector<KeyPoint>& keypoints,
                int octave, int layer, float hessianThreshold, int sampleStep );
    //重载运算符
    void operator()(const Range& range) const
    {
        //遍历中间层
        for( int i=range.start; i<range.end; i++ )
        {
            int layer = (*middleIndices)[i];   //提取出中间层所对应的图像堆中的所在层
            int octave = i / nOctaveLayers;    //计算该层所对应的组索引
            //特征点检测
            findMaximaInLayer( *sum, *mask_sum, *dets, *traces, *sizes,
```

```
                              *keypoints, octave, layer, hessianThreshold,
                              (*sampleSteps)[layer] );
        }
    }
    //成员变量
    const Mat *sum;
    const Mat *mask_sum;
    const vector<Mat>* dets;
    const vector<Mat>* traces;
    const vector<int>* sizes;
    const vector<int>* sampleSteps;
    const vector<int>* middleIndices;
    vector<KeyPoint>* keypoints;
    int nOctaveLayers;
    float hessianThreshold;

    static Mutex findMaximaInLayer_m;
};
```

特征点检测的 findMaximaInLayer 函数：

```
/*
 * Find the maxima in the determinant of the Hessian in a layer of the
 * scale-space pyramid
 */
void SURFFindInvoker::findMaximaInLayer( const Mat& sum, const Mat& mask_sum,
                const vector<Mat>& dets, const vector<Mat>& traces,
                const vector<int>& sizes, vector<KeyPoint>& keypoints,
                int octave, int layer, float hessianThreshold, int sampleStep )
{
    // Wavelet Data
    //下面变量在使用掩码时会用到
    const int NM=1;
    const int dm[NM][5] = { {0, 0, 9, 9, 1} };
    SurfHF Dm;
    //该层所用的滤波器模板的尺寸
    int size = sizes[layer];

    // The integral image 'sum' is one pixel bigger than the source image
    //根据采样间隔得到该层图像每行和每列的采样像素数量
    int layer_rows = (sum.rows-1)/sampleStep;
    int layer_cols = (sum.cols-1)/sampleStep;

    // Ignore pixels without a 3x3x3 neighbourhood in the layer above
    /*在每组内，上一层所用的滤波器模板要比下一层的模板尺寸大，因此由于边界效应而预留的边界空白区域就要
    多，所以在进行 3×3×3 邻域比较时，就要把多出来的这部分区域去掉*/
    int margin = (sizes[layer+1]/2)/sampleStep+1;
    //如果要用掩码，则需要调整掩码矩阵的大小
    if( !mask_sum.empty() )
        resizeHaarPattern( dm, &Dm, NM, 9, size, mask_sum.cols );
    //计算该层图像的宽步长
```

```
int step = (int)(dets[layer].step/dets[layer].elemSize());
//遍历该层图像的所有像素
for( int i = margin; i < layer_rows - margin; i++ )
{
    //行列式矩阵当前行的首地址指针
    const float* det_ptr = dets[layer].ptr<float>(i);
    //迹矩阵当前行的首地址指针
    const float* trace_ptr = traces[layer].ptr<float>(i);
    for( int j = margin; j < layer_cols-margin; j++ )
    {
        float val0 = det_ptr[j];            //行列式矩阵当前像素
        if( val0 > hessianThreshold )    //行列式值要大于所设置的阈值
        {
            /* Coordinates for the start of the wavelet in the sum image. There
               is some integer division involved, so don't try to simplify this
               (cancel out sampleStep) without checking the result is the same */
            //该点对应于输入图像的坐标位置
            int sum_i = sampleStep*(i-(size/2)/sampleStep);
            int sum_j = sampleStep*(j-(size/2)/sampleStep);

            /* The 3x3x3 neighbouring samples around the maxima.
               The maxima is included at N9[1][4] */

            const float *det1 = &dets[layer-1].at<float>(i, j);    //下一层像素
            const float *det2 = &dets[layer].at<float>(i, j);      //当前层像素
            const float *det3 = &dets[layer+1].at<float>(i, j);    //上一层像素
            //3×3×3 区域内的所有27 个像素的行列式值
            float N9[3][9] = { { det1[-step-1], det1[-step], det1[-step+1],
                                 det1[-1]    , det1[0]    , det1[1],
                                 det1[step-1] , det1[step] , det1[step+1]  },
                               { det2[-step-1], det2[-step], det2[-step+1],
                                 det2[-1]    , det2[0]    , det2[1],
                                 det2[step-1] , det2[step] , det2[step+1]  },
                               { det3[-step-1], det3[-step], det3[-step+1],
                                 det3[-1]    , det3[0]    , det3[1],
                                 det3[step-1] , det3[step] , det3[step+1]  } };

            /* Check the mask - why not just check the mask at the center of the wavelet? */
            //去掉掩码没有包含的像素
            if( !mask_sum.empty() )
            {
                const int* mask_ptr = &mask_sum.at<int>(sum_i, sum_j);
                float mval = calcHaarPattern( mask_ptr, &Dm, 1 );
                if( mval < 0.5 )
                    continue;
            }

            /* Non-maxima suppression. val0 is at N9[1][4]*/
            //非极大值抑制，当前点与其周围的26 个点比较，val0 就是 N9[1][4]
            if( val0 > N9[0][0] && val0 > N9[0][1] && val0 > N9[0][2] &&
```

```
                            val0 > N9[0][3] && val0 > N9[0][4] && val0 > N9[0][5] &&
                            val0 > N9[0][6] && val0 > N9[0][7] && val0 > N9[0][8] &&
                            val0 > N9[1][0] && val0 > N9[1][1] && val0 > N9[1][2] &&
                            val0 > N9[1][3]                     && val0 > N9[1][5] &&
                            val0 > N9[1][6] && val0 > N9[1][7] && val0 > N9[1][8] &&
                            val0 > N9[2][0] && val0 > N9[2][1] && val0 > N9[2][2] &&
                            val0 > N9[2][3] && val0 > N9[2][4] && val0 > N9[2][5] &&
                            val0 > N9[2][6] && val0 > N9[2][7] && val0 > N9[2][8] )
                    {
                        /* Calculate the wavelet center coordinates for the maxima */
                        //插值的需要，坐标位置要减 0.5
                        float center_i = sum_i + (size-1)*0.5f;
                        float center_j = sum_j + (size-1)*0.5f;
                        //定义该候选特征点
                        KeyPoint kpt( center_j, center_i, (float)sizes[layer],
                                      -1, val0, octave, CV_SIGN(trace_ptr[j]) );

                        /* Interpolate maxima location within the 3x3x3 neighbourhood */
                        //ds 为滤波器模板尺寸的变化率，即当前层尺寸与下一层尺寸的差值
                        int ds = size - sizes[layer-1];
                        //插值计算，interpolateKeypoint 函数在后面给出详细解释
                        int interp_ok=interpolateKeypoint( N9, sampleStep, sampleStep, ds, kpt );

                        /* Sometimes the interpolation step gives a negative size etc. */
                        //如果得到合理的插值结果，保存该特征点
                        if( interp_ok )
                        {
                            /*printf("KeyPoint %f %f %d\n",point.pt.x,point.pt.y,point.size );*/
                            cv::AutoLock lock(findMaximaInLayer_m);
                            keypoints.push_back(kpt);      //当前像素为特征点，保存该数据
                        }
                    }
                }
            }
        }
    }
}
```

插值计算 interpolateKeypoint 函数：

```
/*
 * Maxima location interpolation as described in "Invariant Features from
 * Interest Point Groups" by Matthew Brown and David Lowe. This is performed by
 * fitting a 3D quadratic to a set of neighbouring samples.
 *
 * The gradient vector and Hessian matrix at the initial keypoint location are
 * approximated using central differences. The linear system Ax = b is then
 * solved, where A is the Hessian, b is the negative gradient, and x is the
 * offset of the interpolated maxima coordinates from the initial estimate.
 * This is equivalent to an iteration of Netwon's optimisation algorithm.
 *
 * N9 contains the samples in the 3x3x3 neighbourhood of the maxima
```

```
    * dx is the sampling step in x
    * dy is the sampling step in y
    * ds is the sampling step in size
    * point contains the keypoint coordinates and scale to be modified
    *
    * Return value is 1 if interpolation was successful, 0 on failure.
    */
static int
interpolateKeypoint( float N9[3][9], int dx, int dy, int ds, KeyPoint& kpt )
//N9 数组为极值所在的 3×3×3 邻域
//dx，dy，ds 为横、纵坐标和尺度坐标的变化率（单位步长），dx 和 dy 就是采样间隔
{
    //b 为式 (7-15) 中的负值
    Vec3f b(-(N9[1][5]-N9[1][3])/2,  // Negative 1st deriv with respect to x
            -(N9[1][7]-N9[1][1])/2,   // Negative 1st deriv with respect to y
            -(N9[2][4]-N9[0][4])/2);  // Negative 1st deriv with respect to s
    //A 为式 (7-14)
    Matx33f A(
        N9[1][3]-2*N9[1][4]+N9[1][5],               // 2nd deriv x, x
        (N9[1][8]-N9[1][6]-N9[1][2]+N9[1][0])/4, // 2nd deriv x, y
        (N9[2][5]-N9[2][3]-N9[0][5]+N9[0][3])/4, // 2nd deriv x, s
        (N9[1][8]-N9[1][6]-N9[1][2]+N9[1][0])/4, // 2nd deriv x, y
        N9[1][1]-2*N9[1][4]+N9[1][7],               // 2nd deriv y, y
        (N9[2][7]-N9[2][1]-N9[0][7]+N9[0][1])/4, // 2nd deriv y, s
        (N9[2][5]-N9[2][3]-N9[0][5]+N9[0][3])/4, // 2nd deriv x, s
        (N9[2][7]-N9[2][1]-N9[0][7]+N9[0][1])/4, // 2nd deriv y, s
        N9[0][4]-2*N9[1][4]+N9[2][4]);           // 2nd deriv s, s
    //x=A⁻¹b，式 (7-13) 的结果，即偏移量
    Vec3f x = A.solve(b, DECOMP_LU);
    //判断偏移量是否合理，不能大于 1，否则会偏移到其他的像素点位置上
    bool ok = (x[0] != 0 || x[1] != 0 || x[2] != 0) &&
        std::abs(x[0]) <= 1 && std::abs(x[1]) <= 1 && std::abs(x[2]) <= 1;

    if( ok )      //如果偏移量合理
    {
        //由式 (7-16)，计算偏移后的位置
        kpt.pt.x += x[0]*dx;
        kpt.pt.y += x[1]*dy;
        //其实这里的 size 表示的是盒状滤波器模板的尺寸，但由于模板尺寸和图像尺度可以通过式 (7-9) 转换，
        //所以保存尺寸信息也无妨
        kpt.size = (float)cvRound( kpt.size + x[2]*ds );
    }
    return ok;
}
```

方向分配和确定描述符类：

```
struct SURFInvoker : ParallelLoopBody
{
    // ORI_RADIUS 表示 6s 圆邻域的采样半径长，ORI_WIN 表示扇形滑动窗口的张角，PATCH_SZ 表示 20s 方邻
    //域的采样边长
```

```
enum { ORI_RADIUS = 6, ORI_WIN = 60, PATCH_SZ = 20 };
//构造函数
SURFInvoker( const Mat& _img, const Mat& _sum,
            vector<KeyPoint>& _keypoints, Mat& _descriptors,
            bool _extended, bool _upright )
{
    keypoints = &_keypoints;            //特征点
    descriptors = &_descriptors;        //描述符
    img = &_img;                        //输入图像
    sum = &_sum;                        //积分图像
    extended = _extended;               //描述符是 128 维还是 64 维
    upright = _upright;                 //是否采用 U-SURF 算法

    // Simple bound for number of grid points in circle of radius ORI_RADIUS
    //以特征点为中心、半径为 6s 的圆邻域内, 以 s 为采样间隔时所采样的像素数量
    //nOriSampleBound 为正方形内的像素数量, 在这里是用该变量来限定实际的采样数量
    const int nOriSampleBound = (2*ORI_RADIUS+1)*(2*ORI_RADIUS+1);

    // Allocate arrays
    //分配数组空间
    apt.resize(nOriSampleBound);
    aptw.resize(nOriSampleBound);       //aptw 为 6s 圆邻域内的高斯加权系数
    DW.resize(PATCH_SZ*PATCH_SZ);       //DW 为 20s 方邻域内的高斯加权系数

    /* Coordinates and weights of samples used to calculate orientation */
    //得到 6s 圆邻域内的高斯加权函数 (标准差为 2.5s, 与 Bay 原著取值不同) 模板的系数,
    //SURF_ORI_SIGMA = 2.5f;
    Mat G_ori = getGaussianKernel( 2*ORI_RADIUS+1, SURF_ORI_SIGMA, CV_32F );
    //实际 6s 圆邻域内的采样数
    nOriSamples = 0;
    //事先计算好 6s 圆邻域内所有采样像素的高斯加权系数
    for( int i = -ORI_RADIUS; i <= ORI_RADIUS; i++ )
    {
        for( int j = -ORI_RADIUS; j <= ORI_RADIUS; j++ )
        {
            if( i*i + j*j <= ORI_RADIUS*ORI_RADIUS )
            {
                apt[nOriSamples] = cvPoint(i,j);    //相对于圆心的坐标位置
                //高斯加权系数
                aptw[nOriSamples++] = G_ori.at<float>(i+ORI_RADIUS,0) *
                G_ori.at<float>(j+ORI_RADIUS,0);
            }
        }
    }
    //判断实际的采样数量是否超过了最大限定数量
    CV_Assert( nOriSamples <= nOriSampleBound );

    /* Gaussian used to weight descriptor samples */
    //得到 20s 方邻域内的高斯加权函数 (标准差为 3.3s) 模板的系数, SURF_DESC_SIGMA = 3.3f
    Mat G_desc = getGaussianKernel( PATCH_SZ, SURF_DESC_SIGMA, CV_32F );
```

```
    //事先计算好20s方邻域内所有采样像素的高斯加权系数
    for( int i = 0; i < PATCH_SZ; i++ )
    {
        for( int j = 0; j < PATCH_SZ; j++ )
            DW[i*PATCH_SZ+j] = G_desc.at<float>(i,0) * G_desc.at<float>(j,0);
    }
}
//重载运算符
void operator()(const Range& range) const
{
    /* X and Y gradient wavelet data */
    //水平方向和垂直方向的Haar小波响应的突起部分的数量
    const int NX=2, NY=2;
    //dx_s和dy_s的含义与盒状滤波器模板的含义相同，数组中五个元素的前四个元素表示突起部分左
    //上角和右下角的坐标位置，第五个元素为权值
    const int dx_s[NX][5] = {{0, 0, 2, 4, -1}, {2, 0, 4, 4, 1}};
    const int dy_s[NY][5] = {{0, 0, 4, 2, 1}, {0, 2, 4, 4, -1}};

    // Optimisation is better using nOriSampleBound than nOriSamples for
    // array lengths.  Maybe because it is a constant known at compile time
    //以特征点为中心、半径为6s的圆邻域内，以s为采样间隔时所采样的像素数量
    //nOriSampleBound实为正方形内的像素数量，正方形的面积要大于圆形，所以为了保险起见，后
    //面在定义变量的时候，用该值表示变量的数量
    const int nOriSampleBound =(2*ORI_RADIUS+1)*(2*ORI_RADIUS+1);
    //数组X保存6s圆邻域内的Haar小波响应的水平方向梯度值，数组Y保存垂直方向梯度，数组angle保存角度
    float X[nOriSampleBound], Y[nOriSampleBound], angle[nOriSampleBound];
    //定义20s方邻域的二维数组
    uchar PATCH[PATCH_SZ+1][PATCH_SZ+1];
    //DX和DY分别为20s方邻域内采样像素的dx和dy
    float DX[PATCH_SZ][PATCH_SZ], DY[PATCH_SZ][PATCH_SZ];
    //由于矩阵matX，matY和_angle的rows都为1，所以这3个矩阵变量其实是矢量变量。它们的值
    //分别为X，Y和angle数组的值
    CvMat matX = cvMat(1, nOriSampleBound, CV_32F, X);
    CvMat matY = cvMat(1, nOriSampleBound, CV_32F, Y);
    CvMat _angle = cvMat(1, nOriSampleBound, CV_32F, angle);
    //定义20s方邻域的矩阵变量
    Mat _patch(PATCH_SZ+1, PATCH_SZ+1, CV_8U, PATCH);
    //确定描述符是128维还是64维
    int dsize = extended ? 128 : 64;
    //k1为0，k2为N，即特征点的总数
    int k, k1 = range.start, k2 = range.end;
    //该变量代表特征点的最大尺度
    float maxSize = 0;
    //遍历所有特征点，找到特征点的最大尺度，其实找到的是盒状滤波器模板的最大尺寸
    for( k = k1; k < k2; k++ )
    {
        maxSize = std::max(maxSize, (*keypoints)[k].size);
    }
    //得到20s方邻域内的最大值，即带入尺度s的最大值
    int imaxSize = std::max(cvCeil((PATCH_SZ+1)*maxSize*1.2f/9.0f), 1);
```

```
//在系统中为 20s 方邻域开辟一段包括了所有可能的 s 值的内存空间
Ptr<CvMat> winbuf = cvCreateMat( 1, imaxSize*imaxSize, CV_8U );
//遍历所有特征点
for( k = k1; k < k2; k++ )
{
    int i, j, kk, nangle;
    float* vec;
    SurfHF dx_t[NX], dy_t[NY];
    KeyPoint& kp = (*keypoints)[k];      //当前特征点
    float size = kp.size;      //特征点尺度，其实是盒状滤波器模板的尺寸
    Point2f center = kp.pt;      //特征点的位置坐标
    /* The sampling intervals and wavelet sized for selecting an orientation
     and building the keypoint descriptor are defined relative to 's' */
    //由式(7-9)，把模板尺寸转换为图像尺度，得到真正的尺度信息
    float s = size*1.2f/9.0f;
    /* To find the dominant orientation, the gradients in x and y are
     sampled in a circle of radius 6s using wavelets of size 4s.
     We ensure the gradient wavelet size is even to ensure the
     wavelet pattern is balanced and symmetric around its center */
    //得到确定方向时所用的 haar 小波响应的尺寸，即 4s
    int grad_wav_size = 2*cvRound( 2*s );
    //如果 haar 小波响应的尺寸大于输入图像的尺寸，则进入 if 语句
    if( sum->rows < grad_wav_size || sum->cols < grad_wav_size )
    {
        /* when grad_wav_size is too big,
         * the sampling of gradient will be meaningless
         * mark keypoint for deletion. */
        //进入该 if 语句，说明 haar 小波响应的尺寸太大，在这么大的尺寸下进行任何操作都是没
        //有意义的，所以标注该特征点为无效的特征点，待后面的代码删除该特征点
        kp.size = -1;
        continue;      //继续下一个特征点的操作
    }

    float descriptor_dir = 360.f - 90.f;
    if (upright == 0)      //不采用 U-SURF 算法
    {
        //调整两个 Haar 小波响应的尺寸大小
        resizeHaarPattern( dx_s, dx_t, NX, 4, grad_wav_size, sum->cols );
        resizeHaarPattern( dy_s, dy_t, NY, 4, grad_wav_size, sum->cols );
        //遍历 6s 圆邻域内的所有采样像素
        for( kk = 0, nangle = 0; kk < nOriSamples; kk++ )
        {
            //x 和 y 为该采样像素在输入图像的坐标位置
            int x = cvRound(center.x+ apt[kk].x*s - (float)(grad_wav_size-1)/2 );
            int y = cvRound(center.y+ apt[kk].y*s - (float)(grad_wav_size-1)/2 );
            //判断该坐标是否超出了图像的边界
            if( y < 0 || y >= sum->rows - grad_wav_size ||
                x < 0 || x >= sum->cols - grad_wav_size )
                continue;      //超出了，则继续下一个采样像素的操作
            //积分图像的像素
```

```
                const int* ptr = &sum->at<int>(y, x);
                //分别得到水平方向和垂直方向的 Haar 小波响应值
                float vx = calcHaarPattern( ptr, dx_t, 2 );
                float vy = calcHaarPattern( ptr, dy_t, 2 );
                //对 Haar 小波响应值进行高斯加权处理
                X[nangle] = vx*aptw[kk];
                Y[nangle] = vy*aptw[kk];
                nangle++;    //为实际采样像素的总数计数
        }
    if( nangle == 0 )     // nangle == 0 表明 6s 圆邻域内没有采样像素
    {
        // No gradient could be sampled because the keypoint is too
        // near too one or more of the sides of the image. As we
        // therefore cannot find a dominant direction, we skip this
        // keypoint and mark it for later deletion from the sequence.
        //这种情况说明该特征点与图像的边界过于接近，因此也要把它删除
        kp.size = -1;
        continue;     //继续下一个特征点的操作
    }
    //把 matX，matY 和_angle 的长度重新定义为实际的 6s 圆邻域内的采样点数
    matX.cols = matY.cols = _angle.cols = nangle;
    //用 cvCartToPolar 函数（直角坐标转换为极坐标）求梯度坐标系下采样点的角度，结果
    //保存在矩阵_angle 对应的 angle 数组内
    cvCartToPolar( &matX, &matY, 0, &_angle, 1 );

    float bestx = 0, besty = 0, descriptor_mod = 0;
    //SURF_ORI_SEARCH_INC = 5
    //以 5° 为步长，遍历 360° 的圆周
    for( i = 0; i < 360; i += SURF_ORI_SEARCH_INC )
    {
        //sumx 和 sumy 分别表示梯度坐标系下扇形滑动窗口内所有采样像素的横、纵坐标之和，
        //temp_mod 表示模
        float sumx = 0, sumy = 0, temp_mod;
        //遍历所有的采样像素
        for( j = 0; j < nangle; j++ )
        {
            //得到当前采样点相对于旋转扇区的角度
            int d = std::abs(cvRound(angle[j]) - i);
            //判断 d 是否在正负 30 度之间，即判断当前点是否落在该扇形滑动窗口内
            if( d < ORI_WIN/2 || d > 360-ORI_WIN/2 )
            {
                //累计在该滑动窗口内的像素的横、纵坐标之和
                sumx += X[j];
                sumy += Y[j];
            }
        }
        //式(7-17)，求该滑动窗口内的模
        temp_mod = sumx*sumx + sumy*sumy;
        //判断该滑动窗口内的模是否为已计算过的最大值
        if( temp_mod > descriptor_mod )
```

```
                        {
                            //重新给模的最大值，横、纵坐标之和赋值
                            descriptor_mod = temp_mod;
                            bestx = sumx;
                            besty = sumy;
                        }
                    }
                    //式(7-18)和式(7-19)，计算特征点的方向
                    descriptor_dir = fastAtan2( -besty, bestx );
                }
                //为特征点的方向赋值，如果采用 U-SURF 算法，则它的方向恒为 270 度；
                kp.angle = descriptor_dir;
                //如果不需要生成描述符，则不进行 if 后面的操作
                if( !descriptors || !descriptors->data )
                    continue;
                //以下部分为描述符的生成
                /* Extract a window of pixels around the keypoint of size 20s */
                // win_size 为 20s，即 20s 方邻域的真正尺寸
                int win_size = (int)((PATCH_SZ+1)*s);
                //确保 20s 方邻域的尺寸不超过事先设置好的内存空间
                CV_Assert( winbuf->cols >= win_size*win_size );
                //定义 20s 方邻域的矩阵
                Mat win(win_size, win_size, CV_8U, winbuf->data.ptr);

                if( !upright )     //不采用 U-SURF 算法
                {
                    //把特征点的方向角度转换为弧度形式
                    descriptor_dir *= (float)(CV_PI/180);
                    //方向角度的正弦值和余弦值
                    float sin_dir = -std::sin(descriptor_dir);
                    float cos_dir =  std::cos(descriptor_dir);

                    /* Subpixel interpolation version (slower). Subpixel not required since
                    the pixels will all get averaged when we scale down to 20 pixels */
                    /*
                    float w[] = { cos_dir, sin_dir, center.x,
                    -sin_dir, cos_dir , center.y };
                    CvMat W = cvMat(2, 3, CV_32F, w);
                    cvGetQuadrangleSubPix( img, &win, &W );
                    */

                    float win_offset = -(float)(win_size-1)/2;
                    //得到旋转校正以后的 20s 方邻域的左上角坐标
                    float start_x = center.x + win_offset*cos_dir + win_offset*sin_dir;
                    float start_y = center.y - win_offset*sin_dir + win_offset*cos_dir;
                    //20s 方邻域内像素的首地址指针
                    uchar* WIN = win.data;
#if 0
                    // Nearest neighbour version (faster)
                    for( i = 0; i < win_size; i++, start_x += sin_dir, start_y += cos_dir )
```

```
            {
                float pixel_x = start_x;
                float pixel_y = start_y;
                for( j = 0; j < win_size; j++, pixel_x += cos_dir, pixel_y -= sin_dir )
                {
                    int x = std::min(std::max(cvRound(pixel_x), 0), img->cols-1);
                    int y = std::min(std::max(cvRound(pixel_y), 0), img->rows-1);
                    WIN[i*win_size + j] = img->at<uchar>(y, x);
                }
            }
#else
            int ncols1 = img->cols-1, nrows1 = img->rows-1;
            size_t imgstep = img->step;
            //找到20s方邻域内的所有像素
            for( i = 0; i < win_size; i++, start_x += sin_dir, start_y += cos_dir )
            {
                //得到旋转校正后的20s方邻域的当前行的首像素坐标
                double pixel_x = start_x;
                double pixel_y = start_y;
                for( j = 0; j < win_size; j++, pixel_x += cos_dir, pixel_y -= sin_dir )
                {
                    //得到旋转校正后的20s方邻域的像素坐标
                    int ix = cvFloor(pixel_x), iy = cvFloor(pixel_y);
                    //判断该像素坐标是否超过了图像的边界
                    if( (unsigned)ix < (unsigned)ncols1 &&
                        (unsigned)iy < (unsigned)nrows1 )     //没有超过边界
                    {
                        //计算偏移量
                        float a = (float)(pixel_x - ix), b = (float)(pixel_y - iy);
                        //提取出图像的灰度值
                        const uchar* imgptr = &img->at<uchar>(iy, ix);
                        //由线性插值法计算20s方邻域内所对应的像素灰度值
                        WIN[i*win_size + j] = (uchar)
                            cvRound(imgptr[0]*(1.f - a)*(1.f - b) +
                                    imgptr[1]*a*(1.f - b) +
                                    imgptr[imgstep]*(1.f - a)*b +
                                    imgptr[imgstep+1]*a*b);
                    }
                    else     //超过了图像边界
                    {
                        //用边界处的灰度值代替超出部分的20s方邻域内的灰度值
                        int x = std::min(std::max(cvRound(pixel_x), 0), ncols1);
                        int y = std::min(std::max(cvRound(pixel_y), 0), nrows1);
                        WIN[i*win_size + j] = img->at<uchar>(y, x);
                    }
                }
            }
#endif
        }
        else     //采用U-SURF算法
```

```
{
    // extract rect - slightly optimized version of the code above
    // TODO: find faster code, as this is simply an extract rect operation,
    //       e.g. by using cvGetSubRect, problem is the border processing
    // descriptor_dir == 90 grad
    // sin_dir == 1
    // cos_dir == 0

    float win_offset = -(float)(win_size-1)/2;
    //得到 20s 方邻域的左上角坐标
    int start_x = cvRound(center.x + win_offset);
    int start_y = cvRound(center.y - win_offset);
    uchar* WIN = win.data;
    //找到 20s 方邻域内的所有像素
    for( i = 0; i < win_size; i++, start_x++ )
    {
        //当前行的首像素坐标
        int pixel_x = start_x;
        int pixel_y = start_y;
        for( j = 0; j < win_size; j++, pixel_y-- )
        {
            //x 和 y 为像素坐标
            int x = MAX( pixel_x, 0 );
            int y = MAX( pixel_y, 0 );
            //确保坐标不超过图像边界
            x = MIN( x, img->cols-1 );
            y = MIN( y, img->rows-1 );
            WIN[i*win_size + j] = img->at<uchar>(y, x);    //赋值
        }
    }
}
// Scale the window to size PATCH_SZ so each pixel's size is s. This
// makes calculating the gradients with wavelets of size 2s easy
/*利用面积相关法，把边长为 20s 的正方形缩小为边长为 20 的正方形（尺度 s 一定是大于 1，所以是
缩小，而不是扩大），也就是相当于对边长为 20s 的正方形进行采样间隔为 s 的等间隔采样*/
resize(win, _patch, _patch.size(), 0, 0, INTER_AREA);

// Calculate gradients in x and y with wavelets of size 2s
//遍历 20s 方邻域内的所有采样像素
for( i = 0; i < PATCH_SZ; i++ )
    for( j = 0; j < PATCH_SZ; j++ )
    {
        float dw = DW[i*PATCH_SZ + j];    //得到高斯加权系数
        //计算加权后的 dx 和 dy
        float vx=(PATCH[i][j+1]-PATCH[i][j]+PATCH[i+1][j+1]- PATCH[i+1][j])*dw;
        float vy=(PATCH[i+1][j]-PATCH[i][j]+PATCH[i+1][j+1]- PATCH[i][j+1])*dw;
        DX[i][j] = vx;
        DY[i][j] = vy;
    }
```

```
    // Construct the descriptor
    //描述符矢量变量
    vec = descriptors->ptr<float>(k);
    //描述符矢量变量清零
    for( kk = 0; kk < dsize; kk++ )
        vec[kk] = 0;
    double square_mag = 0;    //模的平方
    if( extended )            //128 维描述符
    {
        // 128-bin descriptor
        //遍历 20s 方邻域内的 4×4 个子区域
        for( i = 0; i < 4; i++ )
            for( j = 0; j < 4; j++ )
            {
                //遍历子区域内的 25 个采样像素
                for(int y = i*5; y < i*5+5; y++ )
                {
                    for(int x = j*5; x < j*5+5; x++ )
                    {
                        float tx = DX[y][x], ty = DY[y][x];    //得到 dx 和 dy
                        if( ty >= 0 )    //dy ≥ 0
                        {
                            vec[0] += tx;    //累加 dx
                            vec[1] += (float)fabs(tx);    //累加|dx|
                        } else {    //dy < 0
                            vec[2] += tx;    //累加 dx
                            vec[3] += (float)fabs(tx);    //累加|dx|
                        }
                        if ( tx >= 0 )    //dx ≥ 0
                        {
                            vec[4] += ty;    //累加 dy
                            vec[5] += (float)fabs(ty);    //累加|dy|
                        } else {    //dx < 0
                            vec[6] += ty;    //累加 dy
                            vec[7] += (float)fabs(ty);    //累加|dy|
                        }
                    }
                }
                for( kk = 0; kk < 8; kk++ )
                    square_mag += vec[kk]*vec[kk];
                vec += 8;
            }
    }
    else    //64 维描述符
    {
        // 64-bin descriptor
        //遍历 20s 方邻域内的 4×4 个子区域
        for( i = 0; i < 4; i++ )
            for( j = 0; j < 4; j++ )
            {
```

```
                                    //遍历子区域内的 25 个采样像素
                                    for(int y = i*5; y < i*5+5; y++ )
                                    {
                                        for(int x = j*5; x < j*5+5; x++ )
                                        {
                                            float tx = DX[y][x], ty = DY[y][x];     //得到 dx 和 dy
                                            //累加子区域内的 dx、dy、|dx|和|dy|
                                            vec[0] += tx; vec[1] += ty;
                                            vec[2] += (float)fabs(tx); vec[3] += (float)fabs(ty);
                                        }
                                    }
                                    for( kk = 0; kk < 4; kk++ )
                                        square_mag += vec[kk]*vec[kk];
                                    vec+=4;
                                }
                            }

                            // unit vector is essential for contrast invariance
                            //为满足对比度不变性，即去除光照变化的影响，对描述符进行归一化处理
                            vec = descriptors->ptr<float>(k);
                            float scale = (float)(1./(sqrt(square_mag) + DBL_EPSILON));
                            for( kk = 0; kk < dsize; kk++ )
                                vec[kk] *= scale;        //式(7-21)
                        }
                    }

                    // Parameters
                    //成员变量
                    const Mat* img;
                    const Mat* sum;
                    vector<KeyPoint>* keypoints;
                    Mat* descriptors;
                    bool extended;
                    bool upright;

                    // Pre-calculated values
                    int nOriSamples;
                    vector<Point> apt;
                    vector<float> aptw;
                    vector<float> DW;
                };
```

7.3　应用实例

首先给出的是特征点的检测：

```
#include "opencv2/core/core.hpp"
#include " opencv2/highgui/highgui.hpp"
#include "opencv2/imgproc/imgproc.hpp"
```

```
#include "opencv2/features2d/features2d.hpp"
#include "opencv2/nonfree/nonfree.hpp"

using namespace cv;
//using namespace std;

int main(int argc, char** argv)
{
  Mat img = imread("box_in_scene.png");

  SURF surf(3500.);      //设置行列式阈值为3000

  vector<KeyPoint> key_points;

  Mat descriptors, mascara;
  Mat output_img;

  surf(img,mascara,key_points,descriptors);
  drawKeypoints(img, key_points, output_img, Scalar::all(-1), DrawMatchesFlags::
DRAW_RICH_KEYPOINTS);

  namedWindow("SURF");
  imshow("SURF", output_img);
  waitKey(0);

  return 0;
}
```

结果如图 7-10 所示。

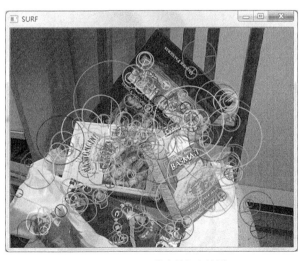

▲图 7-10　SURF 算法特征点检测

下面给出利用描述符进行图像匹配的实例：

```
#include "opencv2/core/core.hpp"
#include "opencv2/highgui/highgui.hpp"
#include "opencv2/imgproc/imgproc.hpp"
#include "opencv2/features2d/features2d.hpp"
#include "opencv2/nonfree/nonfree.hpp"
#include "opencv2/legacy/legacy.hpp"

using namespace cv;
using namespace std;

int main(int argc, char** argv)
{
  Mat img1 = imread("box_in_scene.png");
  Mat img2 = imread("box.png");

  SURF surf1(3000.), surf2(3000.);

  vector<KeyPoint> key_points1, key_points2;

  Mat descriptors1, descriptors2, mascara;

  surf1(img1,mascara,key_points1,descriptors1);
  surf2(img2,mascara,key_points2,descriptors2);

  BruteForceMatcher<L2<float>> matcher;
  vector<DMatch>matches;
  matcher.match(descriptors1,descriptors2,matches);

  std::nth_element(matches.begin(), // initial position
          matches.begin()+29, // position of the sorted element
          matches.end()); // end position

  matches.erase(matches.begin()+30, matches.end());

  namedWindow("SURF_matches");
  Mat img_matches;
  drawMatches(img1,key_points1,
          img2,key_points2,
          matches,
          img_matches,
          Scalar(255,255,255));
  imshow("SURF_matches",img_matches);
  waitKey(0);

  return 0;
}
```

结果如图 7-11 所示。

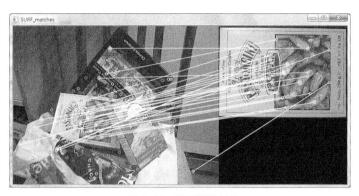

▲图 7-11 SURF 匹配结果

第8章 FAST 角点检测

8.1 原理分析

FAST（Features from accelerated segment test）是一种角点检测方法，它可以用于对特征点的提取，并完成目标的跟踪和映射。FAST 角点检测方法是由 Rosten 和 Drummond 于 2006 年提出，并于 2009 年进行了完善。该方法最突出的优点是它的计算效率。正如它的缩写名字，它运行速度快，事实上它比其他著名的特征点提取方法（如 SIFT、SUSAN、Harris）都要快。而且如果应用机器学习方法，该方法能够取得更佳的效果。正因为它的快速特点，FAST 角点检测方法非常适用于实时视频处理。

FAST 角点检测方法的基本原理是使用圆周长为 16 个像素点的圆（半径为 3 的 Bresenham 圆）来判定其圆心像素 P 是否为角点，如图 8-1 所示。在圆周上按顺时针方向从 1 到 16 的顺序对圆周像素点进行连续编号。如果在圆周上有 N 个连续的像素的亮度都比圆心像素的亮度 I_p 加上阈值 t 还要亮，或者比圆心像素的亮度减去阈值还要暗，则圆心像素被确定为角点。因此要想成为角点，必须满足下列两个条件之一。

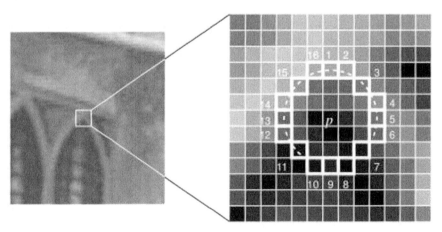

▲图 8-1　FAST 中的圆心及其 16 个像素的圆周

条件 1：集合 S 由圆周上 N 个连续的像素 x 组成，该集合的任意像素 x 都满足 $I_x > I_p + t$。
条件 2：集合 S 由圆周上 N 个连续的像素 x 组成，该集合的任意像素 x 都满足 $I_x < I_p - t$。

N 一般选择为 12，正好为圆周的四分之三。

在一幅图像中，非角点往往是占多数，而且非角点检测要比角点检测容易得多，因此首先剔除掉非角点将大大提高角点检测速度。由于 N 为 12，所以编号为 1，5，9，13 的这 4 个圆周像素点中应该至少有 3 个像素点满足角点条件，圆心才有可能是角点。因此首先检查 1 和 9 像素点，如果 I_1 和 I_9 在 $[I_p - t, I_p + t]$ 之间，则圆心肯定不是角点，否则再检查 5 和 13 像素点。如果这 4 个像素中至少有 3 个像素满足亮度高于 $I_p + t$ 或低于 $I_p - t$，则圆心像素有可能是角点，这时就需要进一步检查圆周上其余像素点。在 OpenCV 中，采用了另一种方法来判断非角点，即同时检测任意直径上两个端点像素的亮度值的方法。

以上方法还是有不够鲁棒的地方，但可以通过机器学习和非极大值抑制的方法来增强鲁棒性。由于 OpenCV 中相关函数并没有使用机器学习，因此我们这里只介绍非极大值抑制的方法。

衡量角点大小的方法是计算每个角点的角点响应值 V，也称为得分值。但由前面的分析过程可知，FAST 检测角点的过程中并没有计算角点响应值，因此要想进行非极大值抑制，就必须先定义角点响应值。

如果 N 一定，我们把使 P 仍然是角点的最大阈值 t 定义为 P 的角点响应值。有两种方法可以确定 t：第一种是利用二分查找算法（binary search algorithm）；另一种是迭代的方法。OpenCV 采用的是第二种方法，具体的迭代过程为：在每一次迭代中，比较 8 个连续的圆周像素与圆心像素之间的绝对差值，得到 8 个绝对差值中的最小值 d，与这 8 个连续像素两端相邻的两个圆周像素与圆心像素之间的绝对差值分别为 d_0 和 d_9，则该次迭代所得到的角点响应值 v_i 为：

$$v_i = \max\left\{t, \min\left(d, d_0\right), \min\left(d, d_9\right)\right\}$$
（8-1）

16 个圆周像素需要迭代 16 次，则最终的角点响应值 V 为：

$$V = \max_{i=16} v_i$$
（8-2）

角点响应值 V 得到后，需要在 3×3 的邻域内比较 V，只保留那些比其 8 邻域都大的像素作为最终的角点。非角点的响应值定义为 0。

下面总结一下 FAST 角点检测方法的具体步骤：

（1）对被检测像素的 16 个圆周像素的部分像素点进行非角点的检测；

（2）如果初步判断是角点，则对圆周上的全部像素点进行角点检测；

（3）对角点进行非极大值抑制，最终得到角点输出。

在 OpenCV 中，不仅实现了圆周像素为 16 的 FAST 算法，还实现了圆周像素为 12 和 8 的 FAST 算法，即它们的 Bresenham 圆的半径不同。

另外值得一提的是，OpenCV 的 FAST 程序正是由 Rosten 编写的。

8.2　源码解析

在 OpenCV 中，实现 FAST 算法的核心函数有两个，它们的原型为：

```
void   FAST(InputArray   image,   vector<KeyPoint>&   keypoints,   int   threshold,   bool
nonmaxSuppression=true )
void   FASTX(InputArray   image,   vector<KeyPoint>&   keypoints,   int   threshold,   bool
nonmaxSuppression, int type)
```

image 为输入图像，要求是灰度图像。

keypoints 为检测到的特征点向量。

threshold 为阈值 t。

nonmaxSuppression 为是否进行非极大值抑制，true 表示进行非极大值抑制，默认为 true。

type 为选取圆周像素点的个数，是 8（FastFeatureDetector::TYPE_5_8）、12（FastFeatureDetector::TYPE_7_12）还是 16（FastFeatureDetector::TYPE_9_16），这是因为选择的 Bresenham 圆的半径不同，所以导致了圆周长度不同。该参数是 FAST 函数和 FASTX 函数的区别，事实上，FAST 函数调用了 FASTX 函数，而传入的 type 值为 FastFeatureDetector::TYPE_9_16。

FAST 角点检测方法是在 sources/modules/features2d/src/fast.cpp 文件内定义的：

```
void   FAST(InputArray   _img,   std::vector<KeyPoint>&   keypoints,   int   threshold,   bool
nonmax_suppression)
{
    //调用 FASTX 函数
    FASTX(_img,keypoints,threshold,nonmax_suppression,FastFeatureDetector::TYPE_9_16);
}
```

FASTX 函数的作用是调用一个函数模板，模板的参数值是根据参数 type 的不同而定义的圆周像素的个数：

```
void   FASTX(InputArray   _img,   std::vector<KeyPoint>&   keypoints,   int   threshold,   bool
nonmax_suppression, int type)
{
  switch(type) {
    case FastFeatureDetector::TYPE_5_8:
      FAST_t<8>(_img, keypoints, threshold, nonmax_suppression);
      break;
    case FastFeatureDetector::TYPE_7_12:
      FAST_t<12>(_img, keypoints, threshold, nonmax_suppression);
      break;
    case FastFeatureDetector::TYPE_9_16:
#ifdef HAVE_TEGRA_OPTIMIZATION
      if(tegra::FAST(_img, keypoints, threshold, nonmax_suppression))
        break;
#endif
      FAST_t<16>(_img, keypoints, threshold, nonmax_suppression);
      break;
  }
}
```

下面是函数模板 FAST_t，在这里我们以 patternSize=16 为例进行讲解：

```
template<int patternSize>
void FAST_t(InputArray _img, std::vector<KeyPoint>& keypoints, int threshold, bool
nonmax_suppression)
{
    Mat img = _img.getMat();      //提取出输入图像矩阵
    //K 为圆周连续像素的个数
    //N 用于循环圆周的像素点,因为要首尾连接,所以 N 要比实际圆周像素数量多 K+1 个
    const int K = patternSize/2, N = patternSize + K + 1;
#if CV_SSE2
    const int quarterPatternSize = patternSize/4;
    (void)quarterPatternSize;
#endif
    int i, j, k, pixel[25];
    //找到圆周像素点相对于圆心的偏移量 pixel
    makeOffsets(pixel, (int)img.step, patternSize);
    //特征点向量清零
    keypoints.clear();
    //保证输入的参数阈值不大于 255,不小于 0
    threshold = std::min(std::max(threshold, 0), 255);

#if CV_SSE2
    __m128i delta = _mm_set1_epi8(-128), t = _mm_set1_epi8((char)threshold), K16 =
_mm_set1_epi8((char)K);
    (void)K16;
    (void)delta;
    (void)t;
#endif
    // threshold_tab 为阈值列表,在进行阈值比较的时候,只需查该表即可
    uchar threshold_tab[512];
    /*为阈值列表赋值,该表分为 3 段:第一段从 threshold_tab[0]至 threshold_tab[255 - threshold],
值 为 1,落在该区域的值表示满足角点判断条件 2;第 二 段 从 threshold_tab[255 - threshold]至
threshold_tab[255 + threshold],值为 0,落在该区域的值表示不是角点;第三段从 threshold_tab[255 +
threshold]至 threshold_tab[511],值为 2,落在该区域的值表示满足角点判断条件 1*/
    for( i = -255; i <= 255; i++ )
        threshold_tab[i+255] = (uchar)(i < -threshold ? 1 : i > threshold ? 2 : 0);
    //开辟一段内存空间
    AutoBuffer<uchar> _buf((img.cols+16)*3*(sizeof(int) + sizeof(uchar)) + 128);
    uchar* buf[3];
    /*buf[0]、buf[1]和 buf[2]分别表示图像的前一行、当前行和后一行的得分值。因为在非极大值抑制的步骤 2
中,是要在 3×3 的角点邻域内进行比较,因此需要三行的图像数据。因为只有得到了当前行的数据,那么对于上一行
来说,才凑够了连续 3 行的数据,因此输出的非极大值抑制的结果是上一行数据的处理结果*/
    buf[0] = _buf; buf[1] = buf[0] + img.cols; buf[2] = buf[1] + img.cols;
    //cpbuf 存储角点的坐标位置,也是需要连续 3 行的数据
    int* cpbuf[3];
    cpbuf[0] = (int*)alignPtr(buf[2] + img.cols, sizeof(int)) + 1;
    cpbuf[1] = cpbuf[0] + img.cols + 1;
    cpbuf[2] = cpbuf[1] + img.cols + 1;
    memset(buf[0], 0, img.cols*3);      //buf 数组内存清零
    //遍历图像的所有像素,寻找角点
    //由于圆的半径为 3 个像素长,因此图像的四周边界都要预留出 3 个像素的宽度
```

```
for(i = 3; i < img.rows-2; i++)
{
    //得到图像当前行的要处理像素的首地址指针
    const uchar* ptr = img.ptr<uchar>(i) + 3;
    //得到 buf 的某个数组，用于存储当前行的得分值 V
    uchar* curr = buf[(i - 3)%3];
    //得到 cpbuf 的某个数组，用于存储当前行的角点位置坐标
    int* cornerpos = cpbuf[(i - 3)%3];
    memset(curr, 0, img.cols);     //清零
    int ncorners = 0;    //表示检测到的角点数量

    if( i < img.rows - 3 )
    {
        //每一行都留出 3 个像素的宽度
        j = 3;
#if CV_SSE2
        if( patternSize == 16 )
        {
        for(; j < img.cols - 16 - 3; j += 16, ptr += 16)
        {
            __m128i m0, m1;
            __m128i v0 = _mm_loadu_si128((const __m128i*)ptr);
            __m128i v1 = _mm_xor_si128(_mm_subs_epu8(v0, t), delta);
            v0 = _mm_xor_si128(_mm_adds_epu8(v0, t), delta);

            __m128i x0 = _mm_sub_epi8(_mm_loadu_si128((const __m128i*)(ptr + pixel[0])),
            delta);
            __m128i x1 = _mm_sub_epi8(_mm_loadu_si128((const __m128i*)(ptr +
            pixel[quarterPatternSize])), delta);
            __m128i x2 = _mm_sub_epi8(_mm_loadu_si128((const __m128i*)(ptr +
            pixel[2*quarterPatternSize])), delta);
            __m128i x3 = _mm_sub_epi8(_mm_loadu_si128((const __m128i*)(ptr +
            pixel[3*quarterPatternSize])), delta);
            m0 = _mm_and_si128(_mm_cmpgt_epi8(x0, v0), _mm_cmpgt_epi8(x1, v0));
            m1 = _mm_and_si128(_mm_cmpgt_epi8(v1, x0), _mm_cmpgt_epi8(v1, x1));
            m0 = _mm_or_si128(m0, _mm_and_si128(_mm_cmpgt_epi8(x1, v0), _mm_cmpgt_epi8(x2, v0)));
            m1 = _mm_or_si128(m1, _mm_and_si128(_mm_cmpgt_epi8(v1, x1), _mm_cmpgt_epi8(v1, x2)));
            m0 = _mm_or_si128(m0, _mm_and_si128(_mm_cmpgt_epi8(x2, v0), _mm_cmpgt_epi8(x3, v0)));
            m1 = _mm_or_si128(m1, _mm_and_si128(_mm_cmpgt_epi8(v1, x2), _mm_cmpgt_epi8(v1, x3)));
            m0 = _mm_or_si128(m0, _mm_and_si128(_mm_cmpgt_epi8(x3, v0), _mm_cmpgt_epi8(x0, v0)));
            m1 = _mm_or_si128(m1, _mm_and_si128(_mm_cmpgt_epi8(v1, x3), _mm_cmpgt_epi8(v1, x0)));
            m0 = _mm_or_si128(m0, m1);
            int mask = _mm_movemask_epi8(m0);
            if( mask == 0 )
                continue;
            if( (mask & 255) == 0 )
            {
                j -= 8;
                ptr -= 8;
                continue;
```

```
          }

          __m128i c0 = _mm_setzero_si128(), c1 = c0, max0 = c0, max1 = c0;
          for( k = 0; k < N; k++ )
          {
              __m128i x = _mm_xor_si128(_mm_loadu_si128((const __m128i*)(ptr +
              pixel[k])), delta);
              m0 = _mm_cmpgt_epi8(x, v0);
              m1 = _mm_cmpgt_epi8(v1, x);

              c0 = _mm_and_si128(_mm_sub_epi8(c0, m0), m0);
              c1 = _mm_and_si128(_mm_sub_epi8(c1, m1), m1);

              max0 = _mm_max_epu8(max0, c0);
              max1 = _mm_max_epu8(max1, c1);
          }

          max0 = _mm_max_epu8(max0, max1);
          int m = _mm_movemask_epi8(_mm_cmpgt_epi8(max0, K16));

          for( k = 0; m > 0 && k < 16; k++, m >>= 1 )
              if(m & 1)
              {
                  cornerpos[ncorners++] = j+k;
                  if(nonmax_suppression)
                      curr[j+k]=(uchar)cornerScore<patternSize>(ptr+k,pixel,threshold);
              }
          }
      }
#endif
      for( ; j < img.cols - 3; j++, ptr++ )
      {
          //当前像素的灰度值
          int v = ptr[0];
          //由当前像素的灰度值，确定其在阈值列表中的位置
          const uchar* tab = &threshold_tab[0] - v + 255;
          //pixel[0]表示圆周上编号为 0 的像素相对于圆心坐标的偏移量
          //ptr[pixel[0]]表示圆周上编号为 0 的像素值
```

/*tab[ptr[pixel[0]]]表示相对于当前像素（即圆心）圆周上编号为 0 的像素值在阈值列表 threshold_tab 中所查询得到的值，如果为 1，说明 $I_0 < I_p - t$，如果为 2，说明 $I_0 > I_p + t$，如果为 0，说明 $I_p - t < I_0 < I_p + t$。因此通过 tab，就可以得到当前像素是否满足角点条件*/

/*编号为 0 和 8 的两个像素（对于 patternSize 等于 16 来说，这两个像素是直径在圆周上的两个像素点）在阈值列表中的值相"或"后得到 d。d=0 说明这两个像素在阈值列表中的值都是 0；d=1 说明这两个像素至少有一个为 1，而另一个不能为 2；d=2 说明这两个像素至少有一个为 2，而另一个不能为 1；d=3 说明这两个像素有一个为 1，另一个为 2。只可能有这 4 种情况*/

```
          int d = tab[ptr[pixel[0]]] | tab[ptr[pixel[8]]];
          //d=0说明圆上不可能有连续 12 个像素满足角点条件，因此当前像素一定不是角点，所以退出
          //此次循环，进行下一个像素的判断
          if( d == 0 )
              continue;
```

```
//继续进行其他直径上两个像素点的判断
d &= tab[ptr[pixel[2]]] | tab[ptr[pixel[10]]];
d &= tab[ptr[pixel[4]]] | tab[ptr[pixel[12]]];
d &= tab[ptr[pixel[6]]] | tab[ptr[pixel[14]]];
```

/*d=0 说明上述 d 中至少有一个 d 为 0，所以肯定不是角点；另一种 d=0 的情况是一个 d 为 2，而另一个 d 为 1，相"与"后也为 0，这说明一个是满足角点条件 1，而另一个满足角点条件 2，所以肯定也不会有连续12 个像素满足同一个角点条件的。因此只要 d=0，那么当前像素就一定不是角点*/

```
if( d == 0 )
    continue;
//继续判断圆周上剩余的像素点
d &= tab[ptr[pixel[1]]] | tab[ptr[pixel[9]]];
d &= tab[ptr[pixel[3]]] | tab[ptr[pixel[11]]];
d &= tab[ptr[pixel[5]]] | tab[ptr[pixel[13]]];
d &= tab[ptr[pixel[7]]] | tab[ptr[pixel[15]]];
//如果满足下面的 if 条件，则说明有可能满足角点条件 2
if( d & 1 )
{
    //vt 为真正的角点条件 2，即 I_p - t，count 为连续像素的计数值
    int vt = v - threshold, count = 0;
    //遍历整个圆周上的像素
    for( k = 0; k < N; k++ )
    {
        int x = ptr[pixel[k]];      //提取出圆周上的像素值
        if(x < vt)      //如果满足条件 2
        {
            //连续计数，并判断是否大于 K（K 为圆周像素的一半）
            if( ++count > K )
            {
                //进入该 if 语句，说明已经得到一个角点
                //保存该点的位置，并把当前行的角点数加 1
                cornerpos[ncorners++] = j;
                 //计算角点响应值，即得分值
                if(nonmax_suppression)
                    curr[j]=(uchar)cornerScore<patternSize>(ptr, pixel, threshold);
                break;      //退出循环
            }
        }
        else
            count = 0;      //连续像素的计数值清零，需要重新开始计数
    }
}
//如果满足下面的 if 条件，则说明有可能满足角点条件 1
if( d & 2 )
{
    //vt 为真正的角点条件 1，即 I_p + t，count 为连续像素的计数值
    int vt = v + threshold, count = 0;
    //遍历整个圆周上的像素
    for( k = 0; k < N; k++ )
    {
        int x = ptr[pixel[k]];      //提取出圆周上的像素值
```

```
                    if(x > vt)      //如果满足条件 1
                    {
                        //连续计数，并判断是否大于 K（K 为圆周像素的一半）
                        if( ++count > K )
                        {
                            //进入该 if 语句，说明已经得到一个角点
                            //保存该点的位置，并把当前行的角点数加 1
                            cornerpos[ncorners++] = j;
                             //计算角点响应值，即得分值
                            if(nonmax_suppression)
                                curr[j]=(uchar)cornerScore<patternSize>(ptr,pixel,threshold);
                            break;      //退出循环
                        }
                    }
                    else
                        count = 0;      //连续像素的计数值清零，需要重新开始计数
                }
            }
        }
}       //当前行的像素角点检测结束
//保存当前行所检测到的角点数
cornerpos[-1] = ncorners;
//i=3 说明只仅仅计算了一行的数据，还不能进行非极大值抑制，所以不进行下面代码的操作，继续
//下一行的角点检测
if( i == 3 )
    continue;
/*以下代码是进行非极大值抑制，即在 3×3 的邻域内对角点响应函数进行非极大值抑制。因为经过上面代码
的计算，已经得到了当前行的数据，所以可以进行上一行的非极大值抑制。下面的代码进行的就是上一行的非极大值
抑制*/
//得到上一行 prev 和再上一行 pprev 的角点响应值，非角点的响应值为 0*/
const uchar* prev = buf[(i - 4 + 3)%3];
const uchar* pprev = buf[(i - 5 + 3)%3];
//得到上一行所检测到的角点位置
cornerpos = cpbuf[(i - 4 + 3)%3];
//得到上一行的角点总数
ncorners = cornerpos[-1];
//在上一行内遍历所有检测到的角点
for( k = 0; k < ncorners; k++ )
{
    j = cornerpos[k];      //得到角点的位置
    int score = prev[j];      //得到该角点的响应值
    //在 3×3 的邻域内，判断当前角点是否为最大值，如果是，则把该角点的信息存入特性值向量中
    if( !nonmax_suppression ||
      (score > prev[j+1] && score > prev[j-1] &&      //8 邻域比较
       score > pprev[j-1] && score > pprev[j] && score > pprev[j+1] &&
       score > curr[j-1] && score > curr[j] && score > curr[j+1]) )
    {
        keypoints.push_back(KeyPoint((float)j, (float)(i-1), 7.f, -1, (float)score));
    }
}
```

```
    }
  }
```

在该函数内，对阈值列表 threshold_tab 理解起来可能有一定的难度，下面我们举一个具体的例子来进行讲解。设我们选取的阈值 threshold 为 30，则根据：

```
for( i = -255; i <= 255; i++ )
    threshold_tab[i+255] = (uchar)(i < -threshold ? 1 : i > threshold ? 2 : 0);
```

我们可以把从 –255 到 255 一共分为 3 段：–255～–30、–30～30、30～255。由于数组的序号不能小于 0，因此在给 threshold_tab 数组赋值上，序号要加上 255，这样区间就变为：0～225、225～285、285～510，而这 3 个区间对应的值分别为 1、0 和 2。设我们当前像素值 v 为 40，则根据：

```
const uchar* tab = &threshold_tab[0] - v + 255;
```

tab 的指针指向 threshold_tab[215] 处，因为 255-40=215。这样在圆周像素与当前像素进行比较时，使用的是 threshold_tab[215] 以后的值。例如圆周上编号为 0 的像素值为 5，则该值在阈值列表中的位置是 threshold_tab[215 + 5]，是 threshold_tab[220]。它在阈值列表中的第一段，即 threshold_tab[220] = 1，说明编号为 0 的像素满足角点条件 2。我们来验证一下：$5 < 40 - 30$，确实满足条件 2；如果圆周上编号为 1 的像素值为 80，则该值在阈值列表中的位置是 threshold_tab[295]，即 $215 + 80 = 295$，而它在阈值列表中的第三段，即 threshold_tab[295] = 2，因此它满足角点条件 1，即 $80 > 40 + 30$；而如果圆周上编号为 2 的像素值为 45，则 threshold_tab[260] = 0，它不满足角点条件，即 $40 - 30 < 45 < 40 + 30$。

在函数模板 FAST_t 中还用到了两个重要的函数——makeOffsets 和 cornerScore，一个用于计算圆周像素的偏移量，另一个用于计算得分值。这两个函数都在 sources/modules/ features2d/ src/fast_score.cpp 文件内给出，而且代码编写得都很有特点，下面就来讲解一下。

计算圆周像素的偏移量 makeOffsets 函数：

```
void makeOffsets(int pixel[25], int rowStride, int patternSize)
{
    //分别定义 3 个数组，用于表示 patternSize 分别为 16、12 和 8 时，圆周像素对于圆心的相对坐标位置
    static const int offsets16[][2] =
    {
        {0,  3}, { 1,  3}, { 2,  2}, { 3,  1}, { 3, 0}, { 3, -1}, { 2, -2}, { 1, -3},
        {0, -3}, {-1, -3}, {-2, -2}, {-3, -1}, {-3, 0}, {-3, 1}, {-2, 2}, {-1,  3}
    };

    static const int offsets12[][2] =
    {
        {0,  2}, { 1,  2}, { 2,  1}, { 2, 0}, { 2, -1}, { 1, -2},
        {0, -2}, {-1, -2}, {-2, -1}, {-2, 0}, {-2, 1}, {-1,  2}
    };

    static const int offsets8[][2] =
    {
        {0,  1}, { 1,  1}, { 1, 0}, { 1, -1},
```

```
        {0, -1}, {-1, -1}, {-1, 0}, {-1, 1}
    };
    //根据 patternSize 值，得到具体应用上面定义的哪个数组
    const int (*offsets)[2] = patternSize == 16 ? offsets16 :
                             patternSize == 12 ? offsets12 :
                             patternSize == 8 ? offsets8 : 0;

    CV_Assert(pixel && offsets);

    int k = 0;
    //代入输入图像每行的像素个数，得到圆周像素的绝对坐标位置
    for( ; k < patternSize; k++ )
        pixel[k] = offsets[k][0] + offsets[k][1] * rowStride;
    //由于要计算圆周上连续的像素，因此要循环地多列出一些值
    for( ; k < 25; k++ )
        pixel[k] = pixel[k - patternSize];
}
```

计算角点响应值的 cornerScore 函数，我们以圆周像素为 16 点为例进行讲解：

```
template<>
int cornerScore<16>(const uchar* ptr, const int pixel[], int threshold)
{
    const int K = 8, N = K*3 + 1;
    //v 为当前像素值
    int k, v = ptr[0];
    short d[N];
    //计算当前像素值与其圆周像素值之间的差值
    for( k = 0; k < N; k++ )
        d[k] = (short)(v - ptr[pixel[k]]);

#if CV_SSE2
    __m128i q0 = _mm_set1_epi16(-1000), q1 = _mm_set1_epi16(1000);
    for( k = 0; k < 16; k += 8 )
    {
        __m128i v0 = _mm_loadu_si128((__m128i*)(d+k+1));
        __m128i v1 = _mm_loadu_si128((__m128i*)(d+k+2));
        __m128i a = _mm_min_epi16(v0, v1);
        __m128i b = _mm_max_epi16(v0, v1);
        v0 = _mm_loadu_si128((__m128i*)(d+k+3));
        a = _mm_min_epi16(a, v0);
        b = _mm_max_epi16(b, v0);
        v0 = _mm_loadu_si128((__m128i*)(d+k+4));
        a = _mm_min_epi16(a, v0);
        b = _mm_max_epi16(b, v0);
        v0 = _mm_loadu_si128((__m128i*)(d+k+5));
        a = _mm_min_epi16(a, v0);
        b = _mm_max_epi16(b, v0);
        v0 = _mm_loadu_si128((__m128i*)(d+k+6));
        a = _mm_min_epi16(a, v0);
        b = _mm_max_epi16(b, v0);
```

```
            v0 = _mm_loadu_si128((__m128i*)(d+k+7));
            a = _mm_min_epi16(a, v0);
            b = _mm_max_epi16(b, v0);
            v0 = _mm_loadu_si128((__m128i*)(d+k+8));
            a = _mm_min_epi16(a, v0);
            b = _mm_max_epi16(b, v0);
            v0 = _mm_loadu_si128((__m128i*)(d+k));
            q0 = _mm_max_epi16(q0, _mm_min_epi16(a, v0));
            q1 = _mm_min_epi16(q1, _mm_max_epi16(b, v0));
            v0 = _mm_loadu_si128((__m128i*)(d+k+9));
            q0 = _mm_max_epi16(q0, _mm_min_epi16(a, v0));
            q1 = _mm_min_epi16(q1, _mm_max_epi16(b, v0));
        }
        q0 = _mm_max_epi16(q0, _mm_sub_epi16(_mm_setzero_si128(), q1));
        q0 = _mm_max_epi16(q0, _mm_unpackhi_epi64(q0, q0));
        q0 = _mm_max_epi16(q0, _mm_srli_si128(q0, 4));
        q0 = _mm_max_epi16(q0, _mm_srli_si128(q0, 2));
        threshold = (short)_mm_cvtsi128_si32(q0) - 1;
#else
    //a0 为初始阈值 t，经过若干次迭代以后，该值不断被更新，并最终输出
    int a0 = threshold;
    //满足角点条件 2 时，迭代更新阈值的过程
    for( k = 0; k < 16; k += 2 )
    {
        //a 为 d[k+1]，d[k+2]和 d[k+3]中的最小值
        int a = std::min((int)d[k+1], (int)d[k+2]);
        a = std::min(a, (int)d[k+3]);
        //如果 a 小于阈值，则进行下一次循环，尽早结束不满足角点条件 2 情况的迭代
        if( a <= a0 )
            continue;
        //更新阈值
        //a 为从 d[k+1]到 d[k+8]中的最小值
        a = std::min(a, (int)d[k+4]);
        a = std::min(a, (int)d[k+5]);
        a = std::min(a, (int)d[k+6]);
        a = std::min(a, (int)d[k+7]);
        a = std::min(a, (int)d[k+8]);
        //式 8-1
        a0 = std::max(a0, std::min(a, (int)d[k]));
        a0 = std::max(a0, std::min(a, (int)d[k+9]));
    }
    //满足角点条件 1 时，迭代更新阈值的过程
    int b0 = -a0;        //阈值取反，使其为负数
    for( k = 0; k < 16; k += 2 )
    {
        int b = std::max((int)d[k+1], (int)d[k+2]);
        b = std::max(b, (int)d[k+3]);
        b = std::max(b, (int)d[k+4]);
        b = std::max(b, (int)d[k+5]);
        if( b >= b0 )
```

```
        continue;
    b = std::max(b, (int)d[k+6]);
    b = std::max(b, (int)d[k+7]);
    b = std::max(b, (int)d[k+8]);

    b0 = std::min(b0, std::max(b, (int)d[k]));
    b0 = std::min(b0, std::max(b, (int)d[k+9]));
}

    threshold = -b0-1;     //阈值再次取反，使其为正数
#endif

#if VERIFY_CORNERS
    testCorner(ptr, pixel, K, N, threshold);
#endif
    //更新后的阈值作为该角点的响应值，并输出
    return threshold;
}
```

8.3 应用实例

可以有两种方法实现 FAST 角点检测，即直接调用 FAST 函数，和使用特征点检测类的方式。这两种方法我们都给出实例。

首先是直接调用 FAST 函数的应用程序：

```
#include "opencv2/core/core.hpp"
#include "opencv2/highgui/highgui.hpp"
#include "opencv2/imgproc/imgproc.hpp"
#include "opencv2/features2d/features2d.hpp"
#include <iostream>
using namespace cv;
using namespace std;

int main( int argc, char** argv )
{
    Mat src, gray;
    src=imread("building.jpg");
    if( !src.data )
        return -1;
//彩色图像转换为灰度图像
    cvtColor( src, gray, CV_BGR2GRAY );
//定义特征点 KeyPoint 向量
    std::vector<KeyPoint> keyPoints;
//调用 FAST 函数，阈值选为 55
    FAST(gray, keyPoints, 55);

    int total = keyPoints.size();     //得到检测到的角点总数
//在原图上用红色的圆形标注角点
```

```
        for(int i = 0; I < total; i++)
        {
            //response 变量在 FAST 算法中指的是角点响应值，非角点的响应值为 0
            if(keyPoints[i].response !=0 )
                circle( src, Point( (int)keyPoints[i].pt.x, (int)keyPoints[i].pt.y ), 5,
Scalar(0,0,255), -1, 8, 0 );
        }

    namedWindow( "Corners", CV_WINDOW_AUTOSIZE );
    imshow( "Corners", src );

    waitKey(0);
    return 0;
}
```

图 8-2 所示为该程序的输出图像。

▲图 8-2　FAST 角点检测结果

下面是应用 FeatureDetector 类进行的 FAST 角点检测，使用的类为 FastFeatureDetector，它继承于 FeatureDetector，即：

```
class FastFeatureDetector : public FeatureDetector
{
public:
FastFeatureDetector( int threshold=1, bool nonmaxSuppression=true,
type=FastFeatureDetector::TYPE_9_16 );
virtual void read( const FileNode& fn );
virtual void write( FileStorage& fs ) const;
protected:
...
};
```

从上面的定义可以看出，FastFeatureDetector 的构造函数默认的阈值为 1，进行非极大值抑制，以及圆周像素为 16 个。下面是具体的应用程序：

```cpp
#include "opencv2/core/core.hpp"
#include "opencv2/highgui/highgui.hpp"
#include "opencv2/imgproc/imgproc.hpp"
#include "opencv2/features2d/features2d.hpp"
#include <iostream>
using namespace cv;
using namespace std;

int main( int argc, char** argv )
{
    Mat src, gray,color_edge;
    src=imread("building.jpg");
    if( !src.data )
        return -1;

    std::vector<KeyPoint> keyPoints;
//创建对象，阈值设为 55
FastFeatureDetector fast(55);
//特征点检测
fast.detect(src,keyPoints);
//在原图上画出特征点
drawKeypoints(src,keyPoints,src,Scalar(0,0,255),DrawMatchesFlags::DRAW_OVER_OUTIMG);
imshow("FAST feature", src);
waitKey(0);
return 0;
}
```

图 8-3 是该程序的输出图像。

▲图 8-3 FAST 角点检测结果

125

第 9 章　MSCR 彩色图像区域检测

9.1　原理分析

在第 6 章我们介绍了 MSER 方法，该方法不适用于对彩色图像的区域检测。为此，Forssen 于 2007 年提出了针对彩色图像的最大稳定极值区域的检测方法——MSCR（Maximally Stable Colour Regions）。

MSCR 的检测方法是基于凝聚聚类（Agglomerative Clustering）算法，它把图像中的每个像素作为对象，通过某种相似度准则，依次逐层地进行合并形成簇，即先合并相似度大的对象，再合并相似度小的对象，直到满足某种终止条件为止。这一过程在 MSCR 中被称为进化过程，即逐步合并图像中的像素，从而形成斑点区域。

MSCR 中所使用的相似度准则是卡方距离（Chi-squared distance）：

$$d^2 = \sum_{k=1}^{3} \frac{\left(x_k - y_k\right)^2}{x_k + y_k} \tag{9-1}$$

式中，x 和 y 分别为彩色图像中的两个不同像素，下标 k 表示不同的通道，例如红、绿、蓝 3 个颜色通道。因此式（9-1）是一种颜色相似度的度量。

MSCR 通过邻域像素之间的颜色相似度来进行聚类合并，这种邻域关系可以是水平-垂直间邻域，也可以是包括了对角线间的邻域。OpenCV 使用的是水平-垂直间邻域，即当前像素与其右侧像素通过式（9-1）得到一个相似度值，再与其下面像素通过式（9-1）得到另一个相似度值。所以一般来说，每个像素都有两个相似度值，但图像的最右侧一列和最下面一行只有一个相似度值。因此对于一个大小为 $L×M$ 的彩色图像来说，一共有 $2×L×M-L-M$ 个相似度值。我们把这些相似度值放入一个列表中，由于该相似度是邻域之间的相似度，类似于求图像的边缘，所以该列表也称为边缘列表。

在凝聚聚类算法中，是需要逐层进行合并的。在 MSCR 中合并的层次也称为进化步数，用 t 来表示，$t \in [0, \cdots, T]$，根据经验，T 一般为 200，即一共进行 200 步的进化过程。在每一层（或每一步），都对应一个不同的颜色相似度阈值 d_{thr}，在该层只选取那些颜色相似度小于该阈值的像素进行合并。每一层的阈值是不同的，并且随着 t 的增加，阈值也增加，因此达到了合并的区域面积逐步增加的目的。阈值的选取是关键，我们知道，图像像素邻域间的相关性是很大的，也就是通过式（9-1）计算得到的值存在着大量的较小的值，而较大的值少之又少。因此如果我们仍然采用类似于 MSER 那样，随着 t 的增加，线性增加 d_{thr} 的方法，会带来一个严重的后果，就是在进化的开始（t 较小时），形成斑点区域的速率很快，而在进化的后期（t 接近 T 时），形成斑点区域的速率很慢。为了解决这个问题，即在不同的层下有近似相同的速率，对于阈值的选取，MSCR 采用的是改进型的累积分布函数（CDF）的逆函数的形式。而在实际应用中，事先把该函数值存储在表中，使用时通过查表的形式根据不同的 t 得到不同的 d_{thr}。

在每一个层内，MSCR 会合并一些颜色相似的像素，因此相邻像素之间就会组成斑点区域，对这些区域我们就需要判断其是否为最大稳定极值区域。对于所形成的斑点区域，我们需要给定该区域的面积 a_* 和相似度阈值 d_* 这两个参数。虽然随着 t 的增加，阈值 d_t（也就是 d_{thr}）也在增加，该区域的面积 a_t 也在增加，但只有满足两步之间面积之比大于一定值的时候，才会重新初始化该区域的 a_* 和 d_*，即把 a_* 和 d_* 更新为当前 a_t 和 d_t，满足的条件为：

$$\frac{a_{t+1}}{a_t} > a_{thr} \tag{9-2}$$

一般 $a_{thr}=1.01$。下面给出 MSCR 判断稳定区域的公式：

$$s = \frac{a_t - a_*}{d_t - d_*} \tag{9-3}$$

自从上一次初始化（即更新 a_* 和 d_*）以来，如果 s 达到了最小值，则该区域为稳定区域。在判断稳定区域的过程中，还应该满足另外两个条件：一是式（9-3）中的 t 不能是更新 a_* 和 d_* 之后的第一步；二是式（9-3）中的分母部分要大于一定的阈值，即：

$$d_t - d_* > m_{min} \tag{9-4}$$

一般 m_{min} 设置为 0.003。稳定区域通过式（9-3）找到后，那么极值区域的判断与 MSER 的方法一样，是通过稳定区域的面积变量率来判断的，即：

$$q(i) = \frac{|Q_{i+\Delta} - Q_{i-\Delta}|}{|Q_i|} \tag{9-5}$$

下面给出彩色图像 MSCR 检测的步骤：
（1）应用式（9-1）计算颜色相似度，得到彩色图像的边缘列表；
（2）对边缘列表进行平滑处理；
（3）进化处理，得到稳定极值区域。

9.2 源码解析

在 OpenCV 中，MSCR 和 MSER 共用一个类：

```
class MSER : public CvMSERParams
{
public:
    // default constructor
    MSER();
```

```
   // constructor that initializes all the algorithm parameters
   MSER( int _delta, int _min_area, int _max_area,
       float _max_variation, float _min_diversity,
       int _max_evolution, double _area_threshold,
       double _min_margin, int _edge_blur_size );
   // runs the extractor on the specified image; returns the MSERs,
   // each encoded as a contour (vector<Point>, see findContours)
   // the optional mask marks the area where MSERs are searched for
   void operator()( const Mat& image, vector<vector<Point> >& msers, const Mat& mask ) const;
};
```

但 MSCR 比 MSER 多用了几个参数：

_max_evolution 为最大进化步数，即参数 T，一般设 T 为 200；

_area_threshold 为重新初始化的面积阈值，即式（9-2）中的参数 a_{thr}，一般设 a_{thr} 为 1.01；

_min_margin 为最小步长距离，即式（9-4）中 m_{min}，一般设 m_{min} 为 0.003；

_edge_blur_size 为对边缘列表进行平滑处理的孔径大小。

在第 6 章已经介绍过，在 MSER 类中的重载运算符中，调用了 extractMSER 函数，在该函数内通过判断输入图像的类型确定是灰度图像还是彩色图像，如果是彩色图像，则调用 extractMSER_8UC3 函数：

```
static void
extractMSER_8UC3( CvMat* src,
         CvMat* mask,
         CvSeq* contours,
         CvMemStorage* storage,
         MSERParams params )
{
   //在应用凝聚聚类算法时，把图像中的每个像素作为一个对象，即一个节点，因此该语句是定义并分配图像节点空间
   MSCRNode* map = (MSCRNode*)cvAlloc( src->cols*src->rows*sizeof(map[0]) );
   //定义边缘列表的个数，即 2 × L × M - L - M
   int Ne = src->cols*src->rows*2-src->cols-src->rows;
   //定义并分配边缘列表空间
   MSCREdge* edge = (MSCREdge*)cvAlloc( Ne*sizeof(edge[0]) );
   TempMSCR* mscr = (TempMSCR*)cvAlloc( src->cols*src->rows*sizeof(mscr[0]) );
   //定义变量，用于由式（9-1）计算图像每个像素颜色相似度的距离均值
   double emean = 0;
   //创建水平梯度矩阵，即当前像素与其右侧像素之间的差值
   CvMat* dx = cvCreateMat( src->rows, src->cols-1, CV_64FC1 );
   //创建垂直梯度矩阵，即当前像素与其下面像素之间的差值
   CvMat* dy = cvCreateMat( src->rows-1, src->cols, CV_64FC1 );
   //MSCR 的预处理过程，主要完成步骤 1 和步骤 2，后面会详细讲解该函数
   Ne=preprocessMSER_8UC3(map, edge, &emean, src, mask, dx, dy, Ne, params.edgeBlurSize );
   //得到颜色相似度的距离均值
   emean = emean / (double)Ne;
   //对边缘列表进行升序排列，便于后面的距离阈值比较
   QuickSortMSCREdge( edge, Ne, 0 );
   //定义边缘列表的空间的上限
   MSCREdge* edge_ub = edge+Ne;
```

```
//定义边缘列表的首地址指针
MSCREdge* edgeptr = edge;
TempMSCR* mscrptr = mscr;
// the evolution process
//步骤3，进化处理，在 t∈[ 0...T ]中循环，这里的 i 就是前面介绍的进化步数 t
for ( int i = 0; i < params.maxEvolution; i++ )
{
    //下面的 4 条语句就是应用查表法得到当前 t 下的 dthr 值，thres 为 dthr
    //数组 chitab 为事先计算好的查询表
    double k = (double)i/(double)params.maxEvolution*(TABLE_SIZE-1);
    int ti = cvFloor(k);
    double reminder = k-ti;
    double thres = emean*(chitab3[ti]*(1-reminder)+chitab3[ti+1]*reminder);
    // to process all the edges in the list that chi < thres
    //处理所有颜色相似度小于阈值的像素
    //edgeptr<edge_ub 的作用是判断边缘列表指针是否超过了列表的上限，即所指向的是不是边缘列表内的值
    while ( edgeptr < edge_ub && edgeptr->chi < thres )
    {
        //由当前像素的左侧像素找到该像素所在的簇的根节点，也就是找到代表该像素所在区域的像素
        MSCRNode* lr = findMSCR( edgeptr->left );
        //由当前像素的右侧像素找到该像素所在的簇的根节点，也就是找到代表该像素所在区域的像素
        //需要注意的是，这里的左侧和右侧并不是真正意义的左侧和右侧，它们是由 preprocessMSER_8UC3
        //函数确定的
        MSCRNode* rr = findMSCR( edgeptr->right );
        // get the region root (who is responsible)
        //如果上面得到的两个根节点是一个节点，则不需要进行任何处理
        //如果这两个根节点不是一个，则需要把它们所代表的两个区域进行合并
        if ( lr != rr )
        {
            // rank idea take from: N-tree Disjoint-Set Forests for Maximally Stable
            //Extremal Regions
            //下面的 if 语句用于判断是用 rr 还是用 lr 来代表合并后的区域，并且最终通过交换来实现 lr
            //代表合并后的区域
            //rank 值大的根节点代表合并后的区域
            if ( rr->rank > lr->rank )
            {
                MSCRNode* tmp;
                CV_SWAP( lr, rr, tmp );
            } else if ( lr->rank == rr->rank ) {
                // at the same rank, we will compare the size
                //如果两个根节点的 rank 值相同，则区域面积大的代表合并后的区域
                if ( lr->size > rr->size )
                {
                    MSCRNode* tmp;
                    CV_SWAP( lr, rr, tmp );
                }
                lr->rank++;
            }
            //定义 rr 所表示的区域的根节点为 lr
            rr->shortcut = lr;
```

```
//合并两个区域，合并后区域面积为两个区域面积之和
lr->size += rr->size;
// join rr to the end of list lr (lr is a endless double-linked list)
//把 rr 加入 lr 列表中，组成一个循环双链接列表
lr->prev->next = rr;
lr->prev = rr->prev;
rr->prev->next = lr;
rr->prev = lr;
// area threshold force to reinitialize
//利用式（9-2）计算是否需要区域的重新初始化
//if 语句成立，则表示需要重新初始化
if ( lr->size > (lr->size-rr->size)*params.areaThreshold )
{
    //更新面积，即更新 a.值
    lr->sizei = lr->size;
    //更新当前的进化步数，即 t 值，以区分各个层
    lr->reinit = i;
    //tmsr 保存着上一次计算得到的稳定区域信息
    if ( lr->tmsr != NULL )
    {
        //式（9-4）
        lr->tmsr->m = lr->dt-lr->di;
        /*tmsr 赋值为 NULL，表示该区域已经进行了重新初始化，因此在下次进化步长并计算到
        该节点的时候，需要保存该区域的最大稳定极值区域；还有一个目的是避免重复计算式（9-4）*/
        lr->tmsr = NULL;
    }
    //更新颜色相似度值，即 d.值
    lr->di = edgeptr->chi;
    //为式(9-3)中的 s 赋予一个极小的值
    lr->s = 1e10;
}
//为该区域的颜色相似度赋值
lr->dt = edgeptr->chi;
//在重新初始化以后的进化步长中，当计算到该节点时，需要进入 if 语句内，以判断最大稳定
//极值区域
if ( i > lr->reinit )
{
    //式(9-3)
    double s = (double)(lr->size-lr->sizei)/(lr->dt-lr->di);
    //当式(9-3)中的 s 是最小值时
    if ( s < lr->s )
    {
        // skip the first one and check stablity
        // i > lr->reinit+1 的目的是避免计算重新初始化后的第一个进化步长
    // MSCRStableCheck 函数为计算最大稳定极值区域，即计算区域面积的变化率
        if ( i > lr->reinit+1 && MSCRStableCheck( lr, params ) )
        {
        //tmsr 为 NULL，表示自从上次重新初始化以来，还没有为 tmsr 赋值，因此这次
        //得到的稳定区域要作为最终输出保存下来
            if ( lr->tmsr == NULL )
```

```
                                   {
                                       //gmsr 为全局稳定区域,tmsr 为暂存稳定区域,mscrptr 为 mscr 的指针变量,
                                       //它是最终输出的稳定区域
                                       lr->gmsr = lr->tmsr = mscrptr;
                                       mscrptr++;      //指向下一个地址
                                   }
                                   //为 tmsr 赋值
                                   lr->tmsr->size = lr->size;
                                   lr->tmsr->head = lr;
                                   lr->tmsr->tail = lr->prev;
                                   lr->tmsr->m = 0;
                               }
                               //保证 s 为最小值
                               lr->s = s;
                       }
                   }
           }
           //指向下一个边缘
           edgeptr++;
       }
       //如果超出了边缘列表的范围,则退出 for 循环
       if ( edgeptr >= edge_ub )
           break;
   }
   //对最终得到的稳定区域进行裁剪,并输出
   for ( TempMSCR* ptr = mscr; ptr < mscrptr; ptr++ )
       // to prune area with margin less than minMargin
       //式(9-4),判断是否满足条件
       if ( ptr->m > params.minMargin )
       {
           //创建序列
           CvSeq* _contour = cvCreateSeq( CV_SEQ_KIND_GENERIC|CV_32SC2, sizeof(CvContour),
           //sizeof(CvPoint), storage );
           //初始化该序列
           cvSeqPushMulti( _contour, 0, ptr->size );
           MSCRNode* lpt = ptr->head;
           for ( int i = 0; i < ptr->size; i++ )
           {
               CvPoint* pt = CV_GET_SEQ_ELEM( CvPoint, _contour, i );
               //得到稳定区域的坐标值
               pt->x = (lpt->index)&0xffff;
               pt->y = (lpt->index)>>16;
               lpt = lpt->next;
           }
           CvContour* contour = (CvContour*)_contour;
           cvBoundingRect( contour );
           contour->color = 0;
           //把坐标值压入序列中
           cvSeqPush( contours, &contour );
       }
```

131

```
        //清内存
        cvReleaseMat( &dx );
        cvReleaseMat( &dy );
        cvFree( &mscr );
        cvFree( &edge );
        cvFree( &map );
    }
```

下面我们来介绍一下 preprocessMSER_8UC3 函数：

```
// the preprocess to get the edge list with proper gaussian blur
static int preprocessMSER_8UC3( MSCRNode* node,        //图像像素节点
            MSCREdge* edge,        //边缘列表
            double* total,         //求相似度均值时使用，这里是所有像素相似度之和
            CvMat* src,            //原始图像
            CvMat* mask,           //掩码矩阵
            CvMat* dx,             //水平梯度矩阵
            CvMat* dy,             //垂直梯度矩阵
            int Ne,                //边缘列表元素的个数
            int edgeBlurSize )     //平滑处理的孔径尺寸大小
{
    int srccpt = src->step-src->cols*3;
    uchar* srcptr = src->data.ptr;           //图像当前像素指针
    uchar* lastptr = src->data.ptr+3;        //右侧像素指针
    double* dxptr = dx->data.db;             //水平梯度数据指针
    //计算当前像素与其右侧像素之间的颜色相似度
    for ( int i = 0; i < src->rows; i++ )
    {
        //图像最右侧一列没有该相似度，因此 j < src->cols-1
      for ( int j = 0; j < src->cols-1; j++ )
        {
            //式(9-1)，计算卡方距离，保存到 dx 内
            *dxptr = ChiSquaredDistance( srcptr, lastptr );
            //地址递增
            dxptr++;
            srcptr += 3;
            lastptr += 3;
        }
        //指向下一行
        srcptr += srccpt+3;
        lastptr += srccpt+3;
    }
    srcptr = src->data.ptr;                  //图像当前像素指针
    lastptr = src->data.ptr+src->step;       //下一行像素指针
    double* dyptr = dy->data.db;             //垂直梯度数据指针
    //计算当前像素与其下面一行像素之间的颜色相似度
    //图像最下面一行没有该相似度，因此 i < src->rows-1
    for ( int i = 0; i < src->rows-1; i++ )
    {
        for ( int j = 0; j < src->cols; j++ )
        {
```

```
        //保存到 dy 内
        *dyptr = ChiSquaredDistance( srcptr, lastptr );
        dyptr++;
        srcptr += 3;
        lastptr += 3;
    }
    srcptr += srccpt;
    lastptr += srccpt;
}
// get dx and dy and blur it
//对颜色相似度值进行高斯平滑处理
if ( edgeBlurSize >= 1 )
{
    cvSmooth( dx, dx, CV_GAUSSIAN, edgeBlurSize, edgeBlurSize );
    cvSmooth( dy, dy, CV_GAUSSIAN, edgeBlurSize, edgeBlurSize );
}
dxptr = dx->data.db;
dyptr = dy->data.db;
// assian dx, dy to proper edge list and initialize mscr node
// the nasty code here intended to avoid extra loops
/*下面的 if 语句是为边缘列表赋值，如果定义了掩码矩阵，则边缘列表不保存被掩码掉的像素的边缘信息，因此，
边缘列表的个数 Ne 需要重新计算并输出。在这里我们以没有定义掩码矩阵为例进行讲解，两者的本质是一样的*/
if ( mask )
{
    Ne = 0;
    int maskcpt = mask->step-mask->cols+1;
    uchar* maskptr = mask->data.ptr;
    MSCRNode* nodeptr = node;
    initMSCRNode( nodeptr );
    nodeptr->index = 0;
    *total += edge->chi = *dxptr;
    if ( maskptr[0] && maskptr[1] )
    {
        edge->left = nodeptr;
        edge->right = nodeptr+1;
        edge++;
        Ne++;
    }
    dxptr++;
    nodeptr++;
    maskptr++;
    for ( int i = 1; i < src->cols-1; i++ )
    {
        initMSCRNode( nodeptr );
        nodeptr->index = i;
        if ( maskptr[0] && maskptr[1] )
        {
            *total += edge->chi = *dxptr;
            edge->left = nodeptr;
            edge->right = nodeptr+1;
```

```
                edge++;
                Ne++;
            }
        dxptr++;
        nodeptr++;
        maskptr++;
    }
    initMSCRNode( nodeptr );
    nodeptr->index = src->cols-1;
    nodeptr++;
    maskptr += maskcpt;
    for ( int i = 1; i < src->rows-1; i++ )
    {
        initMSCRNode( nodeptr );
        nodeptr->index = i<<16;
        if ( maskptr[0] )
        {
            if ( maskptr[-mask->step] )
            {
                *total += edge->chi = *dyptr;
                edge->left = nodeptr-src->cols;
                edge->right = nodeptr;
                edge++;
                Ne++;
            }
            if ( maskptr[1] )
            {
                *total += edge->chi = *dxptr;
                edge->left = nodeptr;
                edge->right = nodeptr+1;
                edge++;
                Ne++;
            }
        }
        dyptr++;
        dxptr++;
        nodeptr++;
        maskptr++;
        for ( int j = 1; j < src->cols-1; j++ )
        {
            initMSCRNode( nodeptr );
            nodeptr->index = (i<<16)|j;
            if ( maskptr[0] )
            {
                if ( maskptr[-mask->step] )
                {
                    *total += edge->chi = *dyptr;
                    edge->left = nodeptr-src->cols;
                    edge->right = nodeptr;
                    edge++;
```

```
                        Ne++;
                    }
                    if ( maskptr[1] )
                    {
                        *total += edge->chi = *dxptr;
                        edge->left = nodeptr;
                        edge->right = nodeptr+1;
                        edge++;
                        Ne++;
                    }
                }
                dyptr++;
                dxptr++;
                nodeptr++;
                maskptr++;
            }
            initMSCRNode( nodeptr );
            nodeptr->index = (i<<16)|(src->cols-1);
            if ( maskptr[0] && maskptr[-mask->step] )
            {
                *total += edge->chi = *dyptr;
                edge->left = nodeptr-src->cols;
                edge->right = nodeptr;
                edge++;
                Ne++;
            }
            dyptr++;
            nodeptr++;
            maskptr += maskcpt;
        }
        initMSCRNode( nodeptr );
        nodeptr->index = (src->rows-1)<<16;
        if ( maskptr[0] )
        {
            if ( maskptr[1] )
            {
                *total += edge->chi = *dxptr;
                edge->left = nodeptr;
                edge->right = nodeptr+1;
                edge++;
                Ne++;
            }
            if ( maskptr[-mask->step] )
            {
                *total += edge->chi = *dyptr;
                edge->left = nodeptr-src->cols;
                edge->right = nodeptr;
                edge++;
                Ne++;
            }
```

```
        }
        dxptr++;
        dyptr++;
        nodeptr++;
        maskptr++;
        for ( int i = 1; i < src->cols-1; i++ )
        {
            initMSCRNode( nodeptr );
            nodeptr->index = ((src->rows-1)<<16)|i;
            if ( maskptr[0] )
            {
                if ( maskptr[1] )
                {
                    *total += edge->chi = *dxptr;
                    edge->left = nodeptr;
                    edge->right = nodeptr+1;
                    edge++;
                    Ne++;
                }
                if ( maskptr[-mask->step] )
                {
                    *total += edge->chi = *dyptr;
                    edge->left = nodeptr-src->cols;
                    edge->right = nodeptr;
                    edge++;
                    Ne++;
                }
            }
            dxptr++;
            dyptr++;
            nodeptr++;
            maskptr++;
        }
        initMSCRNode( nodeptr );
        nodeptr->index = ((src->rows-1)<<16)|(src->cols-1);
        if ( maskptr[0] && maskptr[-mask->step] )
        {
            *total += edge->chi = *dyptr;
            edge->left = nodeptr-src->cols;
            edge->right = nodeptr;
            Ne++;
        }
    } else {
        //定义节点指针
        MSCRNode* nodeptr = node;
        //下面是计算图像的左上角第一个像素节点
        initMSCRNode( nodeptr ); //初始化节点
        //index 为对应的序列值，也就是图像的坐标，纵坐标保存在高 16 位内，横坐标保存在低 16 位内
        nodeptr->index = 0;
        //为边缘列表的卡方距离赋值，并累加该距离值
```

```
    *total += edge->chi = *dxptr;
    dxptr++;     //递增
    edge->left = nodeptr;        //边缘列表的左侧指向当前像素节点
    edge->right = nodeptr+1;  //右侧指向下一个像素节点
    edge++;      //递增
    nodeptr++;   //递增
    //下面的for循环是计算图像的第一行像素，对应的边缘列表的卡方距离保存的是水平梯度
    for ( int i = 1; i < src->cols-1; i++ )
    {
        initMSCRNode( nodeptr );
        nodeptr->index = i;
        *total += edge->chi = *dxptr;
        dxptr++;
        edge->left = nodeptr;
        edge->right = nodeptr+1;
        edge++;
        nodeptr++;
    }
    initMSCRNode( nodeptr );
    nodeptr->index = src->cols-1;        //图像第一行最后一个像素
    nodeptr++;       //指向图像的第二行
    //下面的双重for循环计算的是除了第一行和最后一行以外的像素
    for ( int i = 1; i < src->rows-1; i++ )
    {
        initMSCRNode( nodeptr );
        nodeptr->index = i<<16;          //图像的第一列
        *total += edge->chi = *dyptr;    //垂直梯度
        dyptr++;
        edge->left = nodeptr-src->cols;       //左侧为上面一行像素节点
        edge->right = nodeptr;                //右侧为当前像素节点
        edge++;
        *total += edge->chi = *dxptr;    //水平梯度
        dxptr++;
        edge->left = nodeptr;
        edge->right = nodeptr+1;
        edge++;
        nodeptr++;
        for ( int j = 1; j < src->cols-1; j++ )
        {
            initMSCRNode( nodeptr );
            nodeptr->index = (i<<16)|j;
            *total += edge->chi = *dyptr;
            dyptr++;
            edge->left = nodeptr-src->cols;
            edge->right = nodeptr;
            edge++;
            *total += edge->chi = *dxptr;
            dxptr++;
            edge->left = nodeptr;
            edge->right = nodeptr+1;
```

```
                    edge++;
                    nodeptr++;
                }
                //图像最后一列像素
                initMSCRNode( nodeptr );
                nodeptr->index = (i<<16)|(src->cols-1);
                *total += edge->chi = *dyptr;
                dyptr++;
                edge->left = nodeptr-src->cols;
                edge->right = nodeptr;
                edge++;
                nodeptr++;
            }
            //图像的最后一行像素
            initMSCRNode( nodeptr );
            nodeptr->index = (src->rows-1)<<16;
            *total += edge->chi = *dxptr;
            dxptr++;
            edge->left = nodeptr;
            edge->right = nodeptr+1;
            edge++;
            *total += edge->chi = *dyptr;
            dyptr++;
            edge->left = nodeptr-src->cols;
            edge->right = nodeptr;
            edge++;
            nodeptr++;
            for ( int i = 1; i < src->cols-1; i++ )
            {
                initMSCRNode( nodeptr );
                nodeptr->index = ((src->rows-1)<<16)|i;
                *total += edge->chi = *dxptr;
                dxptr++;
                edge->left = nodeptr;
                edge->right = nodeptr+1;
                edge++;
                *total += edge->chi = *dyptr;
                dyptr++;
                edge->left = nodeptr-src->cols;
                edge->right = nodeptr;
                edge++;
                nodeptr++;
            }
            initMSCRNode( nodeptr );
            nodeptr->index = ((src->rows-1)<<16)|(src->cols-1);
            *total += edge->chi = *dyptr;
            edge->left = nodeptr-src->cols;
            edge->right = nodeptr;
        }
        return Ne;    //返回边缘列表的个数
```

　}

下面我们再总结一下 preprocessMSER_8UC3 函数，首先根据式（9-1）计算卡方距离，当前像素与其右侧像素之间的距离放在 dx 中，当前像素与其下面像素之间的距离放在 dy 中，存放的顺序都是从图像的左上角至图像的右下角。另外图像的最右一列没有 dx，图像的最下一行没有 dy。然后对 dx 和 dy 进行高斯平滑处理，最后创建边缘列表。边缘列表的顺序也是从图像的左上角至图像的右下角，与 dx 和 dy 的顺序完全一致，并且个数是 dx 与 dy 数量之和。如果边缘列表元素的卡方距离（edge->chi）为 dx，则它的左侧（edge->left）和右侧（edge->right）分别指向的是图像的当前像素节点和它的右侧像素节点，因此对于图像的最右侧像素节点，没有 dx，只有 dy；如果边缘列表元素的卡方距离（edge->chi）为 dy，则它的左侧（edge->left）和右侧（edge->right）分别指向的是图像的当前像素上一行像素节点和当前像素节点，因此对于图像的第一行没有 dy，只有 dx；图像的右上角的一个像素既没有 dx，也没有 dy；而其余像素节点既有 dx，又有 dy。

9.3　应用实例

下面给出应用 MSCR 的程序实例：

```cpp
#include "opencv2/core/core.hpp"
#include "opencv2/highgui/highgui.hpp"
#include "opencv2/imgproc/imgproc.hpp"
#include <opencv2/features2d/features2d.hpp>
#include <iostream>
using namespace cv;
using namespace std;

int main(int argc, char *argv[])
{
    Mat src,yuv;
    src = imread("puzzle.png");
    cvtColor(src, yuv, COLOR_BGR2YCrCb);

    MSER ms;
    vector<vector<Point>> regions;
    ms(yuv, regions, Mat());
    for (int i = 0; i < regions.size(); i++)
    {
        ellipse(src, fitEllipse(regions[i]), Scalar(255,0,0));
    }
    imshow("mscr", src);
    waitKey(0);
    return 0;
}
```

该程序的输出如图 9-1 所示。

从程序中可以看出，在进行 MSCR 之前，需要把 RGB 彩色图像转换为 YCrCb 形式，如果直接应用 RGB 彩色空间，则会检测到一些不正确的区域。

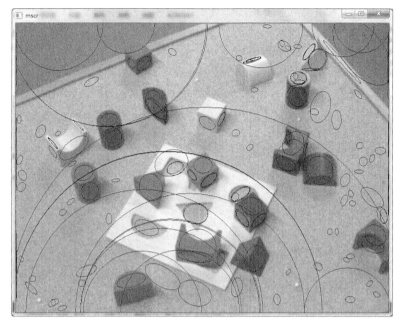

▲图 9-1　MSCR 检测结果

第 10 章　CenSurE 检测方法

10.1 原理分析

在图像匹配、视频运动估计，尤其是在视觉测距方面，稳定性和准确性是衡量特征点检测好坏的一个重要标准。但前面介绍的各种特征点检测方法中，并没有一种方法可以兼顾两者。Harris 角点检测方法和 FAST 方法可以十分准确地检测特征点，但由于这两种方法都不具有尺度不变性，因此稳定性较差。SIFT 和 SURF 等方法虽然实现了尺度不变性，但准确性不好，主要原因就是它们都使用了图像金字塔。大尺度的特征点需要在金字塔的上层图像检测，而上层图像是经过多次降采样得到的，这势必会影响特征点位置的准确性，虽然它们都试图用亚像素级精度的插值算法弥补精度的损失，但这都不足以保证特征点的准确性。

基于上述原因，Agrawal 等人于 2008 年提出了中心环绕极值法（Center Surround Extremas，CenSurE）。该方法的特点是只需对原始图像内的所有像素进行处理，而不必构建图像金字塔，就可实现所有尺度下的特征点的检测。

下面我们就来详细介绍该方法。

拉普拉斯算子被认为是一种有效检测特征点的方法。双极性（bi-level）高斯拉普拉斯算子（BLoG）可以很好地近似高斯拉普拉斯算子（LoG），图 10-1（a）所示为 BLoG。所谓双极性滤波器指的是该滤波器可以分为正极和负极两个极性，它们的值分别为 1 或者–1（在这里，我们把浅色部分定义为正极，把深色部分定义为负极）。由于正负两极的值是 1 和–1，所以在滤波的过程中就不再需要乘法运算，而只进行加法即可。如果用两个正方形（大正方形定义为外核，小正方形定义为内核）来近似 BLoG 中的两个圆形，则形成了 DOB 滤波器，如图 10-1（c）所示。而如果用两个八边形近似 BLoG 中的两个圆形，则又形成了 DOO 滤波器，如图 10-1（b）所示。

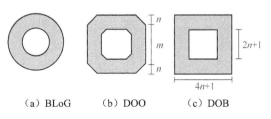

(a) BLoG　　(b) DOO　　(c) DOB

▲图 10-1　中心环绕双极性滤波器

　　为了保证滤波器的直流分量为 0，需要对滤波器的内核和外核赋予不同的权值。另外，在检测特征点的过程中，我们只需要通过改变滤波器的尺寸大小，就能够得到不同尺度下的特征点，这样就实现了不用创建金字塔就可以检测到不同尺度的特征点的目的。在 DOB 中，内核的面积为 $(2n+1)^2$，则外核的面积为 $(4n+1)^2$，这里的 $n=[1，2，3，4，5，6，7]$，代表着滤波器的尺度。设 I_n 和 O_n 分别为尺度为 n 的内核和外核的权值，则它们的关系为：

$$O_n\left(4n+1\right)^2 = I_n\left(2n+1\right)^2 \tag{10-1}$$

　　而相邻两个尺度下的权值关系为：

$$I_n\left(2n+1\right)^2 = I_{n+1}\left(2\left(n+1\right)+1\right)^2 \tag{10-2}$$

　　在 DOO 中，不同尺度下八边形内核和外核的尺寸大小关系如表 10-1 所示，而内核和外核的权值也如式（10-1）和式（10-2）一样，与它们的面积呈反比。

表 10-1　DOO 的内核和外核的尺寸关系

尺度	$n=1$	$n=2$	$n=3$	$n=4$	$n=5$	$n=6$	$n=7$
内核(m,n)	(3, 0)	(3, 1)	(3, 2)	(5, 2)	(5, 3)	(5, 4)	(5, 5)
外核(m,n)	(5, 2)	(5, 3)	(7, 3)	(9, 4)	(9, 7)	(13, 7)	(15, 10)

　　介绍完双极性滤波器，我们再来介绍特征点检测方法。

　　CenSurE 的特征点检测方法共分为 3 个步骤。

　　第一步是利用上述滤波器计算图像中每个像素的响应值。具体方法是对每个像素应用不同尺寸的滤波器分别计算它的正极和负极的卷积，然后再分别除以正、负极的面积，使其规范化，最后再把这两个规范化的结果相减作为该像素在该尺度下的响应值。因为使用的是双极性滤波器，所以滤波的结果，即响应值有可能是正数，也有可能是负数。

　　很明显，BLoG 是最佳的滤波器，因为它保证了所检测到的特征点具有旋转不变性，但它的计算量偏大。DOB 可以利用积分图像，使卷积运算仅仅是求和的过程，但它不具有旋转不变性。而 DOO 则介于 BLoG 和 DOB 之间，既具有一定的旋转不变性，在运算量上又有一定的优势。但由于 DOO 的形状是八边形，用传统的积分图像无法计算除矩形以外的其他形状的灰度和，因此需要采用倾斜积分图像，如图 10-2 所示。

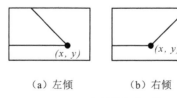

（a）左倾　　　　　（b）右倾

▲图 10-2　倾斜的积分图像

　　传统积分图像的计算公式为：

$$I_\Sigma\left(x,y\right) = I\left(x,y\right) + I_\Sigma\left(x-1,y\right) + I_\Sigma\left(x,y-1\right) - I_\Sigma\left(x-1,y-1\right) \tag{10-3}$$

式中，$I_\Sigma(x,y)$ 和 $I(x,y)$ 分别表示 (x,y) 处的积分图像值和原图像的灰度值。左倾 $I_{L\Sigma}(x,y)$ 和右倾 $I_{R\Sigma}(x,y)$ 的积分图像值分别为：

$$I_{L\Sigma}(x,y) = I(x,y) + I_{L\Sigma}(x-1,y) + I_{L\Sigma}(x-1,y-1) - I_{L\Sigma}(x-2,y-1) \tag{10-4}$$

$$I_{R\Sigma}(x,y) = I(x,y) + I_{R\Sigma}(x-1,y) + I_{R\Sigma}(x+1,y-1) - I_{R\Sigma}(x,y-1) \tag{10-5}$$

如图 10-3 所示，一个八边形是由两个梯形（T_{ABCH} 和 T_{GDEF}）和一个矩形（R_{HCDG}）组成的。

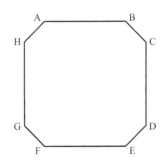

▲图 10-3　八边形积分图像的计算

设 T_{ABCH}、T_{GDEF} 和 R_{HCDG} 范围内的灰度之和分别为 Σ_1、Σ_2 和 Σ_3，它们可以用积分图像的方法得到，计算公式为：

$$\Sigma_1 = I_{L\Sigma}(C) - I_{L\Sigma}(B) - I_{R\Sigma}(H) + I_{R\Sigma}(A) \tag{10-6}$$

$$\Sigma_2 = I_{R\Sigma}(E) - I_{R\Sigma}(D) - I_{L\Sigma}(F) + I_{L\Sigma}(G) \tag{10-7}$$

$$\Sigma_3 = I_\Sigma(D) - I_\Sigma(C) - I_\Sigma(G) + I_\Sigma(H) \tag{10-8}$$

则最终的八边形的灰度之和 Σ 为：

$$\Sigma = \Sigma_1 + \Sigma_2 + \Sigma_3 \tag{10-9}$$

CenSurE 的特征点检测方法的第二步是非极大值抑制。该步骤的目的是抑制那些在其邻域内非极大响应值的那些像素，这里的邻域既包括空间范围内，又包括尺度范围内，因此最终保留下来的像素应该是在 3×3×3 邻域范围内，要么是响应最大值（正数响应值），要么是响应最小值（负数响应值）的那些像素。在第一步中得到的滤波响应值的大小可以用来衡量特征点的强弱，特征点越强，可重复性越好，而特征点越弱，越不稳定，因此我们还需要设置一个阈值 T_r，响应值的绝对值小于 T_r 的那些像素不管它是否为极大值，都应该被剔除掉。

CenSurE 的特征点检测方法的第三步是直线抑制。经过前两步计算得到的特征点，有一部分是属于边缘直线的，这些直线型的特征点极不稳定，我们应该把它们剔除掉。利用的方法是 Harris 矩阵：

$$H = \begin{bmatrix} \Sigma L_x^2 & \Sigma L_x L_y \\ \Sigma L_x L_y & \Sigma L_y^2 \end{bmatrix} \tag{10-10}$$

式中，L_x 和 L_y 是响应值矩阵 L 沿水平方向和沿垂直方向的导数，求和是指在一定的窗体范围内进行。窗体大小与该特征点的尺度呈线性关系，尺度越大，窗体越大，尺度 n 为 2 时的窗体大小为 9×9，这个是最小的窗体。我们用 Harris 矩阵的迹的平方与它的行列式值的比值来判断是否为直线，如果这个比值大于阈值 T_l，则该特征点为直线型的特征点，应该把它剔除掉，否则保留。

经过以上 3 个步骤的操作，就完成了特征点的检测，可以看出 CenSurE 方法无须创建金字塔，就完成了多尺度的特征点检测，这种检测完全都是在输入图像中进行的，因此有效地避免了降采样和插值，特征点的位置精度很高。

CenSurE 还提出了描述符的表示形式，它是在 U-SURF 的基础上进行的修改，称为MU-SURF。在这里，我们只重点介绍修改的部分。首先 MU-SURF 的方邻域的边长从 20s 增加到 24s，其中 s 表示尺度。dx 和 dy 的计算是在这个方邻域的 24×24 个像素点内进行的，也就是使 Haar 小波响应的尺寸仍然为 2s。同样的，还要把方邻域分割成 4×4 的子区域，但子区域的尺寸为 9×9 个像素点，也就是说相邻两个子区域有两个像素宽度的重叠，如图 10-4 所示。

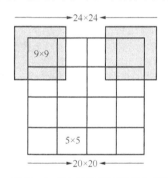

▲图 10-4　MU-SURF 描述符的方邻域

通过实验可以得出 MU-SURF 要比 U-SURF 效果好，但至于为什么，目前还没有一个确切的结论。

在 OpenCV 中 CenSurE 算法称为 STAR 算法。STAR 算法只实现了特征点的检测，并没有创建描述符，但更主要的是，STAR 算法的特征点检测虽然与 CenSurE 算法的过程基本相同，但具体细节上有较大出入。我想这也是 OpenCV 没有使用 CenSurE 的命名，而是定义为 STAR 的原因吧。

下面我们就介绍一下 STAR 是如何检测特征点的。

STAR 并没有采用 CenSurE 的八边形的滤波器，而使用的是如图 10-5 所示的形状，它是两个正方形（ACEG 和 BDFH）交错重叠在一起，我们把它称之为八角形。如果正方形 ACEG 的边长为 2n，则正方形 BDFH 的对角线长度为 3n，因此可以认为这两个正方形大小近似相等。我们把 n 称为这个八角形的尺寸。可以看出，这两个正方形重叠的部分正是图 10-1（b）和图 10-3 所示的八边形。两个不同尺寸大小的八角形重叠在一起就形成了 STAR 的双极性滤波器，如图 10-6 所示，我们把外核的八角形尺寸定义为该滤波器的尺寸。滤波器的正极定义为内核面积，而负极为外核与内核之差，即图 10-6 中深色区域。n 可以取下列 17 个值——1, 2, 3, 4, 6,

8, 11, 12, 16, 22, 23, 32, 45, 46, 64, 90, 128，这样就形成了 17 个不同尺寸的八角形。这 17 个八角形再根据表 10-2 的组合，形成 12 个不同尺寸的滤波器。用这些滤波器就可以检测到不同尺度下的特征点。

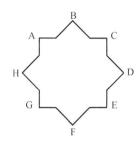

▲图 10-5　STAR 的滤波器形状

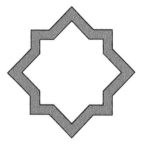

▲图 10-6　STAR 双极性滤波器

表 10-2　STAR 滤波器尺寸

尺度	1	2	3	4	5	6	7	8	9	10	11	12
外核 n	2	4	6	8	12	16	22	32	46	64	90	128
内核 n	0	2	3	4	6	8	11	16	23	32	45	64

滤波卷积的过程同样应用积分图像的处理方法。但为了简化计算，并没有用积分图像直接求八角形内的灰度和，而是分别用积分图像求两个正方形 ACEG 和 BDFH 的灰度和，然后再把两个结果相加作为这个八角形内的灰度和。用传统的积分图像就可以求取正方形 ACEG，但正方形 BDFH（或者说是菱形 BDFH）则需要应用双倾斜积分图像。如图 10-7（a）所示，双倾斜 $I_{T\Sigma}(x, y)$ 的积分图像值为：

$$I_{T\Sigma}(x, y) = I_{T\Sigma}(x-1, y-1) + I_{T\Sigma}(x+1, y-1) - I_{T\Sigma}(x, y-2) + I(x, \psi-1) + I(x, y) \tag{10-11}$$

由于数字图像的特点，计算菱形的时候，还用到了如图 10-7（b）所示的平坦倾斜积分图像，它的值 $I_{F\Sigma}(x, y)$ 为：

$$I_{F\Sigma}(x, y) = I_{F\Sigma}(x-1, y-1) + I_{F\Sigma}(x+1, y-1) - I_{F\Sigma}(x, y-2) + I(x-1, y) + I(x, y) \tag{10-12}$$

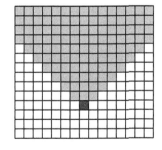

（a）双倾斜积分图像

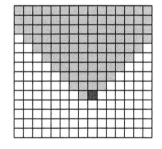

（b）平坦倾斜积分图像

▲图 10-7　STAR 用到的两种积分图像

正方形 ACEG 的灰度和为：

$$\Sigma_{\text{ACEG}} = I_\Sigma(\text{E}) - I_\Sigma(\text{C}) - I_\Sigma(\text{G}) + I_\Sigma(\text{A}) \tag{10-13}$$

正方形 BDFH 的灰度和为：

$$\Sigma_{\text{BDFH}} = I_{T\Sigma}(\text{F}) - I_{F\Sigma}(\text{D}) - I_{F\Sigma}(\text{H}) + I_{T\Sigma}(\text{B}) \tag{10-14}$$

八角形的灰度和为这两个正方形灰度和相加：

$$\Sigma = \Sigma_{\text{ACEG}} + \Sigma_{\text{ACEG}} \tag{10-15}$$

由于这两个正方形 ACEG 和 BDFH 之间有重叠的部分，因此在规范化处理时所使用的面积不应该是八角形的实际面积，而应该是这两个正方形面积之和：

$$S = S_{\text{ACEG}} + S_{\text{BDFH}} \tag{10-16}$$

式中，S 表示规范化处理时所使用的面积。

双极性滤波器由正极、负极两个部分组成。对于 STAR 来说，内核就是它的正极，规范化的结果为：

$$\Sigma_N^1 = \frac{\Sigma^{in}}{S^{in}} \tag{10-17}$$

而负极为外核减去内核，其规范化的结果为：

$$\Sigma_N^{-1} = \frac{\Sigma^{out} - \Sigma^{in}}{S^{out} - S^{in}} \tag{10-18}$$

式中，上标 1 和 –1 分别表示正极和负极，in 和 out 分别表示内核和外核，下标 N 表示规范化。则最终某一尺度下像素的响应值 R 为：

$$R = \Sigma_N^1 - \Sigma_N^{-1} \tag{10-19}$$

从上面的分析可以看出，在计算图像像素响应值上，CenSurE 和 STAR 方法不同，主要就是因为两者选用的滤波器的形状不同所造成的。此外，在非极大值抑制上，CenSurE 采用的是在 3×3×3 的范围内进行，而 STAR 则是先把所有尺寸下滤波结果中的最大值作为该像素的响应值，再把所有像素的响应值组成一个响应值矩阵，然后在响应值矩阵内，在 $l×l$ 范围内进行非极大值抑制。在直线抑制上 CenSurE 和 STAR 方法也略有不同，STAR 不仅在响应值矩阵内计算 Harris 矩阵，它还在尺寸矩阵内计算 Harris 矩阵。尺度矩阵指的是响应值矩阵所对应的滤波器尺寸所组成的矩阵。

10.2　源码解析

实现 STAR 算法的是 StarFeatureDetector 类，但在 features2d.hpp 中有下列代码：

```
typedef StarDetector StarFeatureDetector;
```

因此具体的程序是在 StarDetector 类中完成的。StarDetector 类的构造函数为：

```
StarDetector::StarDetector(int _maxSize, int _responseThreshold,
                           int _lineThresholdProjected,
                           int _lineThresholdBinarized,
```

```
                              int _suppressNonmaxSize)
: maxSize(_maxSize), responseThreshold(_responseThreshold),
  lineThresholdProjected(_lineThresholdProjected),
  lineThresholdBinarized(_lineThresholdBinarized),
  suppressNonmaxSize(_suppressNonmaxSize)
{}
```

maxSize 表示系统所使用的滤波器的最大尺寸，即前文中提到的参数 n，这个参数可选择的数值为：4, 6, 8, 11, 12, 16, 22, 23, 32, 45, 46, 64, 90, 128，默认为 45。

responseThreshold 表示非极大值抑制中的阈值，即前文中提到的参数 T_r，该值越大，检测到的特征点越少，默认为 30。

lineThresholdProjected 表示直线抑制中响应值矩阵所采用的阈值，默认为 10。

lineThresholdBinarized 表示直线抑制中尺寸矩阵所采用的阈值，该值越大，检测到的特征点越多，默认为 8。

suppressNonmaxSize 表示非极大值抑制的抑制区域范围，即前文中提到的参数 l，默认为 5。

我们先来介绍计算积分图像的函数 computeIntegralImages：

```
static void
computeIntegralImages( const Mat& matI, Mat& matS, Mat& matT, Mat& _FT )
//matI 表示输入图像
//matS 表示传统的积分图像
//matT 表示双倾斜积分图像，如图 10-7（a）
//_FT 表示平坦倾斜积分图像，如图 10-7（b）
{
    CV_Assert( matI.type() == CV_8U );                    //确保输入图像的数据格式的正确

    int x, y, rows = matI.rows, cols = matI.cols;         //输入图像的长和高
    //创建三个积分图像，它们的长和宽都要比输入图像多一个像素
    matS.create(rows + 1, cols + 1, CV_32S);
    matT.create(rows + 1, cols + 1, CV_32S);
    _FT.create(rows + 1, cols + 1, CV_32S);

    const uchar* I = matI.ptr<uchar>();                   //得到输入图像的首地址指针
    //分别得到 3 个积分图像的首地址指针
    int *S = matS.ptr<int>(), *T = matT.ptr<int>(), *FT = _FT.ptr<int>();
    //输入图像和积分图像的步长
    int istep = (int)matI.step, step = (int)(matS.step/sizeof(S[0]));
    //积分图像的前两行数据比较特殊，需要单独处理
    //3 个积分图像的第一行清零
    for( x = 0; x <= cols; x++ )
        S[x] = T[x] = FT[x] = 0;
    //地址指针分别指向 3 个积分图像的第二行
    S += step; T += step; FT += step;
    S[0] = T[0] = 0;          //积分图像 S 和 T 的第二行第一个数据清零
    FT[0] = I[0];             //积分图像 FT 的第二行第一个数据为输入图像的第一个像素值
    //遍历 3 个积分图像的第二行像素，分别得到第二行数据
    for( x = 1; x < cols; x++ )
```

```
    {
        S[x] = S[x-1] + I[x-1];
        T[x] = I[x-1];
        FT[x] = I[x] + I[x-1];
    }
    //得到 3 个积分图像的第二行的最后一个数据
    S[cols] = S[cols-1] + I[cols-1];
    T[cols] = FT[cols] = I[cols-1];
    //遍历积分图像的其余行，得到除前两行以外的其他数据
    for( y = 2; y <= rows; y++ )
    {
        //地址指针分别指向图像的下一行
        I += istep, S += step, T += step, FT += step;
        //得到 3 个积分图像当前行的前两个数据
        S[0] = S[-step]; S[1] = S[-step+1] + I[0];
        T[0] = T[-step + 1];
        T[1] = FT[0] = T[-step + 2] + I[-istep] + I[0];
        FT[1] = FT[-step + 2] + I[-istep] + I[1] + I[0];
        //遍历当前行的其余列，计算积分图像的数据
        for( x = 2; x < cols; x++ )
        {
            //式 10-3
            S[x] = S[x - 1] + S[-step + x] - S[-step + x - 1] + I[x - 1];
            //式 10-11
            T[x]=T[-step + x-1]+T[-step+x+1]-T[-step*2 + x] + I[-istep + x - 1] + I[x - 1];
            //式 10-12
            FT[x] = FT[-step + x - 1] + FT[-step + x + 1] - FT[-step*2 + x] + I[x] + I[x-1];
        }
        //计算当前行的最后一个数据
        S[cols] = S[cols - 1] + S[-step + cols] - S[-step + cols - 1] + I[cols - 1];
        T[cols] = FT[cols] = T[-step + cols - 1] + I[-istep + cols - 1] + I[cols - 1];
    }
}
```

下面我们按照 STAR 特征点检测的 3 个步骤的顺序，分别介绍实现这 3 个步骤的 3 个函数。首先是计算像素响应值的函数 StarDetectorComputeResponses：

```
static int
StarDetectorComputeResponses( const Mat& img, Mat& responses, Mat& sizes, int maxSize )
//img 表示输入图像
//responses 表示输入图像的响应值
//sizes 表示尺度，即最佳的滤波器尺寸大小
//maxSize 表示滤波器的最大尺寸 n
//该函数的输出为预留的边界宽
{
    /* MAX_PATTERN 表示最多需要的八角形的数量，STAR 双极值滤波器的内核和外核的形状是八角形，在进行滤波的
过程中一共最多需要 17 个这样的八角形，由 size0 定义，这些八角形两两组合形成双极值滤波器，由 pairs 定义*/
    const int MAX_PATTERN = 17;
    //size0 表示八角形的尺寸，数值的含义为八角形的尺寸系数 n，每一个八角形对应一个 n，因此一共有
    //17 个（MAX_PATTERN）尺寸，-1 不算
```

```
    static const int sizes0[] = {1, 2, 3, 4, 6, 8, 11, 12, 16, 22, 23, 32, 45, 46, 64, 90,
128, -1};
    //pairs 表示双极值滤波器，数值的含义为数组 size0 的索引值，如 pair1[3][2]={5,3}，表示滤波器的
    //外核尺寸 n=8，内核尺寸 n=4
    static const int pairs[][2] = {{1, 0}, {3, 1}, {4, 2}, {5, 3}, {7, 4}, {8, 5}, {9, 6},
                                   {11, 8}, {13, 10}, {14, 11}, {15, 12}, {16, 14}, {-1, -1}};
    //invSizes 存储的是滤波器正负极性面积的倒数
    float invSizes[MAX_PATTERN][2];
    //size0 的另一种表示形式
    int sizes1[MAX_PATTERN];

#if CV_SSE2
    __m128 invSizes4[MAX_PATTERN][2];
    __m128 sizes1_4[MAX_PATTERN];
    Cv32suf absmask;
    absmask.i = 0x7fffffff;
    volatile bool useSIMD = cv::checkHardwareSupport(CV_CPU_SSE2);
#endif
/***********************
struct StarFeature            //该结构表示八角形
{
    int area;                 //八角形的面积，式（10-16）计算的结果
    int* p[8];                //八角形的八个顶点的地址指针
};
***********************/
    //f 表示不同的八角形的数据信息
    StarFeature f[MAX_PATTERN];

    Mat sum, tilted, flatTilted;    //定义 3 个积分图像矩阵
    int y, rows = img.rows, cols = img.cols;        //输入图像的长和高
    //border 表示边界，npattern 表示双极性滤波器的数量，maxIdx 表示八角形的数量
    int border, npatterns=0, maxIdx=0;

    CV_Assert( img.type() == CV_8UC1 );            //确保输入图像为 8 位灰度图像
    //创建响应值矩阵和尺寸矩阵
    responses.create( img.size(), CV_32F );
    sizes.create( img.size(), CV_16S );
    //遍历数组 pairs 和 size0，在满足八角形尺寸不大于 maxSize，并且小于输入图像尺寸的前提下，得到滤波
    //器的数量
    while( pairs[npatterns][0] >= 0 && !
        ( sizes0[pairs[npatterns][0]] >= maxSize
        || sizes0[pairs[npatterns+1][0]]  +  sizes0[pairs[npatterns+1][0]]/2  >=
std::min(rows, cols) ) )
    {
        ++npatterns;
    }
    //最终确定 npatterns 和 maxIdx
    npatterns += (pairs[npatterns-1][0] >= 0);
    maxIdx = pairs[npatterns-1][0];
    //调用 computeIntegralImages 函数，得到 3 个积分图像
```

```
        computeIntegralImages( img, sum, tilted, flatTilted );
        int step = (int)(sum.step/sum.elemSize());    //计算积分图像的步长
        //遍历所有尺寸下的八角形
        for(int i = 0; i <= maxIdx; i++ )
        {
            //ur_size 表示八角形中的正方形 ACEG 的边长的一半，即该八角形的尺寸 n，t_size 表示正方形
            //BDFH 的对角线长度的一半，两者的关系为 2：3
            int ur_size = sizes0[i], t_size = sizes0[i] + sizes0[i]/2;
            //ur_area 和 t_area 分别为两个正方形 ACEG 和 BDFH 的面积
            int ur_area = (2*ur_size + 1)*(2*ur_size + 1);
            int t_area = t_size*t_size + (t_size + 1)*(t_size + 1);
            // p[0]~p[3] 分别对应 E，C，G，A，得到这 4 个点在传统积分图像的地址指针
            f[i].p[0] = sum.ptr<int>() + (ur_size + 1)*step + ur_size + 1;
            f[i].p[1] = sum.ptr<int>() - ur_size*step + ur_size + 1;
            f[i].p[2] = sum.ptr<int>() + (ur_size + 1)*step - ur_size;
            f[i].p[3] = sum.ptr<int>() - ur_size*step - ur_size;
            // p[4]~p[7] 分别对应 F，H，D，B，分别得到这 4 个点在两个倾斜积分图像的地址指针，F 和 B 对应
            //于双倾斜积分图像，H 和 D 对应于平坦倾斜积分图像
            f[i].p[4] = tilted.ptr<int>() + (t_size + 1)*step + 1;
            f[i].p[5] = flatTilted.ptr<int>() - t_size;
            f[i].p[6] = flatTilted.ptr<int>() + t_size + 1;
            f[i].p[7] = tilted.ptr<int>() - t_size*step + 1;

            f[i].area = ur_area + t_area;        //得到这两个正方形的面积之和
            sizes1[i] = sizes0[i];               //尺寸再次赋值
        }
    // negate end points of the size range
    // for a faster rejection of very small or very large features in non-maxima suppression.
    //为了加快非极大值抑制，sizes0[0]，sizes0[1]和 sizes0[maxIdx]需要负值
    sizes1[0] = -sizes1[0];
    sizes1[1] = -sizes1[1];
    sizes1[maxIdx] = -sizes1[maxIdx];
    //计算最大的八角形的半径，即正方形 BDFH 的对角线长度的一半，对于待处理的图像，要在边界处预留出这个
    //宽度的区域不进行特征点的检测
    border = sizes0[maxIdx] + sizes0[maxIdx]/2;
    //遍历所有的双极性滤波器
    for(int i = 0; i < npatterns; i++ )
    {
        int innerArea = f[pairs[i][1]].area;    //滤波器正极性的面积
        int outerArea = f[pairs[i][0]].area - innerArea;    //滤波器负极性的面积
        invSizes[i][0] = 1.f/outerArea;    //负极性面积的倒数
        invSizes[i][1] = 1.f/innerArea;    //正极性面积的倒数
    }

#if CV_SSE2
    if( useSIMD )
    {
        for(int i = 0; i < npatterns; i++ )
        {
            _mm_store_ps((float*)&invSizes4[i][0], _mm_set1_ps(invSizes[i][0]));
```

```
                    _mm_store_ps((float*)&invSizes4[i][1], _mm_set1_ps(invSizes[i][1]));
            }

        for(int i = 0; i <= maxIdx; i++ )
            _mm_store_ps((float*)&sizes1_4[i], _mm_set1_ps((float)sizes1[i]));
    }
#endif
    //对前 border 行和后 border 行区域不进行特征点的检测，直接赋值为 0
    for( y = 0; y < border; y++ )
    {
        float* r_ptr = responses.ptr<float>(y);      //前 border 行内的地址指针
        float* r_ptr2 = responses.ptr<float>(rows - 1 - y);    //后 border 行内的地址指针
        short* s_ptr = sizes.ptr<short>(y);
        short* s_ptr2 = sizes.ptr<short>(rows - 1 - y);
        //清零
        memset( r_ptr, 0, cols*sizeof(r_ptr[0]));
        memset( r_ptr2, 0, cols*sizeof(r_ptr2[0]));
        memset( s_ptr, 0, cols*sizeof(s_ptr[0]));
        memset( s_ptr2, 0, cols*sizeof(s_ptr2[0]));
    }
    //遍历除前 border 行和后 border 行以外的其他行
    for( y = border; y < rows - border; y++ )
    {
        int x = border;
        float* r_ptr = responses.ptr<float>(y);      //当前行地址指针
        short* s_ptr = sizes.ptr<short>(y);

        memset( r_ptr, 0, border*sizeof(r_ptr[0]));      //前 border 列清零
        memset( s_ptr, 0, border*sizeof(s_ptr[0]));
        memset( r_ptr + cols - border, 0, border*sizeof(r_ptr[0]));      //后 border 列清零
        memset( s_ptr + cols - border, 0, border*sizeof(s_ptr[0]));

#if CV_SSE2
        if( useSIMD )
        {
            __m128 absmask4 = _mm_set1_ps(absmask.f);
            for( ; x <= cols - border - 4; x += 4 )
            {
                int ofs = y*step + x;
                __m128 vals[MAX_PATTERN];
                __m128 bestResponse = _mm_setzero_ps();
                __m128 bestSize = _mm_setzero_ps();

                for(int i = 0; i <= maxIdx; i++ )
                {
                    const int** p = (const int**)&f[i].p[0];
                    __m128i r0 = _mm_sub_epi32(_mm_loadu_si128((const __m128i*)(p[0]+ofs)),
                                    _mm_loadu_si128((const __m128i*)(p[1]+ofs)));
                    __m128i r1 = _mm_sub_epi32(_mm_loadu_si128((const __m128i*)(p[3]+ofs)),
                                    _mm_loadu_si128((const __m128i*)(p[2]+ofs)));
```

```
                __m128i r2 = _mm_sub_epi32(_mm_loadu_si128((const __m128i*)(p[4]+ofs)),
                                _mm_loadu_si128((const __m128i*)(p[5]+ofs)));
                __m128i r3 = _mm_sub_epi32(_mm_loadu_si128((const __m128i*)(p[7]+ofs)),
                                _mm_loadu_si128((const __m128i*)(p[6]+ofs)));
                r0 = _mm_add_epi32(_mm_add_epi32(r0,r1), _mm_add_epi32(r2,r3));
                _mm_store_ps((float*)&vals[i], _mm_cvtepi32_ps(r0));
            }

            for(int i = 0; i < npatterns; i++ )
            {
                __m128 inner_sum = vals[pairs[i][1]];
                __m128 outer_sum = _mm_sub_ps(vals[pairs[i][0]], inner_sum);
                __m128 response = _mm_sub_ps(_mm_mul_ps(inner_sum, invSizes4[i][1]),
                    _mm_mul_ps(outer_sum, invSizes4[i][0]));
                __m128 swapmask = _mm_cmpgt_ps(_mm_and_ps(response,absmask4),
                    _mm_and_ps(bestResponse,absmask4));
                bestResponse = _mm_xor_ps(bestResponse,
                    _mm_and_ps(_mm_xor_ps(response,bestResponse), swapmask));
                bestSize = _mm_xor_ps(bestSize,
                    _mm_and_ps(_mm_xor_ps(sizes1_4[pairs[i][0]],bestSize), swapmask));
            }

            _mm_storeu_ps(r_ptr + x, bestResponse);
            _mm_storel_epi64((__m128i*)(s_ptr + x),
                _mm_packs_epi32(_mm_cvtps_epi32(bestSize),_mm_setzero_si128()));
        }
    }
#endif
    //遍历除前 border 列和后 border 列以外的当前行的所有像素
    for( ; x < cols - border; x++ )
    {
        int ofs = y*step + x;  //当前像素
        int vals[MAX_PATTERN];    //八角形卷积结果
        float bestResponse = 0;    //表示最大的响应值
        int bestSize = 0;      //表示在最大响应值下的滤波器尺寸
        //遍历所有尺寸下的八角形
        for(int i = 0; i <= maxIdx; i++ )
        {
            //当前尺寸下八角形的八个顶角的首地址
            const int** p = (const int**)&f[i].p[0];
            //对当前像素,利用积分图像得到当前尺寸下八角形的卷积结果
            vals[i] = p[0][ofs] - p[1][ofs] - p[2][ofs] + p[3][ofs] +
                p[4][ofs] - p[5][ofs] - p[6][ofs] + p[7][ofs];
        }
        //遍历所有尺寸下的双极性滤波器
        for(int i = 0; i < npatterns; i++ )
        {
            int inner_sum = vals[pairs[i][1]];     //正极性滤波结果
            int outer_sum = vals[pairs[i][0]] - inner_sum;     //负极性滤波结果
            //当前滤波器下的响应值,它等于规范化下的正负极性滤波结果之差
```

```
                  float response = inner_sum*invSizes[i][1] - outer_sum*invSizes[i][0];
                  //找到在所有滤波器下的最大的响应值
                  if( fabs(response) > fabs(bestResponse) )
                  {
                      //把最大的响应值作为最佳的该像素的响应值
                      bestResponse = response;
                      //在最佳的响应值下的滤波器尺寸作为该像素最佳的尺寸
                      bestSize = sizes1[pairs[i][0]];
                  }
              }
              //得到最佳的响应值和滤波器尺寸
              r_ptr[x] = bestResponse;
              s_ptr[x] = (short)bestSize;
          }
      }

      return border;      //输出预留的边界长度，即最大的滤波器半径
}
```

下面介绍特征点检测的第二步所需的函数 StarDetectorSuppressNonmax，它的作用是进行非极大值抑制。输入参数 responses、sizes 和 border 分别为第一步中 StarDetectorComputeResponses 函数得到的像素响应、尺寸和预留边界：

```
static void
StarDetectorSuppressNonmax( const Mat& responses, const Mat& sizes,
                      vector<KeyPoint>& keypoints, int border,
                      int responseThreshold,
                      int lineThresholdProjected,
                      int lineThresholdBinarized,
                      int suppressNonmaxSize )
{
    //delta 表示非极大值抑制的步长
    int x, y, x1, y1, delta = suppressNonmaxSize/2;
    int rows = responses.rows, cols = responses.cols;          //长和高
    const float* r_ptr = responses.ptr<float>();               //响应值矩阵的首地址指针
    int rstep = (int)(responses.step/sizeof(r_ptr[0]));         //响应值矩阵步长
    const short* s_ptr = sizes.ptr<short>();                    //尺寸矩阵的首地址指针
    int sstep = (int)(sizes.step/sizeof(s_ptr[0]));             //尺寸矩阵步长
    short featureSize = 0;       //该变量表示特征点的尺寸，也就是特征点尺度
    //遍历响应值矩阵，进行非极大值抑制，遍历的区域不包括预留的区域，并且遍历的步长为 delta，
    for( y = border; y < rows - border; y += delta+1 )
        for( x = border; x < cols - border; x += delta+1 )
        {
            float maxResponse = (float)responseThreshold;      //极大值阈值
            float minResponse = (float)-responseThreshold;     //极小值阈值，即负阈值
            //定义极大值和极小值（即负值）的坐标位置
            Point maxPt(-1, -1), minPt(-1, -1);
            //定义非极大值抑制的长和高的邻域区间
            int tileEndY = MIN(y + delta, rows - border - 1);
            int tileEndX = MIN(x + delta, cols - border - 1);
```

```
                //以当前像素为左上角，在 tileEndX 乘以 tileEndY 的范围内寻找极大值和极小值
                for( y1 = y; y1 <= tileEndY; y1++ )
                    for( x1 = x; x1 <= tileEndX; x1++ )
                    {
                        float val = r_ptr[y1*rstep + x1];        //提取抑制范围内的像素
                        if( maxResponse < val )                  //极大值检测
                        {
                            maxResponse = val;
                            maxPt = Point(x1, y1);               //极大值坐标
                        }
                        else if( minResponse > val )             //极小值检测
                        {
                            minResponse = val;
                            minPt = Point(x1, y1);               //极小值坐标
                        }
                    }

            if( maxPt.x >= 0 )     //检测到了极大值
            {
                //以当前极大值为中心，在 2delta 乘以 2delta 范围再次寻找极大值
                for( y1 = maxPt.y - delta; y1 <= maxPt.y + delta; y1++ )
                    for( x1 = maxPt.x - delta; x1 <= maxPt.x + delta; x1++ )
                    {
                        //在 2delta 乘以 2delta 范围提取出一个像素
                        float val = r_ptr[y1*rstep + x1];
                        //如果满足下面的 if 条件，则说明当前极大值在 2delta 乘以 2delta 范围内不是最大值，
                        //所以剔除该点
                        if( val >= maxResponse && (y1 != maxPt.y || x1 != maxPt.x))
                            goto skip_max;
                    }
                //如果运行到这里，说明当前极大值在 2delta 乘以 2delta 范围内是最大值，所以还要调用
                //StarDetectorSuppressLines 函数进行直线的判断抑制
                if( (featureSize = s_ptr[maxPt.y*sstep + maxPt.x]) >= 4 &&
                    !StarDetectorSuppressLines(responses,sizes,maxPt, lineThresholdProjected,
                                        lineThresholdBinarized ))

                {
                //如果极大值的尺寸大于 4，并且它不属于直线，则说明该极大值为特征点
                    KeyPoint kpt((float)maxPt.x, (float)maxPt.y, featureSize, -1, maxResponse);
                    keypoints.push_back(kpt);       //保存该特征点
                }
            }
    skip_max:
        if( minPt.x >= 0 )      检测到了极小值
        {
            //以当前极小值为中心，在 2delta 乘以 2delta 范围再次寻找极小值
            for( y1 = minPt.y - delta; y1 <= minPt.y + delta; y1++ )
                for( x1 = minPt.x - delta; x1 <= minPt.x + delta; x1++ )
                {
                    //在 2delta 乘以 2delta 范围提取出一个像素
                    float val = r_ptr[y1*rstep + x1];
```

```
                          //如果满足下面的 if 条件，则说明当前极小值在 2delta 乘以 2delta 范围内不是最小值，
                          //所以剔除该点
                          if( val <= minResponse && (y1 != minPt.y || x1 != minPt.x))
                              goto skip_min;
                      }
                  //如果运行到这里，说明当前极小值在 2delta 乘以 2delta 范围内是最小值，所以还要调用
                  //StarDetectorSuppressLines 函数进行直线的判断抑制
                  if( (featureSize = s_ptr[minPt.y*sstep + minPt.x]) >= 4 &&
                      !StarDetectorSuppressLines( responses, sizes, minPt,
                                    lineThresholdProjected, lineThresholdBinarized))
                  {
                      //如果极小值的尺寸大于 4，并且它不属于直线，则说明该极小值为特征点
                      KeyPoint kpt((float)minPt.x, (float)minPt.y, featureSize, -1, maxResponse);
                      keypoints.push_back(kpt);    //保存该特征点
                  }
              }
          skip_min:
              ;
          }
  }
```

下面是特征点检测的第三步——直线抑制。它的函数为 StarDetectorSuppressLines，目的是对特征点 pt 进行直线的判断：

```
static bool StarDetectorSuppressLines( const Mat& responses, const Mat& sizes, Point pt,
                            int lineThresholdProjected, int lineThresholdBinarized )
{
    const float* r_ptr = responses.ptr<float>();              //响应值矩阵的首地址指针
    int rstep = (int)(responses.step/sizeof(r_ptr[0]));       //响应值矩阵的步长
    const short* s_ptr = sizes.ptr<short>();                  //尺寸矩阵的首地址指针
    int sstep = (int)(sizes.step/sizeof(s_ptr[0]));           //尺寸矩阵的步长
    int sz = s_ptr[pt.y*sstep + pt.x];                        //特征点的尺寸，即尺度
    //delta 表示 Harris 矩阵内的步长，radius 表示 Harris 矩阵的求和范围
    int x, y, delta = sz/4, radius = delta*4;
    float Lxx = 0, Lyy = 0, Lxy = 0;
    int Lxxb = 0, Lyyb = 0, Lxyb = 0;
    //以特征点为中心，在响应值矩阵的 radius 乘以 radius 范围内，计算 Harris 矩阵，步长为 delta
    for( y = pt.y - radius; y <= pt.y + radius; y += delta )
        for( x = pt.x - radius; x <= pt.x + radius; x += delta )
        {
            float Lx = r_ptr[y*rstep + x + 1] - r_ptr[y*rstep + x - 1];    //水平方向导数
            float Ly = r_ptr[(y+1)*rstep + x] - r_ptr[(y-1)*rstep + x];    //垂直方向导数
            Lxx += Lx*Lx; Lyy += Ly*Ly; Lxy += Lx*Ly;       //Harris 矩阵的 3 个元素
        }
    //如果 Harris 矩阵的迹的平方与它的行列式值的比值大于阈值 lineThresholdProjected，则说明该
    //特征点属于直线
    if( (Lxx + Lyy)*(Lxx + Lyy) >= lineThresholdProjected*(Lxx*Lyy - Lxy*Lxy) )
        return true;    //是直线
    //以特征点为中心，在尺寸矩阵的 radius 乘以 radius 范围内，计算 Harris 矩阵，步长为 delta
    for( y = pt.y - radius; y <= pt.y + radius; y += delta )
        for( x = pt.x - radius; x <= pt.x + radius; x += delta )
```

```
    {
        //尺寸矩阵的水平方向和垂直方向的导数
        int Lxb = (s_ptr[y*sstep + x + 1] == sz) - (s_ptr[y*sstep + x - 1] == sz);
        int Lyb = (s_ptr[(y+1)*sstep + x] == sz) - (s_ptr[(y-1)*sstep + x] == sz);
        //尺寸矩阵的 Harris 矩阵的 3 个元素
        Lxxb += Lxb * Lxb; Lyyb += Lyb * Lyb; Lxyb += Lxb * Lyb;
    }
    //如果 Harris 矩阵的迹的平方与它的行列式值的比值大于阈值 lineThresholdBinarized，则说明该
    //特征点属于直线
    if( (Lxxb + Lyyb)*(Lxxb + Lyyb) >= lineThresholdBinarized*(Lxxb*Lyyb - Lxyb*Lxyb) )
        return true;                //是直线

    return false;                   //不是直线
}
```

最后给出 StarDetector 的重载运算符：

```
void StarDetector::operator()(const Mat& img, vector<KeyPoint>& keypoints) const
{
    Mat responses, sizes;
    //计算像素的响应值
    int border = StarDetectorComputeResponses( img, responses, sizes, maxSize );
    keypoints.clear();
    if( border >= 0 )
        //非极大值抑制，包括了直线抑制
        StarDetectorSuppressNonmax( responses, sizes, keypoints, border,
                            responseThreshold, lineThresholdProjected,
                            lineThresholdBinarized, suppressNonmaxSize );
}
```

10.3　应用实例

下面给出 STAR 算法的应用实例：

```
#include "opencv2/core/core.hpp"
#include " opencv2/highgui/highgui.hpp"
#include "opencv2/imgproc/imgproc.hpp"
#include "opencv2/features2d/features2d.hpp"
#include "opencv2/nonfree/nonfree.hpp"

using namespace cv;
//using namespace std;

int main(int argc, char** argv)
{
    Mat img = imread("box_in_scene.png"), img1;;

    cvtColor( img, img1, CV_BGR2GRAY );
```

```
StarFeatureDetector star;

vector<KeyPoint> key_points;
Mat output_img;

star(img1,key_points);
drawKeypoints(img, key_points, output_img, Scalar::all(-1),
DrawMatchesFlags::DRAW_RICH_KEYPOINTS);

namedWindow("STAR");
imshow("STAR", output_img);
waitKey(0);

return 0;
}
```

图 10-8 所示为检测结果。

▲图 10-8 STAR 特征点检测结果

第 11 章　BRIEF 描述符方法

11.1 原理分析

在嵌入式系统内需要对图像进行实时匹配,这项任务给特征点的检测与描述提出了更高的要求。这不仅要求运算速度快,而且还要求占用更少的内存。

SIFT 和 SURF 方法性能优异,但它们在实时应用中就力不从心,一个主要的原因就是特征点的描述符结构较复杂,表现形式上有两点不足:第一是描述符的维数较多,第二是描述符采用浮点型的数据格式。维数多固然可以提高特征点的可区分性,但使描述符的生成和特征点的匹配的效率降低,另一方面采用浮点型的数据格式也必然增加了更大的内存开销。因此改进描述符的形式就成为提高特征点匹配的一个重要手段。

目前改进描述符的方法有降低维数和浮点型用整型替代等这些措施,而另一种更彻底的方法就是直接把描述符缩短为二值化的位字符串形式。这样用汉明距离(Hamming)就可以更快地测量两个描述符的相似程度,方法是按位进行“异或”操作,结果中“1”的数量越多,两个描述符的相似性越差。

Calonder 等人基于前人的方法于 2010 年提出了 BRIEF(Binary Robust Independent Elementary Features)方法。该方法也是二值位字符串的描述符形式,但描述符的创建更简单,更有效。

BRIEF 的方法是:首先以特征点为中心定义一个大小为 $S \times S$ 的补丁(patch)区域,在 OpenCV 中,该区域的大小为 48×48。再在该区域内,以某种特定的方式选择 n_d 个像素点对。然后比较每个像素点对之间的灰度值:

$$b_i = \begin{cases} 1 & I(p_i) < I(q_i) \\ 0 & \text{其他} \end{cases} \tag{11-1}$$

式中,$I(p_i)$ 和 $I(q_i)$ 分别表示第 i 个像素点对的两个像素 p_i 和 q_i 的灰度值。最后把补丁区域内所有点对的比较结果串成一个二值位字符串的形式,从而形成了该特征点的描述符 B:

$$B = \sum_{1 \leqslant i \leqslant n} 2^{i-1} b_i \tag{11-2}$$

通过实验对比可知,$n_d = 128$、256 和 512 时,在运算速度,空间占用和准确性上可以达到最佳的效果。如果用字节型来表示该描述符,那么:

$$k = \frac{n_d}{8} \tag{11-3}$$

式中，k 就表示该描述符的字节数。

BRIEF 描述符的创建过程比较简单，但这里还要注意两个问题：第一是为了降低灵敏度，增强描述符的抗干扰程度和可重复性，需要对补丁区域进行平滑处理，也就是在比较点对的两个像素灰度值之前，需要对这两个像素进行平滑处理。采用 7×7 的高斯模板平滑处理是一种常用的方法，但该方法在速度上与其他的平滑方法比较来看没有优势。因此，Calonder 等人又于 2012 年提出采用盒状滤波器的处理方法来代替高斯平滑处理方法。由于可以采用积分图像的方法，所以盒状滤波器比高斯滤波器更快，而且两者的准确性几乎相同。在 OpenCV 中就是采用的盒状滤波器的方法，盒状滤波器的大小为 9×9。

第二个需要注意的问题是在补丁区域内用什么方式选择像素点对。Calonder 比较了 5 种方法，我们都分别给予介绍，其中我们以补丁区域的中心（即特征点）作为坐标原点，设 X 和 Y 是一个点对的两个像素的随机变量，x_i 和 y_i 为其所对应的两个像素的坐标：

（1）X 和 Y 都服从在 $[-S/2, S/2]$ 范围内的均匀分布，且相互独立，如图 11-1（a）所示；

（2）X 和 Y 都服从均值为 0，方差为 $S^2/25$ 的高斯分布，且相互独立，即 X 和 Y 都以原点为中心，进行同方差的高斯分布，如图 11-1（b）所示；

（3）X 服从均值为 0，方差为 $S^2/25$ 的高斯分布，而 Y 服从均值为 x_i，方差为 $S^2/100$ 的高斯分布，即先确定 X 的高斯分布得到 x_i，同方法 2，然后以 x_i 为中心，进行高斯分布确定 y_i，如图 11-1（c）所示；

（4）在引入了空间量化的不精确极坐标网格的离散位置内，随机采样，得到 x_i 和 y_i，如图 11-1（d）所示；

（5）x_i 固定在原点处，y_i 是所有可能的极坐标网格内的值，如图 11-11（e）所示。

通过实验对比可知，前 4 种方法要明显好于第 5 种方法，而在前 4 种方法中，第 2 种方法会表现出少许的优势。

在实际应用中，虽然点对都是按一定规则随机选择的，但在确定了补丁区域大小 S 的情况下，点对的坐标位置一旦随机选定，就不再更改，自始至终都用这些确定下来的点对坐标位置。也就是说这些点对的坐标位置其实是已知的，在编写程序的时候，这些坐标事先存储在系统中，在创建描述符时，只要调用这些坐标即可。另外，不但点对的坐标位置是确定好的，点对的两个像素之间的顺序和不同点对相互之间的顺序也必须是事先确定好的，这样才能保证同一个特征点的描述符的一致性。点对的两个像素之间的顺序指的是在式（11-1）中，两个像素中哪个是 p_i，哪个是 q_i，因为在比较时是 p_i 的灰度值小于 q_i 的灰度值时，b_i 才等于 1，因此 p_i 和 q_i 的顺序是很关键的。点对的顺序指的是 n_d 个点对之间要排序，这样二值位字符串中的各个位（如式（11-2）所示）就以该顺序排列。

最后需要强调的是，BRIEF 仅仅是一种特征点的描述符方法，它不提供特征点的检测方法。Calonder 推荐使用 CenSurE 方法进行特征点的检测，该方法与 BRIEF 配合使用，效果会略好一些。

BRIEF 是一种更快的特征点描述符的创建和匹配方法，此外只要在平面内没有很大的旋转，则该方法还可以提供很高的识别率。

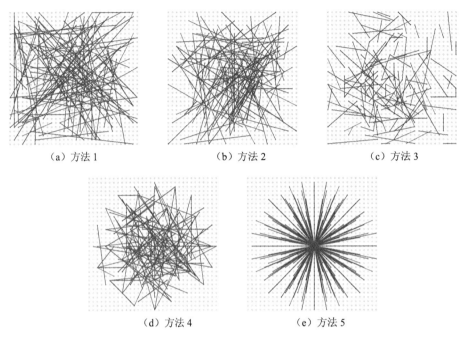

（a）方法 1　　　　　　（b）方法 2　　　　　　（c）方法 3

（d）方法 4　　　　　　（e）方法 5

▲图 11-1　选择点对的 5 种方法

11.2　源码解析

BRIEF 描述符创建的类是 BriefDescriptorExtractor，它的构造函数为：

```
BriefDescriptorExtractor::BriefDescriptorExtractor(int bytes) :
   bytes_(bytes), test_fn_(NULL)
//bytes 表示描述符的字节数，即式（11-3）中的 k，k 只可能为 16，32 和 64，默认为 32
{
   //根据字节数选择不同的函数，字节数不同，则所需要的像素点对的数量就不同，所以要调用不同的函数
   switch (bytes)
   {
      case 16:    //128 个点对
         test_fn_ = pixelTests16;
         break;
      case 32:    //256 个点对
         test_fn_ = pixelTests32;
         break;
      case 64:    //512 个点对
         test_fn_ = pixelTests64;
         break;
      default:    //只可能为以上 3 种情况
         CV_Error(CV_StsBadArg, "bytes must be 16, 32, or 64");
```

```
        }
}
```

　　创建 BRIEF 描述符的函数 computeImpl：

```
void BriefDescriptorExtractor::computeImpl(const Mat& image, std::vector<KeyPoint>&
keypoints, Mat& descriptors) const
{
    // Construct integral image for fast smoothing (box filter)
    Mat sum;    //积分图像矩阵

    Mat grayImage = image;    //输入图像
    //把输入图像转换为灰度图像
    if( image.type() != CV_8U ) cvtColor( image, grayImage, CV_BGR2GRAY );

    ///TODO allow the user to pass in a precomputed integral image
    //if(image.type() == CV_32S)
    //  sum = image;
    //else

    integral( grayImage, sum, CV_32S);    //得到输入图像的积分图像

    //Remove keypoints very close to the border
    // PATCH_SIZE = 48;表示补丁区域的边长，KERNEL_SIZE = 9;表示盒状滤波器的边长
    //根据补丁区域和盒状滤波器的尺寸大小，去掉那些过于靠近图像边界的特征点
    KeyPointsFilter::runByImageBorder(keypoints, image.size(), PATCH_SIZE/2 + KERNEL_SIZE/2);
    //描述符矩阵变量清零
    descriptors = Mat::zeros((int)keypoints.size(), bytes_, CV_8U);
    //调用 test_fn_指向的函数，创建 BRIEF 描述符
    test_fn_(sum, keypoints, descriptors);
}
```

　　由构造函数可知，根据描述符字节数的不同，test_fn_指向不同的函数，这些函数的意义相同，区别在于处理的点对数量不同，我们仅以 pixelTests16 函数为例进行讲解：

```
static void pixelTests16(const Mat& sum, const std::vector<KeyPoint>& keypoints, Mat&
descriptors)
{
    //遍历所有的特征点
    for (int i = 0; i < (int)keypoints.size(); ++i)
    {
        uchar* desc = descriptors.ptr(i);      //该特征点描述符的首地址指针
        const KeyPoint& pt = keypoints[i];      //该特征点的首地址指针
#include "generated_16.i"                      //执行 generated_16.i 预处理文件
    }
}
```

　　在 generated_16.i 文件中，用到了 smoothedSum 函数，它的作用是点对点进行盒状滤波器的平滑处理，我们先给出这个函数：

```
inline int smoothedSum(const Mat& sum, const KeyPoint& pt, int y, int x)
```

```
//sum 为积分图像，pt 为特征点变量，x 和 y 表示点对中某一个像素相对于特征点的坐标
//该函数返回滤波的结果
{
    //盒状滤波器边长的一半
    static const int HALF_KERNEL = BriefDescriptorExtractor::KERNEL_SIZE / 2;
    //计算点对中某一个像素的绝对坐标
    int img_y = (int)(pt.pt.y + 0.5) + y;
    int img_x = (int)(pt.pt.x + 0.5) + x;
    //计算以该像素为中心，以 KERNEL_SIZE 为边长的正方形内所有像素灰度值之和，本质上是均值滤波
    return   sum.at<int>(img_y + HALF_KERNEL + 1, img_x + HALF_KERNEL + 1)
        - sum.at<int>(img_y + HALF_KERNEL + 1, img_x - HALF_KERNEL)
        - sum.at<int>(img_y - HALF_KERNEL, img_x + HALF_KERNEL + 1)
        + sum.at<int>(img_y - HALF_KERNEL, img_x - HALF_KERNEL);
}
```

我们再回到 generated_16.i 文件：

```
//定义宏 SMOOTHED，作用就是调用 smoothedSum 函数，SMOOTHED 中的参数 y 和 x 表示相对于特征点的横、纵坐标
#define SMOOTHED(y,x) smoothedSum(sum, pt, y, x)
    //该描述符需要 16 个字节型变量，所以从 desc[0]到 desc[15]
    desc[0] = (uchar)(
        //每个字节型变量由 8 位组成
        //比较平滑处理以后的坐标为(-2, -1)和(7, -1)的两个像素的灰度值，如式（11-1），并把结果移位到
        //第 7 位上
        ((SMOOTHED(-2, -1) < SMOOTHED(7, -1)) << 7) +
        ((SMOOTHED(-14, -1) < SMOOTHED(-3, 3)) << 6) +       //第 6 位
        ((SMOOTHED(1, -2) < SMOOTHED(11, 2)) << 5) +         //第 5 位
        ((SMOOTHED(1, 6) < SMOOTHED(-10, -7)) << 4) +        //第 4 位
        ((SMOOTHED(13, 2) < SMOOTHED(-1, 0)) << 3) +         //第 3 位
        ((SMOOTHED(-14, 5) < SMOOTHED(5, -3)) << 2) +        //第 2 位
        ((SMOOTHED(-2, 8) < SMOOTHED(2, 4)) << 1) +          //第 1 位
        ((SMOOTHED(-11, 8) < SMOOTHED(-15, 5)) << 0));       //第 0 位
    //以下省略
    desc[1] = ......
    ......
    desc[15] = ......
#undef SMOOTHED
```

11.3　应用实例

下面给出应用 BRIEF 方法进行图像匹配的实例，其中我们是用 CenSurE 方法进行特征点的检测：

```
#include "opencv2/core/core.hpp"
#include "opencv2/highgui/highgui.hpp"
#include "opencv2/imgproc/imgproc.hpp"
#include "opencv2/features2d/features2d.hpp"
#include "opencv2/nonfree/nonfree.hpp"
#include "opencv2/legacy/legacy.hpp"
```

```cpp
using namespace cv;
using namespace std;

int main(int argc, char** argv)
{
    Mat img1 = imread("img1.png");
    Mat img2 = imread("img2.png");

    vector<KeyPoint> key_points1, key_points2;
    StarDetector detector;     //特征点检测方法
    detector.detect(img1, key_points1);
    detector.detect(img2, key_points2);

    Mat descriptors1, descriptors2;
    BriefDescriptorExtractor brief;     //BRIEF 方法
    brief.compute(img1, key_points1, descriptors1);
    brief.compute(img2, key_points2, descriptors2);

    BruteForceMatcher<Hamming> matcher;
    vector<DMatch>matches;
    matcher.match(descriptors1,descriptors2,matches);

    std::nth_element(matches.begin(),
        matches.begin()+7,
        matches.end());

    matches.erase(matches.begin()+8, matches.end());

    namedWindow("BRIEF_matches");
    Mat img_matches;
    drawMatches(img1,key_points1,
        img2,key_points2,
        matches,
        img_matches,
        Scalar(255,255,255));
    imshow("BRIEF_matches",img_matches);
    waitKey(0);

    return 0;
}
```

结果如图 11-2 所示。

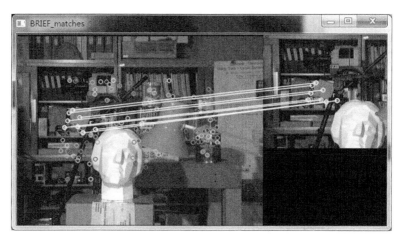

▲图 11-2　BRIEF 结果

第 12 章　BRISK 方法

12.1　原理分析

BRISK（Binary Robust Invariant Scalable Keypoints）方法是由 Stefan 等人于 2011 年提出，该方法实现了图像特征点的检测、描述和匹配。据 Stefan 介绍，该算法性能十分优异，并且运算速度比 SURF 算法还要快，某种程度上满足了实时性的要求。而之所以 BRISK 方法会有这些特点，是因为该方法应用了基于 FAST 方法的尺度空间检测算子，并且它的描述符是一种类似于 BRIEF 方法的通过比较特征点邻域采样像素之间的灰度值而形成的二值位字符串的形式。我们在前面的章节中对 FAST 和 BRIEF 都进行了详细的介绍，这两种方法都以"快"著称，BRISK 是两者的结合，因此 BRISK 的快速就显而易见了。

1. 最小二乘法

由于在 BRISK 方法的特征点检测中，多次应用了线性最小二乘法进行拟合，因此在介绍 BRISK 方法之前，先来讲解一下线性最小二乘法。

考虑一个包含 m 个线性方程的方程组：

$$\sum_{j=1}^{n} X_{ij}\beta_j = Y_i \qquad i = 1, 2, \cdots, m \tag{12-1}$$

式中，$\beta_1, \beta_2, \cdots, \beta_n$ 为方程的 n 个未知系数，并且每个方程的系数都相同，一般要求 $m \geqslant n$。式（12-1）的矩阵形式为：

$$\boldsymbol{X}\boldsymbol{\beta} = \boldsymbol{Y} \tag{12-2}$$

式中：

$$\boldsymbol{X} = \begin{bmatrix} X_{11} & X_{12} & \cdots & X_{1n} \\ X_{21} & X_{22} & \cdots & X_{2n} \\ \vdots & \vdots & & \vdots \\ X_{m1} & X_{m2} & \cdots & X_{mn} \end{bmatrix}, \quad \boldsymbol{\beta} = \begin{bmatrix} \beta_1 \\ \beta_2 \\ \vdots \\ \beta_n \end{bmatrix}, \quad \boldsymbol{Y} = \begin{bmatrix} Y_1 \\ Y_2 \\ \vdots \\ Y_m \end{bmatrix} \tag{12-3}$$

很显然，由于 $\boldsymbol{\beta}$ 未知，这个方程组是无解的。但我们可以通过最小二乘法找到 $\boldsymbol{\beta}$，从而拟合出最优的方程解，即：

$$\widehat{\beta} = \underset{\beta}{\arg\min}\, S\left(\beta\right) \tag{12-4}$$

式中，目标函数 S 为：

$$S\left(\beta\right) = \sum_{i=1}^{m}\left|Y_i - \sum_{j=1}^{n} X_{ij}\beta_j\right|^2 = \|\boldsymbol{Y} - \boldsymbol{X}\beta\|^2 \tag{12-5}$$

如果矩阵 $\boldsymbol{X}$ 的 n 列是线性独立的，则这个求最小值问题就有唯一的解，即：

$$\left(\boldsymbol{X}^{\mathrm{T}}\boldsymbol{X}\right)\hat{\boldsymbol{\beta}} = \boldsymbol{X}^{\mathrm{T}}\boldsymbol{Y} \qquad \text{或} \qquad \hat{\boldsymbol{\beta}} = \left(\boldsymbol{X}^{\mathrm{T}}\boldsymbol{X}\right)' \boldsymbol{X}^{\mathrm{T}}\boldsymbol{Y} \tag{12-6}$$

式中，上标 "′" 和 "T" 分别表示矩阵的逆和转置。

以上为线性最小二乘法的通用公式，下面我们以 BRISK 方法中用到的一维抛物线拟合和二维二次函数拟合为例，给出这两种拟合的具体应用实例，并计算它们的极值。

（1）一维抛物线函数拟合。

抛物线函数的公式为：

$$y = ax^2 + bx + c \tag{12-7}$$

该函数在 $x_0 = -b / \left(2a\right)$ 处有极值，极值为：

$$y = \frac{4ac - b^2}{4a} \tag{12-8}$$

若 $a > 0$，y 有最小值；若 $a < 0$，y 有最大值。

在平面内已知 3 点(x_1, y_1)、(x_2, y_2)和(x_3, y_3)，利用这 3 点可以通过最小二乘法拟合出一条抛物线。通过与式（12-2）进行比较，很容易得出它所对应的矩阵参数 $\boldsymbol{X}$、$\boldsymbol{\beta}$ 和 $\boldsymbol{Y}$：

$$\boldsymbol{X} = \begin{bmatrix} x_1^2 & x_1 & 1 \\ x_2^2 & x_2 & 1 \\ x_3^2 & x_3 & 1 \end{bmatrix}, \quad \boldsymbol{\beta} = \begin{bmatrix} a \\ b \\ c \end{bmatrix}, \quad \boldsymbol{Y} = \begin{bmatrix} y_1 \\ y_2 \\ y_3 \end{bmatrix} \tag{12-9}$$

例 1：如果这 3 点的坐标分别为$(0.5, s1)$，$(1.0, s2)$和$(1.5, s3)$，则代入式（12-9），得：

$$\boldsymbol{X} = \begin{bmatrix} 0.25 & 0.5 & 1 \\ 1.0 & 1.0 & 1 \\ 2.25 & 1.5 & 1 \end{bmatrix}, \quad \boldsymbol{\beta} = \begin{bmatrix} a \\ b \\ c \end{bmatrix}, \quad \boldsymbol{Y} = \begin{bmatrix} s1 \\ s2 \\ s3 \end{bmatrix} \tag{12-10}$$

再把式（12-10）代入式（12-6），得：

$$\begin{bmatrix} \hat{a} \\ \hat{b} \\ \hat{c} \end{bmatrix} = \begin{bmatrix} 2 & -4 & 2 \\ -5 & 8 & -3 \\ 3 & -3 & 1 \end{bmatrix} \begin{bmatrix} s1 \\ s2 \\ s3 \end{bmatrix} \tag{12-11}$$

即:

$$\left(\boldsymbol{X}^{\mathrm{T}} \boldsymbol{X} \right)' \boldsymbol{X}^{\mathrm{T}} = \begin{bmatrix} 2 & -4 & 2 \\ -5 & 8 & -3 \\ 3 & -3 & 1 \end{bmatrix} \tag{12-12}$$

例 2: 如果已知这 3 点的坐标为$(2/3, s1)$, $(1.0, s2)$和$(4/3, s3)$, 则:

$$\left(\boldsymbol{X}^{\mathrm{T}} \boldsymbol{X} \right)' \boldsymbol{X}^{\mathrm{T}} = \begin{bmatrix} 4.5 & -9 & 4.5 \\ -10.5 & 18 & -7.5 \\ 6 & -8 & 3 \end{bmatrix} \tag{12-13}$$

例 3: 如果已知这 3 点坐标为$(0.75, s1)$, $(1.0, s2)$和$(1.5, s3)$, 则:

$$\left(\boldsymbol{X}^{\mathrm{T}} \boldsymbol{X} \right)' \boldsymbol{X}^{\mathrm{T}} = \frac{1}{3} \begin{bmatrix} 16 & -24 & 8 \\ -40 & 54 & -14 \\ 24 & -27 & 6 \end{bmatrix} \tag{12-14}$$

（2）二维二次函数拟合。

二维二次函数的公式为:

$$z = ax^2 + by^2 + cx + dy + exy + g \tag{12-15}$$

设 $\Delta = 4ab - e^2$, 若 $\Delta > 0$, 则 z 在(x_0, y_0)处有极值, 当 $a > 0$, 为极小值, 当 $a < 0$, 为极大值; 若 $\Delta < 0$, z 没有极值; 若 $\Delta = 0$, 无法判断 z 是否有极值。其中:

$$\begin{cases} x_0 = -\dfrac{2bc - de}{4ab - e^2} = -\dfrac{2bc - de}{\Delta} \\ y_0 = -\dfrac{2ad - ce}{4ab - e^2} = -\dfrac{2ad - ce}{\Delta} \end{cases} \tag{12-16}$$

在立方体内已知 9 点坐标(x_1, y_1, z_1), (x_2, y_2, z_2), $\cdots$, (x_9, y_9, z_9), 利用这 9 点通过最小二乘法可以拟合出一个曲面。通过与式（12-2）进行比较, 很容易得出它所对应的矩阵参数 $\boldsymbol{X}$、$\boldsymbol{\beta}$ 和 $\boldsymbol{Y}$:

$$\boldsymbol{X} = \begin{bmatrix} x_1^2 & y_1^2 & x_1 & y_1 & x_1 y_1 & 1 \\ x_2^2 & y_2^2 & x_2 & y_2 & x_2 y_2 & 1 \\ \vdots & \vdots & \vdots & \vdots & \vdots & \vdots \\ x_9^2 & y_9^2 & x_9 & y_9 & x_9 y_9 & 1 \end{bmatrix}, \quad \boldsymbol{\beta} = \begin{bmatrix} a \\ b \\ c \\ d \\ e \\ g \end{bmatrix}, \quad \boldsymbol{Y} = \begin{bmatrix} z_1 \\ z_2 \\ \vdots \\ z_9 \end{bmatrix} \tag{12-17}$$

例 4: 如果这 9 点的具体坐标分别为$(-1, -1, s1)$、$(-1, 0, s2)$、$(-1, 1, s3)$、$(0, -1, s4)$、$(0, 0, s5)$、$(0, 1, s6)$、$(1, -1, s7)$、$(1, 0, s8)$和$(1, 1, s9)$, 则 $\boldsymbol{X}$ 和 $\boldsymbol{Y}$ 分别为:

$$\boldsymbol{X} = \begin{bmatrix} 1 & 1 & -1 & -1 & 1 & 1 \\ 1 & 0 & -1 & 0 & 0 & 1 \\ 1 & 1 & -1 & 1 & -1 & 1 \\ 0 & 1 & 0 & -1 & 0 & 1 \\ 0 & 0 & 0 & 0 & 0 & 1 \\ 0 & 1 & 0 & 1 & 0 & 1 \\ 1 & 1 & 1 & -1 & -1 & 1 \\ 1 & 0 & 1 & 0 & 0 & 1 \\ 1 & 1 & 1 & 1 & 1 & 1 \end{bmatrix}, \quad \boldsymbol{Y} = \begin{bmatrix} s1 \\ s2 \\ s3 \\ s4 \\ s5 \\ s6 \\ s7 \\ s8 \\ s9 \end{bmatrix} \tag{12-18}$$

再把式（12-18）代入式（12-6），则：

$$(\boldsymbol{X}^{\mathrm{T}}\boldsymbol{X})'\boldsymbol{X}^{\mathrm{T}} = \frac{1}{18} \times \begin{bmatrix} 3 & 3 & 3 & -6 & -6 & -6 & 3 & 3 & 3 \\ 3 & -6 & 3 & 3 & -6 & 3 & 3 & -6 & 3 \\ -3 & -3 & -3 & 0 & 0 & 0 & 3 & 3 & 3 \\ -3 & 0 & 3 & -3 & 0 & 3 & -3 & 0 & 3 \\ 4.5 & 0 & -4.5 & 0 & 0 & 0 & -4.5 & 0 & 4.5 \\ -2 & 4 & -2 & 4 & 10 & 4 & -2 & 4 & -2 \end{bmatrix} \tag{12-19}$$

2. BRISK 方法

FAST 方法被证明是一种快速有效的特征点（角点）检测方法，AGAST 方法对 FAST 进行了扩展。BRISK 方法受到 AGAST 的启发，采用在尺度空间内进行 FAST 检测，从而实现了尺度不变性。

BRISK 方法的特征点检测分为 4 个阶段：建立尺度空间，基于 FAST 9-16 的特征点检测，非极大值抑制，提取特征点信息。

（1）建立尺度空间。

BRISK 的尺度空间金字塔是由 n 个组层（octaves）c_i 和 n 个组间层（intra-octaves）d_i 构成，如图 12-1 中左侧所示，其中 $i = \{0, 1, \cdots, n-1\}$，一般 n 为 4。每个组间层 d_i 是在两个相邻组层 c_i 和 c_{i+1} 之间，因此金字塔从下至上每一层的顺序依次为：$c_0 \to d_0 \to c_1 \to d_1 \to \cdots$。第一个组层 c_0 为输入的原始图像，设它的尺度为 1，而其他组层是由前一个组层经过隔点降采样得到。第一个组间层 d_0 层图像是由 c_0 层图像经过 1.5 倍的降采样得到，即每隔 3 个像素等间隔采样 2 次，而其他组间层是由前一个组间层经过隔点降采样得到。因此，如果把 t 表示为图像尺度，则各个组层的尺度公式为：

$$t_c(i) = 2^i \tag{12-20}$$

各个组间层的尺度公式为：

$$t_d(i) = 1.5 \times 2^i \tag{12-21}$$

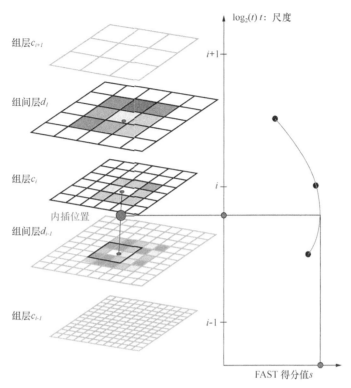

▲图 12-1　BRISK 特征点检测

　　由于金字塔每层图像的分辨率都不同，在考虑到每层图像的像素宽度都相同时，图像与图像之间的像素会有位移的情况出现，这种情况在实际编程时是需要考虑的，因此我们要给出层与层之间偏移量的公式。组层的偏移量公式为：

$$c_{\text{offset}}\left(i\right) = 0.5t_c\left(i\right) - 0.5 \tag{12-22}$$

　　组间层的偏移量公式为：

$$d_{\text{offset}}\left(i\right) = 0.5t_d\left(i\right) - 0.5 \tag{12-23}$$

　　那么具体来说，如果 $n=4$，各层的尺度分别为：

c：1	2	4	8
d：	1.5	3	6	12

　　各层的偏移量分别为：

c：0	0.5	1.5	3.5
d：	0.25	1	2.5	5.5

　　BRISK 金字塔和 SIFT 金字塔都是经过降采样得到的，然而 BRISK 与 SIFT 的不同之处在于，BRISK 金字塔虽然是降采样，每一层图像的分辨率不同，但是它们的尺寸大小是相同的（这个概念在后面的非极大值抑制时会用到）。这就好比同样都是 5.0 英寸的液晶屏手机，有的手机的分辨率为 1920×1080，而有的却只有 1280×720。之所以这样，是因为每个像素点的

尺寸不同。如图 12-2 所示，两个正方形的尺寸都是 20×20 单位长度，但图 12-2（a）分辨率为 4×4，图 12-2（b）为 5×5，这是因为图 12-2（a）的每个像素长为 5 个单位长度，而图 12-2（b）为 4 个单位长度。

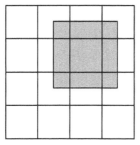
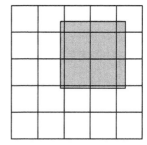

（a）4×4 的分辨率　　　　　　　（b）5×5 的分辨率

▲图 12-2　像素尺寸不同的比较

（2）特征点检测。

尺度空间金字塔创建以后，就需要在每个组层和组间层应用 FAST 角点检测算法检测特征点。详细的 FAST 算法以及代码，请阅读第 8 章，在这里只做简单介绍：对图像中的每个像素确定其半径为 3 的 Bresenham 圆的圆周上的 16 个像素点，如果这 16 个像素有 9 个连续的像素的亮度都比圆心像素的亮度加上阈值 K 还要亮，或者都比圆心像素的亮度减去该阈值 K 还要暗，则圆心像素被称为角点，即特征点，该方法也称为 FAST 9-16 方法。对金字塔的每一层，所使用的阈值 K 都相同。

（3）非极大值抑制。

非极大值抑制的目的是去掉那些鲁棒性不好的特征点。在这里，进行比较的不是图像像素的灰度值，而是它们的得分值（score）。特征点的得分值是它的角点响应值，非特征点的得分值为 0。

非极大值抑制需要完成两个步骤。

第一步是在特征点所在的层内，比较特征点与其 3×3 范围内 8 邻域的像素。设特征点的得分值为 s，它的 8 个邻域像素的得分值都要比 s 小，否则剔除掉该特征点。

第二步是比较上下两层的得分值，由于 BRISK 金字塔的每一层的分辨率都是不一样的，所以不能像 SIFT 那样在 3×3×3 的范围内进行非极大值抑制。BRISK 的方法是定义一个正方形的补丁（patch），它的边长为特征点所在层的两个像素的宽度，然后用相同面积的补丁去覆盖上层和下层的相同位置，计算所得到的上层和下层两个补丁区域内采样像素的得分值，这些得分值都要小于 s，否则剔除掉该特征点。我们以图 12-2 为例做一类比，其中图 12-2（a）和图 12-2（b）是分辨率不同但尺寸相同的两个相邻层图像，如果图 12-2（a）中的坐标位置为(2, 1)的像素是特征点，则它的补丁是以该点为中心，边长为 2 个像素宽的正方形，如图 12-2（a）中的灰色区域，用该

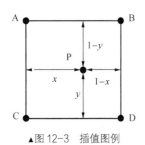

▲图 12-3　插值图例

正方形去覆盖图 12-2（b）中的相同位置，如图 12-2（b）中的灰色区域。在上层和下层的补丁区域内，按照一个像素宽度进行采样，即不进行亚像素级的计算，但在补丁区域的 4 条边上（尤其是它们的 4 个顶点处），就需要提取出亚像素级精度的坐标位置，这些亚像素的得分值是需要用插值法得到。

如图 12-3 所示，A、B、C、D 这 4 个点为图像中相邻的 4 个像素，距离为 1 个单位长度，它们的得分值分别为 S_A，S_B，S_C，S_D。P 为一个采样点，它是亚像素级的，它距离由 A、B、C、D 这 4 点组成的正方形的边长的距离分别为 x、y、$1-x$、$1-y$，则 P 点的得分值 S_P 为：

$$S_P = (1-x)yS_A + xyS_B + (1-x)(1-y)S_C + x(1-y)S_D \tag{12-24}$$

在进行非极大值抑制的第二步操作的时候，有两个特例。一个是计算金字塔的最顶层 d_{n-1} 层图像的非极大值抑制，该层没有上一层图像，因此只需比较下一层（c_{n-1} 层）的补丁内采样像素的得分值即可。另一个特例是计算金字塔的最底层 c_0，该层没有下一层图像，因此只需比较上一层（d_0 层）的补丁内采样像素的得分值即可。

（4）提取特征点信息。

在这里，特征点信息仅包括亚像素级精度的特征点位置和它的尺度，这两个特征点信息的获取都用到了前面介绍过的最小二乘法。

首先在特征点所在层内，以特征点为中心，计算 3×3 范围内 9 个像素的得分值，然后在这个区域内进行二维二次函数的最小二乘法拟合，得到该区域内的最大得分值，以及该得分值所对应的亚像素级的坐标位置。二维二次函数为式（12-15），其中 x 和 y 表示像素的横、纵坐标，z 表示该像素的得分值。如果以特征点为原点(0, 0)，则其 3×3 范围内的其他 8 个像素的坐标为(-1, -1)，(-1, 0)，(-1, 1)，(0, -1)，(0, 1)，(1, -1)，(1, 0)，(1, 1)，这 9 个像素的得分值依次为 $s1, \cdots, s9$，那么这种情况就如例 4。这样，最终拟合出二维二次函数的 6 个系数 $a, b, \cdots,$ g。最后再利用式（12-16）得到了极大值处的坐标(x_0, y_0)，并把该值代入式（12-15）就得到极大值，即最大得分值 S_0（我们只需要极大值）。由于特征点坐标被我们设为原点，所以极大值处的坐标(x_0, y_0)也是相对于特征点坐标的坐标偏移量$(\Delta x_0, \Delta y_0)$，用偏移量这个术语意义更明确，计算更方便。

我们以相同的方法计算上一层的坐标偏移量$(\Delta x_1, \Delta y_1)$和最大得分值 S_1，以及下一层的坐标偏移量$(\Delta x_{-1}, \Delta y_{-1})$和最大得分值 S_{-1}。其中，上层和下层的 3×3 范围内的中心像素是在进行非极大值抑制的第二步中，补丁区域内得分值最大的那个像素。这里需要注意的是，我们需要的两个坐标偏移量$(\Delta x_1, \Delta y_1)$和$(\Delta x_{-1}, \Delta y_{-1})$是相对于特征点坐标的坐标偏移量，也就是说按照$(\Delta x_0, \Delta y_0)$的计算方法得到各自层的偏移量后，还要再依据两个层的尺度比例计算相对于特征点坐标的坐标偏移量。

通过上面的计算，我们得到了 3 个层的 3×3 范围内的最大得分值 S_{-1}，S_0 和 S_1，我们再利用一维抛物线函数的最小二乘法拟合出由这 3 个最大值所组成的抛物线函数的最大值S_{max}，如图 12-1 右侧部分。一维抛物线函数为式（12-7），其中 y 表示得分值，x 表示 y 这个得分值所在层的相对于特征点所在层的尺度，即相对尺度坐标。如特征点在组层，则该层的相对尺度 $t_0 = 1$，它的上层和下层都是组间层，它们的相对尺度分别为 $t_1 = 1.5$，$t_{-1} = 0.75$，这两个值是由尺度式（12-20）和式（12-21）得到的。同理，如果特征点在组间层，则它的上层和下层的相对尺度分别为 $t_1 = 4/3$、$t_{-1} = 2/3$。这两种情况分别对应于例 3 和例 2。这样通过拟合就得到了式（12-7）中的 3 个系数 a、b、c，最后再利用式（12-8）得到极大值，即最大得分值 S_{max}，以及它所对应的尺度 t，当然这个尺度仍然是相对尺度，它还需要乘以特征点所在层的尺度才能得到最终的绝对尺度 T。

上面计算得到的绝对尺度 T 就是特征点的尺度，最大得分值 S_{max} 可以作为该特征点的响应值。而特征点的坐标还需要进一步计算，方法是，当相对尺度 t 大于 1 时，说明最大得分值 S_{max} 是在特征点所在层的上面，则我们需要上层坐标偏移量 $(\Delta x_1, \Delta y_1)$ 和本层坐标偏移量 $(\Delta x_0, \Delta y_0)$，当 t 小于 1 时，说明最大得分值 S_{max} 是在特征点所在层的下面，则我们需要下层坐标偏移量 $(\Delta x_{-1}, \Delta y_{-1})$ 和本层坐标偏移量 $(\Delta x_0, \Delta y_0)$。两个偏移量 $(\Delta x_{\pm 1}, \Delta y_{\pm 1})$ 和 $(\Delta x_0, \Delta y_0)$ 通过加权处理得到最终的坐标偏移量 $(\Delta x, \Delta y)$，而权值是由拟合得到的相对尺度 t 到 $t_{\pm 1}$ 和 t_0 的归一化距离：

$$\begin{cases} t > 1 & (\Delta x, \Delta y) = \left(\dfrac{t_1 - t}{t_1 - t_0} \Delta x_0 + \dfrac{t - t_0}{t_1 - t_0} \Delta x_0, \dfrac{t_1 - t}{t_1 - t_0} \Delta y_0 + \dfrac{t - t_0}{t_1 - t_0} \Delta y_1 \right) \\ t < 1 & (\Delta x, \Delta y) = \left(\dfrac{t - t_{-1}}{t_0 - t_{-1}} \Delta x_0 + \dfrac{t_0 - t}{t_0 - t_{-1}} \Delta x_1, \dfrac{t - t_{-1}}{t_0 - t_{-1}} \Delta y_0 + \dfrac{t_0 - t}{t_0 - t_{-1}} \Delta y_1 \right) \end{cases} \tag{12-25}$$

则最终特征点的坐标 (x, y) 为：

$$(x, \ y) = \left((\Delta x + x_0) \times s + o, (\Delta y + y_0) \times s + o \right) \tag{12-26}$$

式中，(x_0, y_0) 表示由 FAST 9-16 检测得到的特征点坐标位置，s 和 o 分别表示 (x_0, y_0) 所在层的尺度和层偏移量，它们是由式（12-20）至式（12-23）得到的。

上面的计算过程有两个例外，就是计算金字塔顶层 d_{n-1} 层和底层 c_0 层的特征点信息。处理 d_{n-1} 层的情况比较简单，特征点的坐标只需考虑本层的偏移量 $(\Delta x_0, \Delta y_0)$，即：

$$(x, \ y) = \left((\Delta x_0 + x_0) \times s + o, (\Delta y_0 + y_0) \times s + o \right) \tag{12-27}$$

而该特征点的尺度 T 就是本层的尺度，即式（12-27）中的 s。

处理 c_0 层的情况就不那么简单了，因为 c_0 层图像就是输入图像，对该层的处理不能近似或省略。首先我们要在 c_0 层之下再虚拟一个 d_{-1} 层，两层的分辨率相同，而 d_{-1} 层是由 c_0 层的像素经过 FAST 5-8 的得分值计算方法得到的。在计算 d_{-1} 层的坐标偏移量 $(\Delta x_{-1}, \Delta y_{-1})$ 和最大得分值 S_{-1} 时方法与其他层的方法相同，但唯一不同的是在计算 S_{max} 时，d_{-1} 层的相对尺度 $t_{-1} = 0.5$，所以在一维抛物线函数的最小二乘法拟合时应用的是前面例 1 的情况。

下面我们来分析 BRISK 算法中的描述符是如何生成的。

BRISK 算法的描述符主要依据的是图 12-4 所示的采样模板。该模板的中心为特征点，围绕着该特征点共有 4 个同心圆，每个同心圆的圆周上分布着数量不等的采样像素，分别为：

$$N_1 = 10, \ N_2 = 14, \ N_3 = 15, \ N_4 = 20 \tag{12-28}$$

所以如果加上中心的特征点，那么这个采样模板一共有 60 个采样像素 p_i，$i = 1, \cdots, 60$。图 12-4 所示的为对尺度为 1（即 $t = 1$）的特征点所采用的采样模板，不同的尺度应用不同的模板，虽然同心圆的圆周上的采样像素的个数 N_i 相同，但它们的半径 R 是不同的，都与尺度 t 成正比，同心圆从内向外，它们的半径分别为：

$$R_1 = 4.11t,\ R_2 = 6.94t,\ R_3 = 10.48t,\ R_4 = 15.30t \tag{12-29}$$

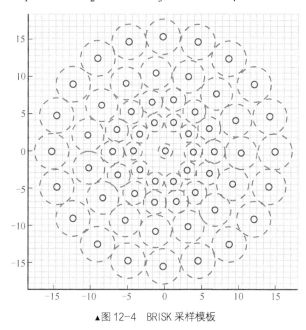

▲图 12-4　BRISK 采样模板

为了避免因为采样而引起的混叠效应，我们还需要对采样模板中的 60 个采样像素进行高斯平滑处理。高斯函数的标准差 σ 正比于圆周上相邻采样像素的距离，也就是与图 12-4 所示的用虚线所绘制的圆的半径 r 呈正比，因此我们可以说同一个同心圆上采样像素的 σ 是相同的。则第 i 个同心圆上的 σ_i 为：

$$\sigma_i = k r_i,\quad i = 1, 2, 3, 4 \tag{12-30}$$

式中，下标 i 表示同心圆的索引，k 为比例系数，OpenCV 设 $k = 1.3$。由平面几何知识可知：

$$r_i = R_i \sin\left(\frac{\pi}{N_i}\right),\quad i = 1, 2, 3, 4 \tag{12-31}$$

式中，R_i 和 N_i 分别由式（12-29）和式（12-28）得到。特征点，也就是采样模板的中心像素，也是需要经过高斯平滑处理，它的 σ_0 为：

$$\sigma_0 = 0.5kt \tag{12-32}$$

式中，t 表示尺度，k 的含义与式（12-30）相同。

在实际进行高斯平滑处理时，每个采样像素的高斯模板选取的大小近似等于图 12-4 中虚线所绘制的圆（即高斯模板是以采样像素为中心，边长为 $2\sigma_i$ 的正方形），从而使高斯模板之间重叠的区域会很小。但这样一来，有些采样像素的高斯模板的面积会很小，用常规的方法不利于平滑处理，因此采用积分图像和插值法来进行高斯平滑处理。积分图像和插值法在前面的文章中都有详细的介绍，在这里只给出高斯模板的计算方法。

OpenCV 中的 BRISK 方法应用的是如图 12-5 所示的高斯模板，该模板分为 3 个部分：4 个顶点，4 个边长区域，和其余的中间区域。不管模板多大（事实上，模板都不大），每个顶点都只有一个像素，而边长区域也都只有一个像素宽。模板中间区域的权值设为 1，另两个部分的权值是由模板边长取整后的差值决定的。因为实际的模板大小是标准差的 2 倍，要想应用该模板就必须以中心为原点对边长进行取整，才能得到如图 12-5 所示的模板。因此 4 个边长区域的权值为它们各自边长取整后的差值，而顶点的权值则是它们所在两个边长取整差值的乘积。因此边长区域的权值和顶点的权值都小于 1，而且边长区域的权值要大于顶点的权值。取整后的差值的真正含义是实际的模板边界像素对取整后的模板边界像素的贡献大小。其实图 12-5 所示的模板不是真正的高斯模板，只有当模板边长很小时，它才近似为高斯模板，而当模板面积很大时，它实际上近似为均值滤波模板。

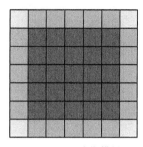

▲图 12-5　高斯模板

采样模板上的所有 60 个采样像素的高斯滤波都是在输入图像中进行的，方法是首先得到特征点的坐标和尺度，然后根据它的尺度计算它的采样模板的大小，这样采样模板上其余 59 个采样像素的相对坐标就可知，最后根据特征点的坐标计算那 59 个采样像素在输入图像中的坐标。此时 60 个采样像素在输入图像的坐标都已知了，再应用高斯模板进行平滑处理即可。

经过高斯平滑处理以后，采样模板中第 i 个采样像素 p_i 的灰度值为 $I(p_i, \sigma_i)$，σ_i 表示对 p_i 进行高斯运算时所使用的标准差。需要注意的是，这里的下标 i 表示的是采样模板中采样像素的索引值，而不是如式（12-30）和式（12-31）那样的同心圆的索引值。

高斯平滑以后，我们就需要对这 60 个采样像素两两进行组合，这样一共可以得到 $60 \times (60-1) \div 2 = 1770$ 个组合。我们设集合 A 表示这 1770 个组合，它的数学表示形式为：

$$A = \left\{ \left(p_i, p_j \right) \in \mathbf{R}^2 \times \mathbf{R}^2 \mid i < 60 \wedge j < i \wedge i, j \in \mathbf{N} \right\} \tag{12-33}$$

该表达式的含义很简单，就是 p_i 和 p_j 各属于 60 个采样像素中的一个，但不重复，下标 i 和 j 指的是采样像素的索引值。但要注意 $j < i$，它说明这 60 个采样像素是有一定的顺序的，这一点在后面的构建描述符时会用到。按什么方式进行排序都可以，但排序的规则要一致。

在 BRISK 方法中，并不需要集合 A 中的所有组合，而是根据距离的长短，把 A 分为短距离组 S，长距离组 L，和其余距离组这 3 个部分，我们只需要 S 和 L，它们的定义分别为：

$$S = \left\{ \left(p_i, p_j \right) \in A \mid d_{i,j} < \delta_{\max} \right\} \subseteq A \tag{12-34}$$

$$L = \left\{ \left(p_i, p_j \right) \in A \mid d_{i,j} > \delta_{\min} \right\} \subseteq A \tag{12-35}$$

式中，$d_{i,j}$ 表示在采样模块中采样像素 p_i 和 p_j 之间的距离，设 p_i 的坐标为 (x_i, y_i)，p_j 的坐标为 (x_j, y_j)，则它们的距离 $d_{i,j}$ 为：

$$d_{i,j} = \left\| p_i - p_j \right\| = \sqrt{\left(x_i - x_j\right)^2 + \left(y_i - y_j\right)^2} \tag{12-36}$$

$\delta_{\max}$ 和 $\delta_{\min}$ 分别为短距离组和长距离组的阈值，它们的定义为：

$$\delta_{\max} = 9.75t, \quad \delta_{\min} = 13.67t \tag{12-37}$$

式中，t 表示尺度。由式（12-29）和式（12-37）可以看出，采样模板的同心圆的半径和距离组的阈值都是尺度 t 的线性函数，因此不同的采样模板的短距离组 S 内的数量是完全相同的，长距离组 L 也具有同样的性质。

短距离组 S 和长距离组 L 分别有不同的用途。下面先介绍长距离组 L 的作用，它的作用是得到特征点的角度属性，角度是通过局部梯度得到的。设 p_i 和 p_j 为长距离组中的一对采样像素，则这两个采样像素(p_i, p_j)的局部梯度 $g_{i,j}(\Delta x, \Delta y)$为：

$$g_{i,j}\left(\Delta x, \Delta y\right) = \left(\frac{\left(x_i - x_j\right)\left(I\left(p_i, \sigma_i\right) - I\left(p_j, \sigma_j\right)\right)}{d_{i,j}^{~2}}, \frac{\left(y_i - y_j\right)\left(I\left(p_i, \sigma_i\right) - I\left(p_j, \sigma_j\right)\right)}{d_{i,j}^{~2}}\right) \tag{12-38}$$

按照式（12-38）计算长距离组中的所有采样像素对的局部梯度，并求和，结果为 $G(g_x, g_y)$，其中 g_x 和 g_y 分别为：

$$g_x = \frac{1}{l}\sum_{L}\Delta x \tag{12-39}$$

$$g_y = \frac{1}{l}\sum_{L}\Delta y \tag{12-40}$$

式中，l 为长距离组内采样像素对的数量。我们把 $G(g_x, g_y)$作为该特征点的局部梯度，则该特征点的角度 α 为：

$$\alpha = \arctan\left(\frac{g_y}{g_x}\right) \tag{12-41}$$

介绍完长距离组 L 的作用，我们再来介绍短距离组 S 的作用，它是用来创建特征点的描述符，BRISK 的描述符是基于二值位字符串的形式的，字符串的每一位 b 表示为：

$$b = \begin{cases} 1, & I\left(p_j^{\alpha}, \sigma_j\right) > I\left(p_i^{\alpha}, \sigma_i\right) \\ 0, & \text{其他} \end{cases} \tag{12-42}$$

式中，p_i^{α} 和 p_j^{α} 为经过 α 旋转以后的采样模板中短距离组 S 中的一对采样像素。短距离组中的每一对采样像素根据式（12-42）得到 b 后，再依次填充到字符串中，最终得到了一个完整的描述符。在前面我们强调了 60 个采样像素两两组合时一定要按照一定的顺序进行排列，在这里就会有所体现，字符串中的位代表短距离组的一对采样像素，它是要有顺序的，式（12-42）中比较两个采样像素的灰度值时，这两个采样像素也是要有顺序的。

下面我们再总结一下描述符的创建过程。首先为了保证尺度不变性，对每个特征点应用它所对应尺度的经过高斯平滑处理后的采样模板，在该采样模板中，对长距离组计算局部梯度，从而得到特征点的角度 α。然后为了保证角度不变性，旋转采样模板 α，在旋转后的采样模板中，对短距离组比较每一对采样像素，根据比较的不同把结果依次填充到一个字符串中。最终就得到了该特征点的描述符。

　　BRISK 算法的匹配采用的是汉明距离（Hamming），由于 BRISK 的描述符是二值位字符串的形式，所以只要应用"异或"算法就很容易实现描述符的比较，并且速度更快。

12.2　源码解析

　　关于 BRISK 方法的源码，涉及 3 个类：BRISK 类、BriskScaleSpace 类和 BriskLayer 类。BRISK 类是 BRISK 算法的用户接口类，BriskScaleSpace 类表示的是 BRISK 尺度空间金字塔，而 BriskLayer 类具体负责对金字塔中的一层进行相关运算操作。前两个类主要用于检测特征点，后一个类主要用于生成描述符。因此程序执行的顺序应该是 BRISK 类调用 BriskScaleSpace 类，BriskScaleSpace 类又调用 BriskLayer 类。而我们介绍的顺序正好与此相反，先介绍 BriskLayer 类的相关函数，然后是 BriskScaleSpace 类，最后是 BRISK 类。

1. BriskLayer 类

　　BriskLayer 类有两个构造函数，一个用于直接创建某层图像，一般是创建 c_0 层，另一个用于从已知一层图像创建另一层图像：

```
// construct a layer
//创建 c₀ 层的构造函数
BriskLayer::BriskLayer(const cv::Mat& img_in, float scale_in, float offset_in)
//img_in 为输入图像
//scale_in 为该层图像的尺度，默认为 1，也就是 c₀ 层的默认尺度为 1
//offset_in 为该层图像相对于 c₀ 层图像的偏移量，默认为 0
{
  img_ = img_in;
  //scores_为得分图像矩阵，即图像中每个像素的得分值所构成的矩阵
  //创建 scores_变量，并清零
  scores_ = cv::Mat_<uchar>::zeros(img_in.rows, img_in.cols);
  // attention: this means that the passed image reference must point to persistent memory
  //赋值
  scale_ = scale_in;
  offset_ = offset_in;
  // create an agast detector
  //创建 FAST 9-16 检测算子，阈值 K 设为 1，进行非极大值抑制操作
  fast_9_16_ = new FastFeatureDetector2(1, true, FastFeatureDetector::TYPE_9_16);
  //分别得到 FAST 5-8 和 FAST 9-16 算子的圆周像素偏移量，并分别保存到数组变量 pixel_5_8_和 pixel_9_16_
  //中，makeOffsets 函数的详细介绍请参考第 8 章
  makeOffsets(pixel_5_8_, (int)img_.step, 8);
  makeOffsets(pixel_9_16_, (int)img_.step, 16);
}

// derive a layer
```

```
// BriskLayer 类的另一个构造函数，作用是由已知的 layer 层根据 mode 定义的降采样模式创建其他层，主要用
于创建除 c_0 层以外的其他层
BriskLayer::BriskLayer(const BriskLayer& layer, int mode)
{
  if (mode == CommonParams::HALFSAMPLE)     //隔点降采样，由 c_i 层得到 c_{i+1} 层，或由 d_i 层得到 d_{i+1} 层
  {
    //创建长高都为 layer 层图像长高一半的图像矩阵
    img_.create(layer.img().rows / 2, layer.img().cols / 2, CV_8U);
    //对 layer 层图像进行隔点降采样，halfsample 函数的主要目的是调用 resize 函数进行图像尺寸缩小
    halfsample(layer.img(), img_);
    //由式（12-20）或式（12-21）得到新图像的尺度
    scale_ = layer.scale() * 2;
    //由式（12-22）或式（12-23）得到新图像的层偏移量
    offset_ = 0.5f * scale_ - 0.5f;
  }
  else       //1.5 倍降采样，主要就是由 c_0 层得到 d_0 层
  {
    //新图像的长高都缩小为 layer 层图像长高的 2/3
    img_.create(2 * (layer.img().rows / 3), 2 * (layer.img().cols / 3), CV_8U);
    //1.5 倍采样，twothirdsample 函数的主要目的是调用 resize 函数进行图像尺寸缩小
    twothirdsample(layer.img(), img_);
    scale_ = layer.scale() * 1.5f;     //d_0 层的尺度
    offset_ = 0.5f * scale_ - 0.5f;     //d_0 层的层偏移量
  }
  //创建得分图像矩阵，并清零
  scores_ = cv::Mat::zeros(img_.rows, img_.cols, CV_8U);
  //创建 FAST 9-16 检测算子，阈值 K 设为 1，不进行 FAST 算法的非极大值抑制操作，在后面会完成非极大值抑制
  //这一步
  fast_9_16_ = new FastFeatureDetector2(1, false, FastFeatureDetector::TYPE_9_16);
  //分别得到 FAST 5-8 和 FAST 9-16 算子的圆周像素偏移量，并分别保存到数组变量 pixel_5_8_ 和 pixel_9_16_ 中
  makeOffsets(pixel_5_8_, (int)img_.step, 8);
  makeOffsets(pixel_9_16_, (int)img_.step, 16);
}
```

BriskLayer 类中的 getAgastPoints 函数的作用是应用 FAST 9-16 方法进行特征点检测：

```
// Fast/Agast
// wraps the agast class
void
BriskLayer::getAgastPoints(int threshold, std::vector<KeyPoint>& keypoints)
{
  fast_9_16_->set("threshold", threshold);          //重新设置阈值 K
  fast_9_16_->detect(img_, keypoints);              //FAST 算法检测特征点

  // also write scores
  const size_t num = keypoints.size();              //得到特征点的总数
  //遍历所有特征点，得到该层图像的得分矩阵，FAST 算法得到的特征点响应值就是特征点的得分值
  for (size_t i = 0; i < num; i++)
    scores_((int)keypoints[i].pt.y,  (int)keypoints[i].pt.x)  =  saturate_cast<uchar>
(keypoints[i]. response);
}
```

BriskLayer 类中有两个重名函数 getAgastScore,它们的作用都是在某一层图像中计算像素的得分值,区别是一个函数的输入参数中坐标是整型的,而另一个是浮点型的,即亚像素级精度。

整型坐标的 getAgastScore 函数:

```
inline int
BriskLayer::getAgastScore(int x, int y, int threshold) const
{
  //图像边界处的特征点不进行计算,直接返回 0
  if (x < 3 || y < 3)
    return 0;
  if (x >= img_.cols - 3 || y >= img_.rows - 3)
    return 0;
  //得到由 getAgastPoints 函数计算过的得分值
  uchar& score = (uchar&)scores_(y, x);
  if (score > 2)
  {
    return score;
  }
  //调用 cornerScore 函数计算特征点的得分值,cornerScore 函数的详细介绍请看第 8 章
  score = (uchar)cornerScore<16>(&img_.at<uchar>(y, x), pixel_9_16_, threshold - 1);
  //得分值与阈值进行比较
  if (score < threshold)
    score = 0;
  return score;    //输出得分值
}
```

利用插值法计算亚像素级精度的得分值的 getAgastScore 函数:

```
inline int
BriskLayer::getAgastScore(float xf, float yf, int threshold_in, float scale_in) const
//输入参数 scale_in 默认为 1,并且在调用该函数的所有情况中该参数始终都为 1
{
  if (scale_in <= 1.0f)
  {
    // just do an interpolation inside the layer
    const int x = int(xf);
    const float rx1 = xf - float(x);
    const float rx = 1.0f - rx1;
    const int y = int(yf);
    const float ry1 = yf - float(y);
    const float ry = 1.0f - ry1;
    //按式(12-24)的插值法计算得分值
    return (uchar)(rx * ry * getAgastScore(x, y, threshold_in) + rx1 * ry * getAgastScore(x
+ 1, y, threshold_in)
          + rx * ry1 * getAgastScore(x, y + 1, threshold_in) + rx1 * ry1 * getAgastScore(x
+ 1, y + 1, threshold_in));
  }
  else
  {
    // this means we overlap area smoothing
```

```
    const float halfscale = scale_in / 2.0f;
    // get the scores first:
    for (int x = int(xf - halfscale); x <= int(xf + halfscale + 1.0f); x++)
    {
      for (int y = int(yf - halfscale); y <= int(yf + halfscale + 1.0f); y++)
      {
        getAgastScore(x, y, threshold_in);
      }
    }
    // get the smoothed value
    return value(scores_, xf, yf, scale_in);
  }
}
```

BriskLayer 类中的 getAgastScore_5_8 函数的作用是应用 FAST 5-8 计算虚拟层 d_1 层的得分值：

```
inline int
BriskLayer::getAgastScore_5_8(int x, int y, int threshold) const
{
  //图像边界处的特征点不进行计算，直接为 0
  if (x < 2 || y < 2)
    return 0;
  if (x >= img_.cols - 2 || y >= img_.rows - 2)
    return 0;
  //调用 cornerScore 函数计算特征点的得分值
  int score = cornerScore<8>(&img_.at<uchar>(y, x), pixel_5_8_, threshold - 1);
  //阈值比较
  if (score < threshold)
    score = 0;
  return score;
}
```

2. BriskScaleSpace 类

我们先给出几个最小二乘法进行系数拟合的函数：refine1D 函数、refine1D_1 函数和 refine1D_2 函数。它们的作用都是进行一维抛物线函数的最小二乘法拟合，但由于 BRISK 金字塔的层之间的尺度间隔不同，所以这 3 个函数所应用的层不同。refine1D 函数应用于除 c_0 层以外的组层，对应于例 3 的情况；refine1D_1 函数应用于组间层，对应于例 2 的情况；refine1D_2 函数应用于 c_0 层，对应于例 1 的情况。这 3 个函数的输入参数和返回值都相同：s_05、s0、s05 分别对应于式（12-10）中的 $s1$、$s2$、$s3$；max 表示抛物线函数的极大值；返回极值点处的坐标 x_0。

refine1D 函数应用于对 c_0 层以外的组层的一维抛物线函数拟合，输入参数中的 s_05、s0、s05 分别对应于 $x = 0.75$、$x = 1.0$、$x = 1.5$：

```
inline float
BriskScaleSpace::refine1D(const float s_05, const float s0, const float s05, float& max)
const
{
```

```
  //由于 s_05、s0、s05 数值太小，为了避免运算误差，这里都乘以 1024，所以在后面求极大值时都会再除以 1024，
+0.5 的目的是为了四舍五入
  int i_05 = int(1024.0 * s_05 + 0.5);
  int i0 = int(1024.0 * s0 + 0.5);
  int i05 = int(1024.0 * s05 + 0.5);
  //式(12-14)，在这里都乘以 3，所以在后面求大值时都会再除以 3
  //   16.0000  -24.0000    8.0000
  //  -40.0000   54.0000  -14.0000
  //   24.0000  -27.0000    6.0000
  // three_a、three_b、three_c 对应于公式 7 中的系数 a、b、c
  int three_a = 16 * i_05 - 24 * i0 + 8 * i05;    //得到系数 a
  // second derivative must be negative:
  //如果 a ≥ 0，则没有极大值，那么就用 3 个采样点处函数值的最大值代替
  if (three_a >= 0)
  {
    if (s0 >= s_05 && s0 >= s05)
    {
      max = s0;      //s0 最大
      return 1.0f;        // s0 对应的坐标为 1.0
    }
    if (s_05 >= s0 && s_05 >= s05)
    {
      max = s_05;        //s_05 最大
      return 0.75f; //s_05 对应的坐标为 0.75
    }
    if (s05 >= s0 && s05 >= s_05)
    {
      max = s05;      //s05 最大
      return 1.5f;  //s05 对应的坐标为 1.5
    }
  }

  int three_b = -40 * i_05 + 54 * i0 - 14 * i05;      //得到系数 b
  // calculate max location:
  //得到极值处的坐标 x_0，x_0 = -b/(2a)
  float ret_val = -float(three_b) / float(2 * three_a);
  // saturate and return
  //饱和情况下的处理：如果 x_0 小于 0.75，则为 0.75，如果 x_0 大于 1.5，则为 1.5
  if (ret_val < 0.75)
    ret_val = 0.75;
  else if (ret_val > 1.5)
    ret_val = 1.5; // allow to be slightly off bounds ...?
  int three_c = +24 * i_05 - 27 * i0 + 6 * i05;      //得到系数 c
  // 代入式（12-7），得到极大值 max
  max = float(three_c) + float(three_a) * ret_val * ret_val + float(three_b) * ret_val;
  //由于在前面计算式（12-7）中的系数时分别乘以了 1024 和 3，所以这里需要除以 3072
  max /= 3072.0f;
  return ret_val;      //返回极值处的坐标 x_0
}
```

refine1D_1 函数应用于对组间层的一维抛物线函数拟合，输入参数中的 s_05、s0、s05 分别对应于 $x = 2/3$、$x = 1.0$、$x = 4/3$：

```
inline float
BriskScaleSpace::refine1D_1(const float s_05, const float s0, const float s05, float& max) const
{
  int i_05 = int(1024.0 * s_05 + 0.5);
  int i0 = int(1024.0 * s0 + 0.5);
  int i05 = int(1024.0 * s05 + 0.5);
  //式(12-13)，但在后面计算系数 a、b、c 的应用中，式（12-13）矩阵内的系数都乘以了 2，所以后面求极值时，
  //需再除以 2
  //  4.5000    -9.0000    4.5000
  //-10.5000    18.0000    -7.5000
  //  6.0000    -8.0000    3.0000
  // two_a、two_b、two_c 对应于式(12-7)中的
  int two_a = 9 * i_05 - 18 * i0 + 9 * i05;      //系数 a
  // second derivative must be negative:
  //如果 a ≥ 0，则没有极大值，这时需要用 3 个采样点处函数值的最大值代替
  if (two_a >= 0)
  {
    if (s0 >= s_05 && s0 >= s05)
    {
     max = s0;      //s0 最大
     return 1.0f;      //s0 对应的坐标 1.0
    }
    if (s_05 >= s0 && s_05 >= s05)
    {
     max = s_05;      //s_05 最大
     return 0.6666666666666666666666666667f;      //s_05 对应的坐标 2/3
    }
    if (s05 >= s0 && s05 >= s_05)
    {
     max = s05;      //s05 最大
     return 1.3333333333333333333333333333f;      //s05 对应的坐标 4/3
    }
  }

  int two_b = -21 * i_05 + 36 * i0 - 15 * i05;      //得到系数 b
  // calculate max location:
  //得到极值处的坐标 x₀，x₀ = -b/(2a)
  float ret_val = -float(two_b) / float(2 * two_a);
  // saturate and return
  //饱和情况下的处理：如果 x₀ 小于 2/3，则为 2/3，如果 x₀ 大于 4/3，则为 4/3
  if (ret_val < 0.6666666666666666666666666667f)
    ret_val = 0.6666666666666666666666666667f;
  else if (ret_val > 1.3333333333333333333333333333f)
    ret_val = 1.3333333333333333333333333333f;
  int two_c = +12 * i_05 - 16 * i0 + 6 * i05;      //得到系数 c
  //代入式（12-7），得到极大值 max
  max = float(two_c) + float(two_a) * ret_val * ret_val + float(two_b) * ret_val;
```

```
//由于在前面计算式（12-7）中的系数时分别乘以了 1024 和 2，所以这里需要除以 2048
max /= 2048.0f;
return ret_val;      //返回极值处的坐标 x₀
}
```

refine1D_2 函数应用于对 c_0 层的一维抛物线函数拟合，输入参数中的 s_05、s0、s05 分别对应于 $x=0.5$、$x=1.0$、$x=1.5$：

```
inline float
BriskScaleSpace::refine1D_2(const float s_05, const float s0, const float s05, float& max)
const
{
  int i_05 = int(1024.0 * s_05 + 0.5);
  int i0 = int(1024.0 * s0 + 0.5);
  int i05 = int(1024.0 * s05 + 0.5);
  //这里的注释有误，应该为式（12-12）
  //   18.0000  -30.0000   12.0000
  //  -45.0000   65.0000  -20.0000
  //   27.0000  -30.0000    8.0000
  //a、b、c 对应于式（12-7）中的系数 a、b、c
  int a = 2 * i_05 - 4 * i0 + 2 * i05;    //得到系数 a
  // second derivative must be negative:
  //如果 a ≥ 0，则没有极大值，这时需要用 3 个采样点处函数值的最大值代替
  if (a >= 0)
  {
    if (s0 >= s_05 && s0 >= s05)
    {
      max = s0;       //s0 最大
      return 1.0f;    //s0 对应的坐标为 1.0
    }
    if (s_05 >= s0 && s_05 >= s05)
    {
      max = s_05;     //s0_05 最大
      //此处的程序有误，s0_05 对应的坐标应该为 0.5，不是 0.7，因为 d₋₁ 层的尺度应该为 0.5
      /*******************
      正确的代码应该为
      return 0.5f;
      *******************/
      return 0.7f;
    }
    if (s05 >= s0 && s05 >= s_05)
    {
      max = s05;      //s05 最大
      return 1.5f;    //s05 对应的坐标为 1.5
    }
  }

  int b = -5 * i_05 + 8 * i0 - 3 * i05;    //得到系数 b
  // calculate max location:
  //得到极值处的坐标 x₀，x₀ = -b/(2a)
  float ret_val = -float(b) / float(2 * a);
```

```
  // saturate and return
  //饱和情况下的处理：如果 x₀ 小于 0.5，则为 0.5，如果 x₀ 大于 1.5，则为 1.5
  /**************************
  此处的代码有误，应该是
  if (ret_val < 0.5f)
    ret_val = 0.5f;
  ************************/
  if (ret_val < 0.7f)
    ret_val = 0.7f;
  else if (ret_val > 1.5f)
    ret_val = 1.5f; // allow to be slightly off bounds ...?
  int c = +3 * i_05 - 3 * i0 + 1 * i05;    //得到系数 c
  //代入式 12-7，得到极大值 max
  max = float(c) + float(a) * ret_val * ret_val + float(b) * ret_val;
  //由于在前面计算式（12-7）中的系数时乘以了 1024，所以这里需要除以 1024
  max /= 1024;
  return ret_val;      //返回极值处的坐标 x₀
}
```

subpixel2D 函数的作用是进行二维二次函数的最小二乘法拟合，最终得到二维二次函数的极大值，以及极大值处坐标的偏移量：

```
inline float
BriskScaleSpace::subpixel2D(const int s_0_0, const int s_0_1, const int s_0_2, const int
s_1_0, const int s_1_1,
                            const int s_1_2, const int s_2_0, const int s_2_1, const int s_2_2,
float& delta_x,
                            float& delta_y) const
//s_0_0，s_0_1 等参数表示 3×3 范围内 9 个像素的灰度值，它们的分布为
/*   s_0_0    s_0_1    s_0_2
     s_1_0    s_1_1    s_1_2
     s_2_0    s_2_1    s_2_2      */
// delta_x 和 delta_y 表示极大值处的坐标相对于 3×3 的中心坐标（s_1_1 的坐标）的偏移量
//输出极大值
{

  // the coefficients of the 2d quadratic function least-squares fit:
  /*得到二维二次函数式（12-15）的最小二乘法的拟合系数（式（12-19）），其中式（12-15）中的系数 a，b，c，
d，e，g 分别对应程序中的 coeff1，coeff2，coeff3，coeff4，coeff5，coeff6，式（12-18）中的系数 s1，
s2…s9 分别对应程序中的 s_0_0，s_0_1……。coeff1，coeff2 等这些系数都乘以了 18，所以在后面求响应值时
又都除以了 18*/
  int tmp1 = s_0_0 + s_0_2 - 2 * s_1_1 + s_2_0 + s_2_2;
  int coeff1 = 3 * (tmp1 + s_0_1 - ((s_1_0 + s_1_2) << 1) + s_2_1);
  int coeff2 = 3 * (tmp1 - ((s_0_1 + s_2_1) << 1) + s_1_0 + s_1_2);
  int tmp2 = s_0_2 - s_2_0;
  int tmp3 = (s_0_0 + tmp2 - s_2_2);
  int tmp4 = tmp3 - 2 * tmp2;
  int coeff3 = -3 * (tmp3 + s_0_1 - s_2_1);
  int coeff4 = -3 * (tmp4 + s_1_0 - s_1_2);
  //按式（12-19），coeff5=4.5 × s_0_0 - 4.5 × s_0_2 - 4.5 × s_2_0 + 4.5 × s_2_2
  //但这里是 coeff5=4.0 × s_0_0 - 4.0 × s_0_2 - 4.0 × s_2_0 + 4.0 × s_2_2，这么做虽然会有一定
```

183

```
//的误差，但运算速度会更快
int coeff5 = (s_0_0 - s_0_2 - s_2_0 + s_2_2) << 2;
int coeff6 = -(s_0_0 + s_0_2 - ((s_1_0 + s_0_1 + s_1_2 + s_2_1) << 1) - 5 * s_1_1 + s_2_0
+ s_2_2) << 1;

// 2nd derivative test:
// H_det 为式（12-15）的△，即 4ab-e²
int H_det = 4 * coeff1 * coeff2 - coeff5 * coeff5;
//△ = 0，无法判断是否有极值，就把中心坐标当作极值点
if (H_det == 0)
{
  //偏移量为 0
  delta_x = 0.0f;
  delta_y = 0.0f;
  // x = 0, y = 0 代入式（12-15），得到极值点的响应，即极大值
  return float(coeff6) / 18.0f;
}
//如果△< 0 或者 a > 0，没有极大值，那么就把在 3×3 的范围内 4 个顶点中的最大值当作极大值
if (!(H_det > 0 && coeff1 < 0))
{
  // The maximum must be at the one of the 4 patch corners.
  //下面是判断 4 个顶点哪个响应值最大，由于顶点坐标 x = ±1, y = ±1，所以代入式（12-15），只需比较
  //cx + dy + exy 即可
  int tmp_max = coeff3 + coeff4 + coeff5;    // x = 1, y = 1
  //偏移到右下角
  delta_x = 1.0f;
  delta_y = 1.0f;

  int tmp = -coeff3 + coeff4 - coeff5;    // x = -1, y = 1
  if (tmp > tmp_max)
  {
    tmp_max = tmp;
    //偏移到左下角
    delta_x = -1.0f;
    delta_y = 1.0f;
  }
  tmp = coeff3 - coeff4 - coeff5;    // x = 1, y = -1
  if (tmp > tmp_max)
  {
    tmp_max = tmp;
    //偏移到右上角
    delta_x = 1.0f;
    delta_y = -1.0f;
  }
  tmp = -coeff3 - coeff4 + coeff5;    // x = -1, y = -1
  if (tmp > tmp_max)
  {
    tmp_max = tmp;
    //偏移到左上角
    delta_x = -1.0f;
    delta_y = -1.0f;
```

```
      }
      // 最大值
      return float(tmp_max + coeff1 + coeff2 + coeff6) / 18.0f;
}

// this is hopefully the normal outcome of the Hessian test
//下面是△> 0 并且 a < 0 的情况
//式 12-16，求极值点处的坐标(x₀, y₀) ( 或偏移量)
delta_x = float(2 * coeff2 * coeff3 - coeff4 * coeff5) / float(-H_det);
delta_y = float(2 * coeff1 * coeff4 - coeff3 * coeff5) / float(-H_det);
// TODO: this is not correct, but easy, so perform a real boundary maximum search:
//下面 4 个变量表示极大值是否在 3×3 的边界上，并且是在哪条边界处
bool tx = false;      //左边
bool tx_ = false;     //右边
bool ty = false;      //上边
bool ty_ = false;     //下边
// delta_x 和 delta_y 都在{-1, +1}范围内说明极大值在 3×3 的范围内，否则用 3×3 的边界处的最大值
//代替极大值
//下面的 if 语句用来判断最大值是在 3×3 的哪条边界处
if (delta_x > 1.0)
  tx = true;
else if (delta_x < -1.0)
  tx_ = true;
if (delta_y > 1.0)
  ty = true;
if (delta_y < -1.0)
  ty_ = true;

if (tx || tx_ || ty || ty_)     //说明最大值在边界
{
  // get two candidates:
  //下面语句的作用是最大值在边界处时，求最大值和最大值处的坐标( 偏移量)
  float delta_x1 = 0.0f, delta_x2 = 0.0f, delta_y1 = 0.0f, delta_y2 = 0.0f;
  //由横坐标求纵坐标
  if (tx)
  {
    delta_x1 = 1.0f;
    delta_y1 = -float(coeff4 + coeff5) / float(2 * coeff2);
    if (delta_y1 > 1.0f)
      delta_y1 = 1.0f;
    else if (delta_y1 < -1.0f)
      delta_y1 = -1.0f;
  }
  else if (tx_)
  {
    delta_x1 = -1.0f;
    delta_y1 = -float(coeff4 - coeff5) / float(2 * coeff2);
    if (delta_y1 > 1.0f)
      delta_y1 = 1.0f;
    else if (delta_y1 < -1.0)
      delta_y1 = -1.0f;
```

```
      }
      //由纵坐标求横坐标
      if (ty)
      {
        delta_y2 = 1.0f;
        delta_x2 = -float(coeff3 + coeff5) / float(2 * coeff1);
        if (delta_x2 > 1.0f)
          delta_x2 = 1.0f;
        else if (delta_x2 < -1.0f)
          delta_x2 = -1.0f;
      }
      else if (ty_)
      {
        delta_y2 = -1.0f;
        delta_x2 = -float(coeff3 - coeff5) / float(2 * coeff1);
        if (delta_x2 > 1.0f)
          delta_x2 = 1.0f;
        else if (delta_x2 < -1.0f)
          delta_x2 = -1.0f;
      }
      // insert both options for evaluation which to pick
      //比较上面两种情况下的最大值响应，哪个大哪个作为最终的输出
      float max1 = (coeff1 * delta_x1 * delta_x1 + coeff2 * delta_y1 * delta_y1 + coeff3 *
delta_x1 + coeff4 * delta_y
        1+ coeff5 * delta_x1 * delta_y1 + coeff6)
                / 18.0f;
      float max2 = (coeff1 * delta_x2 * delta_x2 + coeff2 * delta_y2 * delta_y2 + coeff3 *
delta_x2 + coeff4 * delta_y2
                  + coeff5 * delta_x2 * delta_y2 + coeff6)
                  / 18.0f;
      if (max1 > max2)
      {
        delta_x = delta_x1;
        delta_y = delta_x1;
        return max1;
      }
      else
      {
        delta_x = delta_x2;
        delta_y = delta_x2;
        return max2;
      }
    }
    // this is the case of the maximum inside the boundaries:
    //返回极值点坐标在 3×3 范围内时的极大值
    return (coeff1 * delta_x * delta_x + coeff2 * delta_y * delta_y + coeff3 * delta_x + coeff4
* delta_y+ coeff5 * delta_x * delta_y + coeff6)
        / 18.0f;
}
```

BriskScaleSpace 类中的 constructPyramid 函数的作用是构建 BRISK 金字塔：

```
// construct the image pyramids
void
BriskScaleSpace::constructPyramid(const cv::Mat& image)
//参数 image 表示的是输入图像
{

  // set correct size:
  pyramid_.clear();     //尺度空间金字塔清零

  // fill the pyramid:
  //输入图像作为金字塔的最底层，即 c_0 层
  pyramid_.push_back(BriskLayer(image.clone()));
  //如果金字塔的总层数大于 1，则需要构建金字塔，组层和组间层交替生成
  if (layers_ > 1)
  {
    //构建第一个组间层，即 d_0 层，是由 c_0 层经过 1.5 倍的降采样得到
    pyramid_.push_back(BriskLayer(pyramid_.back(),
BriskLayer::CommonParams::TWOTHIRDSAMPLE));
  }
  const int octaves2 = layers_;     //金字塔的总层数
  //遍历金字塔的其余层
  for (uchar i = 2; i < octaves2; i += 2)
  {
    //构建组层 c_1, c_2, ……是由前一个组层经过隔点降采样得到的
    pyramid_.push_back(BriskLayer(pyramid_[i-2],BriskLayer::CommonParams::HALFSAMPLE));
    //构建组间层 d_1, d_2, ……是由前一个组间层经过隔点降采样得到的
    pyramid_.push_back(BriskLayer(pyramid_[i - 1], BriskLayer::CommonParams::HALFSAMPLE));
  }
}
```

BriskScaleSpace 类中的 isMax2D 函数的作用是执行非极大值抑制中的第一步，即在特征点所在层内进行 8 邻域范围内的非极大值抑制，去掉那些得分值不是最大值的特征点：

```
inline bool
BriskScaleSpace::isMax2D(const int layer, const int x_layer, const int y_layer)
//layer 表示特征点所在层的索引值
//x_layer 和 y_layer 表示特征点的坐标
//返回的变量表示特征点是否为最大值
{
  //得到特征点所在层的得分值矩阵
  const cv::Mat& scores = pyramid_[layer].scores();
  const int scorescols = scores.cols;     //得分图像的宽
  //得到特征点在得分值矩阵中的位置指针
  uchar* data = scores.data + y_layer * scorescols + x_layer;
  // decision tree:
  //特征点的得分值与其周围 8 个邻域像素的得分值比较，只要特征点的得分值小于任何一个邻域像素的得分值，
  //则返回 false，表示该特征点不是最终需要的特征点
  /******************
    3×3 的像素分布为：
    s_1_1    s0_1    s1_1
    s_10     center  s10
```

```
   s_11    s01    s11
*********************/
const uchar center = (*data);
data--;
const uchar s_10 = *data;
if (center < s_10)
  return false;
data += 2;
const uchar s10 = *data;
if (center < s10)
  return false;
data -= (scorescols + 1);
const uchar s0_1 = *data;
if (center < s0_1)
  return false;
data += 2 * scorescols;
const uchar s01 = *data;
if (center < s01)
  return false;
data--;
const uchar s_11 = *data;
if (center < s_11)
  return false;
data += 2;
const uchar s11 = *data;
if (center < s11)
  return false;
data -= 2 * scorescols;
const uchar s1_1 = *data;
if (center < s1_1)
  return false;
data -= 2;
const uchar s_1_1 = *data;
if (center < s_1_1)
  return false;

// reject neighbor maxima
//下面代码考虑了特征点得分值如果等于 8 邻域中的任一个的情况
std::vector<int> delta;
// put together a list of 2d-offsets to where the maximum is also reached
//特征点与 8 邻域之间比较得分值，把相等的邻域像素的相对坐标位置压入矢量 delta 中
if (center == s_1_1)
{
  delta.push_back(-1);
  delta.push_back(-1);
}
if (center == s0_1)
{
  delta.push_back(0);
  delta.push_back(-1);
```

```
}
if (center == s1_1)
{
  delta.push_back(1);
  delta.push_back(-1);
}
if (center == s_10)
{
  delta.push_back(-1);
  delta.push_back(0);
}
if (center == s10)
{
  delta.push_back(1);
  delta.push_back(0);
}
if (center == s_11)
{
  delta.push_back(-1);
  delta.push_back(1);
}
if (center == s01)
{
  delta.push_back(0);
  delta.push_back(1);
}
if (center == s11)
{
  delta.push_back(1);
  delta.push_back(1);
}
//得到相等像素的个数
const unsigned int deltasize = (unsigned int)delta.size();
if (deltasize != 0)     //如果有相等的邻域像素
{
  // in this case, we have to analyze the situation more carefully:
  // the values are gaussian blurred and then we really decide
  data = scores.data + y_layer * scorescols + x_layer;
  //特征点与8邻域像素加权处理后的值
  int smoothedcenter = 4 * center + 2 * (s_10 + s10 + s0_1 + s01) + s_1_1 + s1_1 + s_11 + s11;
  for (unsigned int i = 0; i < deltasize; i += 2)
  {
    //data 为与特征点相等的邻域像素的坐标地址指针
    data = scores.data + (y_layer - 1 + delta[i + 1]) * scorescols + x_layer + delta[i] - 1;
    int othercenter = *data;
    data++;
    othercenter += 2 * (*data);
    data++;
    othercenter += *data;
    data += scorescols;
```

```
      othercenter += 2 * (*data);
      data--;
      othercenter += 4 * (*data);
      data--;
      othercenter += 2 * (*data);
      data += scorescols;
      othercenter += *data;
      data++;
      othercenter += 2 * (*data);
      data++;
      othercenter += *data;
      if (othercenter > smoothedcenter)
        return false;
    }
  }
  return true;
}
```

BriskScaleSpace 类中的 getScoreMaxAbove 函数和 getScoreMaxBelow 函数的作用是执行特征点所在层的上层和下层的非极大值抑制和拟合运算：

```
getScoreMaxAbove 函数和 getScoreMaxBelow 函数的输入参数和返回值含义相似：
// return the maximum of score patches above or below
inline float
BriskScaleSpace::getScoreMaxAbove(const int layer, const int x_layer, const int y_layer,
const int threshold,
                                  bool& ismax, float& dx, float& dy) const
//layer，x_layer，y_layer 分别表示特征点所在层的索引和横、纵坐标
//threshold 为特征点的得分值
//ismax 表示特征点的得分值是否比它上层补丁内像素的得分值大
//dx 和 dy 表示上层补丁邻域范围内像素最大得分值相对于 (x_layer, y_layer) 的偏移量
//返回上层补丁邻域范围内像素最大的得分值
{
  ismax = false;
  // relevant floating point coordinates
  //下面的 4 个变量表示上层补丁的左上角和右下角的坐标
  float x_1;
  float x1;
  float y_1;
  float y1;

  // the layer above
  //确保特征点所在层不是金字塔的顶层
  assert(layer+1<layers_);
  //提取出上层图像
  const BriskLayer& layerAbove = pyramid_[layer + 1];

  if (layer % 2 == 0)     //表示特征点在组层
  {
    // octave
```

/*由特征点的坐标得到补丁区域的左上角和右下角坐标，组层和上层像素坐标的比例关系为 3∶2，这一关系与两层的尺度关系相反。原著中指出补丁边长为两个像素宽，但这里是 ±2，表示的是一个像素宽，而减 1 应该是插值的需要*/

```
    x_1 = float(4 * (x_layer) - 1 - 2) / 6.0f;
    x1 = float(4 * (x_layer) - 1 + 2) / 6.0f;
    y_1 = float(4 * (y_layer) - 1 - 2) / 6.0f;
    y1 = float(4 * (y_layer) - 1 + 2) / 6.0f;
}
else     //表示特征点在组间层
{
    // intra
    //组间层和上层像素坐标的比例关系为 4∶3
    x_1 = float(6 * (x_layer) - 1 - 3) / 8.0f;
    x1 = float(6 * (x_layer) - 1 + 3) / 8.0f;
    y_1 = float(6 * (y_layer) - 1 - 3) / 8.0f;
    y1 = float(6 * (y_layer) - 1 + 3) / 8.0f;
}

//下面是计算补丁内采样像素的得分值，并与阈值 threshold 比较，当大于阈值时立即返回，表明这个特征点
//应该被剔除掉
//补丁的 4 个顶点的得分值是按照插值的方法计算，4 个边长在采样后也是按照插值的方法计算得分值的，而补丁
//内部采样后按照正常的方法计算得分值
//在进行非极大值抑制的同时，要得到补丁区域内像素的最大得分值 maxval，以及该像素的坐标位置
//(max_x, max_y)，这 3 个变量在拟合中要用到
// check the first row
int max_x = (int)x_1 + 1;
int max_y = (int)y_1 + 1;
float tmp_max;
//补丁的左上角顶点的得分值
float maxval = (float)layerAbove.getAgastScore(x_1, y_1, 1);
if (maxval > threshold)     //得分值大于阈值，则返回
    return 0;
for (int x = (int)x_1 + 1; x <= int(x1); x++)
{
    //补丁区域的上面边长采样像素的得分值
    tmp_max = (float)layerAbove.getAgastScore(float(x), y_1, 1);
    if (tmp_max > threshold)
        return 0;
    if (tmp_max > maxval)
    {
        maxval = tmp_max;     //更新最大得分值
        max_x = x;     //更新最大得分值的坐标
    }
}
//补丁的右上角顶点的得分值
tmp_max = (float)layerAbove.getAgastScore(x1, y_1, 1);
if (tmp_max > threshold)
    return 0;
if (tmp_max > maxval)
{
```

```
      maxval = tmp_max;
      max_x = int(x1);
  }

  // middle rows
  for (int y = (int)y_1 + 1; y <= int(y1); y++)
  {
    //补丁区域的左边边长采样像素的得分值
    tmp_max = (float)layerAbove.getAgastScore(x_1, float(y), 1);
    if (tmp_max > threshold)
      return 0;
    if (tmp_max > maxval)
    {
      maxval = tmp_max;
      max_x = int(x_1 + 1);
      max_y = y;
    }
    for (int x = (int)x_1 + 1; x <= int(x1); x++)
    {
      //补丁内部的采样像素的得分值
      tmp_max = (float)layerAbove.getAgastScore(x, y, 1);
      if (tmp_max > threshold)
        return 0;
      if (tmp_max > maxval)
      {
        maxval = tmp_max;
        max_x = x;
        max_y = y;
      }
    }
    //补丁区域的右边边长采样像素的得分值
    tmp_max = (float)layerAbove.getAgastScore(x1, float(y), 1);
    if (tmp_max > threshold)
      return 0;
    if (tmp_max > maxval)
    {
      maxval = tmp_max;
      max_x = int(x1);
      max_y = y;
    }
  }

  // bottom row
  //补丁的左下角顶点的得分值
  tmp_max = (float)layerAbove.getAgastScore(x_1, y1, 1);
  if (tmp_max > maxval)
  {
    maxval = tmp_max;
    max_x = int(x_1 + 1);
    max_y = int(y1);
  }
  for (int x = (int)x_1 + 1; x <= int(x1); x++)
```

```
{
  //补丁区域的下面边长采样像素的得分值
  tmp_max = (float)layerAbove.getAgastScore(float(x), y1, 1);
  if (tmp_max > maxval)
  {
    maxval = tmp_max;
    max_x = x;
    max_y = int(y1);
  }
}
//补丁的右下角顶点的得分值
tmp_max = (float)layerAbove.getAgastScore(x1, y1, 1);
if (tmp_max > maxval)
{
  maxval = tmp_max;
  max_x = int(x1);
  max_y = int(y1);
}

//find dx/dy:
//计算以(max_x, max_y)为中心的3×3范围内的9个像素的得分值
int s_0_0 = layerAbove.getAgastScore(max_x - 1, max_y - 1, 1);
int s_1_0 = layerAbove.getAgastScore(max_x, max_y - 1, 1);
int s_2_0 = layerAbove.getAgastScore(max_x + 1, max_y - 1, 1);
int s_2_1 = layerAbove.getAgastScore(max_x + 1, max_y, 1);
int s_1_1 = layerAbove.getAgastScore(max_x, max_y, 1);
int s_0_1 = layerAbove.getAgastScore(max_x - 1, max_y, 1);
int s_0_2 = layerAbove.getAgastScore(max_x - 1, max_y + 1, 1);
int s_1_2 = layerAbove.getAgastScore(max_x, max_y + 1, 1);
int s_2_2 = layerAbove.getAgastScore(max_x + 1, max_y + 1, 1);
float dx_1, dy_1;
//调用subpixel2D函数进行二维二次函数的最小二乘法拟合
//在BRISK方法中，二维二次函数（式（12-15））表示的含义是，x和y表示图像像素的坐标，而z表示该像素的
//得分值
//下面一条代码的含义是由9个像素的得分值计算3×3范围内得分值的极大值refined_max，以及极大值处坐标
//相对于(max_x, max_y)的偏移量dx_1和dy_1
float refined_max = subpixel2D(s_0_0, s_0_1, s_0_2, s_1_0, s_1_1, s_1_2, s_2_0, s_2_1, s_2_2,
dx_1, dy_1);

// calculate dx/dy in above coordinates
//由偏移量计算上层实际偏移后的坐标
float real_x = float(max_x) + dx_1;
float real_y = float(max_y) + dy_1;
bool returnrefined = true;
//依据本层和上层的尺度比例，还原成相对于特征点坐标的坐标偏移量
if (layer % 2 == 0)    //组层
{
  dx = (real_x * 6.0f + 1.0f) / 4.0f - float(x_layer);
  dy = (real_y * 6.0f + 1.0f) / 4.0f - float(y_layer);
}
```

```
    else    //组间层
    {
      dx = (real_x * 8.0f + 1.0f) / 6.0f - float(x_layer);
      dy = (real_y * 8.0f + 1.0f) / 6.0f - float(y_layer);
    }

    // saturate
    /*判断是否偏移到了下一个像素点处，如果偏移到了下一个像素点处，则更新偏移量，并把补丁区域内像素的最大
得分值 maxval 作为输出，否则比较 3×3 范围内拟合出的最大得分值 refined_max 和 maxval，哪个大哪个作为输
出。这是因为如果偏移到了下一个像素，则该特征点不可能得到 refined_max，该值应该由偏移到的像素点得到*/
    if (dx > 1.0f)
    {
      dx = 1.0f;
      returnrefined = false;
    }
    if (dx < -1.0f)
    {
      dx = -1.0f;
      returnrefined = false;
    }
    if (dy > 1.0f)
    {
      dy = 1.0f;
      returnrefined = false;
    }
    if (dy < -1.0f)
    {
      dy = -1.0f;
      returnrefined = false;
    }

    // done and ok.
    ismax = true;    //标注特征点的得分值比上层补丁像素的得分值都大
    if (returnrefined)
    {
      return std::max(refined_max, maxval);
    }
    return maxval;
}
```

计算下层得分值、偏移量等变量的 getScoreMaxBelow 函数：

```
inline float
BriskScaleSpace::getScoreMaxBelow(const int layer, const int x_layer, const int y_layer,
const int threshold,
                                  bool& ismax, float& dx, float& dy) const
{
  ismax = false;

  // relevant floating point coordinates
  float x_1;
  float x1;
```

```
float y_1;
float y1;

if (layer % 2 == 0)    //表示特征点在组层
{
  // octave
  //得到补丁的左上角和右下角坐标，组层和下层像素坐标的比例关系为 3：4
  x_1 = float(8 * (x_layer) + 1 - 4) / 6.0f;
  x1 = float(8 * (x_layer) + 1 + 4) / 6.0f;
  y_1 = float(8 * (y_layer) + 1 - 4) / 6.0f;
  y1 = float(8 * (y_layer) + 1 + 4) / 6.0f;
}
else     //表示特征点在组间层
{
  //得到补丁的左上角和右下角坐标，组层和下层像素坐标的比例关系为 2：3
  x_1 = float(6 * (x_layer) + 1 - 3) / 4.0f;
  x1 = float(6 * (x_layer) + 1 + 3) / 4.0f;
  y_1 = float(6 * (y_layer) + 1 - 3) / 4.0f;
  y1 = float(6 * (y_layer) + 1 + 3) / 4.0f;
}


// the layer below
//确保特征点所在的层不是最低层
assert(layer>0);
//得到下层图像
const BriskLayer& layerBelow = pyramid_[layer - 1];
```

/*计算下层补丁内采样像素的得分值，方法与上层补丁内的得分值相似，完全相同的地方不再赘述，而不同之处在于下层补丁区域内的采样像素会更多，这时就可能会出现两个采样像素的得分值都等于最大值 max 的情况，如果出现这种情况，就需要比较这两个采样像素 8 领域像素的加权得分值之和的大小，哪个邻域像素得分值大，就选择哪个采样像素的坐标*/

```
  (max_x, max_y)*/
// check the first row
int max_x = (int)x_1 + 1;
int max_y = (int)y_1 + 1;
float tmp_max;
float max = (float)layerBelow.getAgastScore(x_1, y_1, 1);
if (max > threshold)
  return 0;
for (int x = (int)x_1 + 1; x <= int(x1); x++)
{
  tmp_max = (float)layerBelow.getAgastScore(float(x), y_1, 1);
  if (tmp_max > threshold)
    return 0;
  if (tmp_max > max)
  {
    max = tmp_max;
    max_x = x;
  }
}
```

```
tmp_max = (float)layerBelow.getAgastScore(x1, y_1, 1);
if (tmp_max > threshold)
  return 0;
if (tmp_max > max)
{
  max = tmp_max;
  max_x = int(x1);
}

// middle rows
for (int y = (int)y_1 + 1; y <= int(y1); y++)
{
  tmp_max = (float)layerBelow.getAgastScore(x_1, float(y), 1);
  if (tmp_max > threshold)
    return 0;
  if (tmp_max > max)
  {
    max = tmp_max;
    max_x = int(x_1 + 1);
    max_y = y;
  }
  for (int x = (int)x_1 + 1; x <= int(x1); x++)
  {
    tmp_max = (float)layerBelow.getAgastScore(x, y, 1);
    if (tmp_max > threshold)
      return 0;
    if (tmp_max == max)      //出现两个采样像素的得分值同时等于最大值的情况
    {
      //计算这两个采样像素 8 邻域像素的加权得分值之和 t
      /********************************
       8 邻域像素的分布为
       a   b   c
       d   e   f
       g   h   l
       t=2(sb+sd+sf+sh)+sa+sc+sg+sl
       sa 表示 a 像素的得分值，其他类似
      ********************************/
      const int t1 = 2
         * (layerBelow.getAgastScore(x- 1, y,1) + layerBelow.getAgastScore(x + 1, y, 1)
            + layerBelow.getAgastScore(x,y +1,1) + layerBelow.getAgastScore(x, y - 1, 1))
                + (layerBelow.getAgastScore(x+1,y + 1, 1) + layerBelow.getAgastScore
                (x - 1, y + 1, 1)
                   + layerBelow.getAgastScore(x+1,y-1,1)+ layerBelow.getAgastScore
                (x - 1, y - 1, 1));
      const int t2 = 2
         * (layerBelow.getAgastScore(max_x-1, max_y, 1) + layerBelow.getAgastScore(max_x
         + 1, max_y, 1)
            +layerBelow.getAgastScore(max_x,max_y+1,1)+ layerBelow.getAgastScore(max_x,
            max_y - 1, 1))
```

```
                              + (layerBelow.getAgastScore(max_x+1,max_y+1,1)+layerBelow.getAgastScore
                      (max_x - 1,  max_y + 1,1)
                         + layerBelow.getAgastScore(max_x + 1, max_y - 1, 1)
                         + layerBelow.getAgastScore(max_x - 1, max_y - 1, 1));
        if (t1 > t2)
        {
          max_x = x;
          max_y = y;
        }
      }
      if (tmp_max > max)
      {
        max = tmp_max;
        max_x = x;
        max_y = y;
      }
    }
    tmp_max = (float)layerBelow.getAgastScore(x1, float(y), 1);
    if (tmp_max > threshold)
      return 0;
    if (tmp_max > max)
    {
      max = tmp_max;
      max_x = int(x1);
      max_y = y;
    }
  }

// bottom row
tmp_max = (float)layerBelow.getAgastScore(x_1, y1, 1);
if (tmp_max > max)
{
  max = tmp_max;
  max_x = int(x_1 + 1);
  max_y = int(y1);
}
for (int x = (int)x_1 + 1; x <= int(x1); x++)
{
  tmp_max = (float)layerBelow.getAgastScore(float(x), y1, 1);
  if (tmp_max > max)
  {
    max = tmp_max;
    max_x = x;
    max_y = int(y1);
  }
}
tmp_max = (float)layerBelow.getAgastScore(x1, y1, 1);
if (tmp_max > max)
{
  max = tmp_max;
```

```
    max_x = int(x1);
    max_y = int(y1);
}

//find dx/dy:
//下面求偏移量和最大得分值的代码与 getScoreMaxAbove 函数相似，不再赘述
int s_0_0 = layerBelow.getAgastScore(max_x - 1, max_y - 1, 1);
int s_1_0 = layerBelow.getAgastScore(max_x, max_y - 1, 1);
int s_2_0 = layerBelow.getAgastScore(max_x + 1, max_y - 1, 1);
int s_2_1 = layerBelow.getAgastScore(max_x + 1, max_y, 1);
int s_1_1 = layerBelow.getAgastScore(max_x, max_y, 1);
int s_0_1 = layerBelow.getAgastScore(max_x - 1, max_y, 1);
int s_0_2 = layerBelow.getAgastScore(max_x - 1, max_y + 1, 1);
int s_1_2 = layerBelow.getAgastScore(max_x, max_y + 1, 1);
int s_2_2 = layerBelow.getAgastScore(max_x + 1, max_y + 1, 1);
float dx_1, dy_1;
float refined_max = subpixel2D(s_0_0, s_0_1, s_0_2, s_1_0, s_1_1, s_1_2, s_2_0, s_2_1, s_2_2,
dx_1, dy_1);

// calculate dx/dy in above coordinates
float real_x = float(max_x) + dx_1;
float real_y = float(max_y) + dy_1;
bool returnrefined = true;
if (layer % 2 == 0)
{
  /*****我认为这里应该是 - 1.0，即
  dx = (float)((real_x * 6.0 - 1.0) / 8.0) - float(x_layer);
  dy = (float)((real_y * 6.0 - 1.0) / 8.0) - float(y_layer);
  ******************************/
  dx = (float)((real_x * 6.0 + 1.0) / 8.0) - float(x_layer);
  dy = (float)((real_y * 6.0 + 1.0) / 8.0) - float(y_layer);
}
else
{
  dx = (float)((real_x * 4.0 - 1.0) / 6.0) - float(x_layer);
  dy = (float)((real_y * 4.0 - 1.0) / 6.0) - float(y_layer);
}

// saturate
if (dx > 1.0)
{
  dx = 1.0f;
  returnrefined = false;
}
if (dx < -1.0f)
{
  dx = -1.0f;
  returnrefined = false;
}
if (dy > 1.0f)
```

```
{
  dy = 1.0f;
  returnrefined = false;
}
if (dy < -1.0f)
{
  dy = -1.0f;
  returnrefined = false;
}

// done and ok.
ismax = true;
if (returnrefined)
{
  return std::max(refined_max, max);
}
return max;
}
```

BriskScaleSpace 类中的 refine3D 函数的作用是在上、下两个相邻层内进行非极大值抑制，并且完成拟合操作：

```
// 3D maximum refinement centered around (x_layer,y_layer)
inline float
BriskScaleSpace::refine3D(const int layer, const int x_layer, const int y_layer, float&
x, float& y, float& scale,
                          bool& ismax) const
//layer 为特征点所在层的索引值
// x_layer 和 y_layer 为特征点所在层的坐标
//x，y，scale 为拟合后特征点的坐标和尺度
//ismax 表示在上、下两个相邻层的补丁内是否有大于特征点得分值的像素
//该函数返回特征点拟合后的得分值，即响应值
{
  ismax = true;
  const BriskLayer& thisLayer = pyramid_[layer];    //提取出特征点所在层
  //计算特征点的得分值
  const int center = thisLayer.getAgastScore(x_layer, y_layer, 1);

  // check and get above maximum:
  float delta_x_above = 0, delta_y_above = 0;      //定义上层坐标的偏移量
  //调用 getScoreMaxAbove 函数，计算上层的补丁邻域范围内的得分值，max_above 为最大得分值
  float max_above = getScoreMaxAbove(layer, x_layer, y_layer, center, ismax, delta_x_above,
delta_y_above);
  //如果上层补丁内有大于特征点得分值的像素存在，则该特征点应该被剔除掉，此时程序不再进行下去，直接返回 0
  if (!ismax)
    return 0.0f;
  //max 表示一维抛物线函数拟合后得到的最大得分值
  float max; // to be returned

  if (layer % 2 == 0)    //特征点所在的层为组层
  { // on octave
```

```
// treat the patch below:
float delta_x_below, delta_y_below;        //定义下层坐标的偏移量
//定义下层补丁邻域范围内的最大得分值
float max_below_float;
int max_below = 0;
if (layer == 0)      //如果为 c₀ 层
{
  // guess the lower intra octave...
  //虚拟一个 d₋₁ 层，该层像素的得分值是由 c₀ 层通过 FAST 5-8 算法中的得分值计算方法得到
  const BriskLayer& l = pyramid_[0];
  //计算 d₋₁ 层 3×3 范围内 9 个像素的得分值，找到其中最大值
  int s_0_0 = l.getAgastScore_5_8(x_layer - 1, y_layer - 1, 1);
  max_below = s_0_0;
  int s_1_0 = l.getAgastScore_5_8(x_layer, y_layer - 1, 1);
  max_below = std::max(s_1_0, max_below);
  int s_2_0 = l.getAgastScore_5_8(x_layer + 1, y_layer - 1, 1);
  max_below = std::max(s_2_0, max_below);
  int s_2_1 = l.getAgastScore_5_8(x_layer + 1, y_layer, 1);
  max_below = std::max(s_2_1, max_below);
  int s_1_1 = l.getAgastScore_5_8(x_layer, y_layer, 1);
  max_below = std::max(s_1_1, max_below);
  int s_0_1 = l.getAgastScore_5_8(x_layer - 1, y_layer, 1);
  max_below = std::max(s_0_1, max_below);
  int s_0_2 = l.getAgastScore_5_8(x_layer - 1, y_layer + 1, 1);
  max_below = std::max(s_0_2, max_below);
  int s_1_2 = l.getAgastScore_5_8(x_layer, y_layer + 1, 1);
  max_below = std::max(s_1_2, max_below);
  int s_2_2 = l.getAgastScore_5_8(x_layer + 1, y_layer + 1, 1);
  max_below = std::max(s_2_2, max_below);
  /*调用 subpixel2D 函数，由 9 个像素的得分值得到 3×3 范围内得分值的极大值 max_below_float，以及
极大值处坐标相对于 (x_layer, y_layer) 的偏移量 delta_x_below 和 delta_y_below*/
  max_below_float = subpixel2D(s_0_0, s_0_1, s_0_2, s_1_0, s_1_1, s_1_2, s_2_0, s_2_1,
    s_2_2, delta_x_below, delta_y_below);
  //d₋₁ 层得分值的最大值以 max_below 为准，即不是由拟合生成的
  max_below_float = (float)max_below;
}
else      //不是 c₀ 层
{
  //调用 getScoreMaxBelow 函数，计算下层补丁邻域范围内像素的得分值
  max_below_float = getScoreMaxBelow(layer, x_layer, y_layer, center, ismax,
delta_x_below, delta_y_below);
  //如果下层补丁内有大于特征点得分值的像素存在，则该特征点应该被剔除掉，此时程序不再进行下去，直接返回 0
  if (!ismax)
    return 0;
}

// get the patch on this layer:
//计算特征点所在层的 3×3 范围内 9 个像素的得分值
int s_0_0 = thisLayer.getAgastScore(x_layer - 1, y_layer - 1, 1);
int s_1_0 = thisLayer.getAgastScore(x_layer, y_layer - 1, 1);
```

```
   int s_2_0 = thisLayer.getAgastScore(x_layer + 1, y_layer - 1, 1);
   int s_2_1 = thisLayer.getAgastScore(x_layer + 1, y_layer, 1);
   int s_1_1 = thisLayer.getAgastScore(x_layer, y_layer, 1);
   int s_0_1 = thisLayer.getAgastScore(x_layer - 1, y_layer, 1);
   int s_0_2 = thisLayer.getAgastScore(x_layer - 1, y_layer + 1, 1);
   int s_1_2 = thisLayer.getAgastScore(x_layer, y_layer + 1, 1);
   int s_2_2 = thisLayer.getAgastScore(x_layer + 1, y_layer + 1, 1);
   float delta_x_layer, delta_y_layer;    //定义特征点所在层坐标的偏移量
   //调用 subpixel2D 函数进行拟合处理，max_layer 为本层得分值的最大值
   float max_layer = subpixel2D(s_0_0, s_0_1, s_0_2, s_1_0, s_1_1, s_1_2, s_2_0, s_2_1, s_2_2,
delta_x_layer,delta_y_layer);

   // calculate the relative scale (1D maximum):
   //一维抛物线函数拟合
   //在 BRISK 方法中，抛物线函数（式（12-7））含义是 x 表示相对于本层的尺度，y 表示该尺度下的得分值
   if (layer == 0)    //c_0 层
   {
     //调用 refine1D_2 函数，由 3 层的得分值，拟合出最大得分值 max，及它的尺度 scale
     scale = refine1D_2(max_below_float, std::max(float(center), max_layer), max_above, max);
   }
   else    //其他组层
     //调用 refine1D 函数，由 3 层的得分值，拟合出最大得分值 max，及它的尺度 scale
     scale = refine1D(max_below_float, std::max(float(center), max_layer), max_above, max);
   /*如果拟合出来的尺度 scale 大于 1，说明最大值出现在本层的上面；而如果 scale 小于 1，则说明最大值出现
在本层的下面。因为 BRISK 金字塔往上，尺度越大*/
   if (scale > 1.0)    //最大值出现在上面
   {
   // interpolate the position:
   //由插值法得到拟合后的特征点的坐标
   //r0 和 r1 为距离上层和本层的归一化长度，也就是权值，这些权值由相对尺度 scale 得到，其中 r0 是
   //本层坐标的权值，r1 是上层坐标的权值
   const float r0 = (1.5f - scale) / .5f;
   const float r1 = 1.0f - r0;
   //计算拟合后特征点的坐标(x, y)，式（12-25）和式（12-26）
   x = (r0 * delta_x_layer + r1 * delta_x_above + float(x_layer))*thisLayer.scale() +
thisLayer.offset();
   y = (r0 * delta_y_layer+r1 * delta_y_above + float(y_layer)) * thisLayer.scale() +
thisLayer.offset();
   }
   else    //最大值出现在下面
   {
     if (layer == 0)    //如果本层是 c_0 层
     {
       // interpolate the position:
       //由插值法得到拟合后的特征点的坐标
       const float r0 = (scale - 0.5f) / 0.5f;
       const float r_1 = 1.0f - r0;
       //计算拟合后特征点的坐标(x, y)，式（12-25）和式（12-26），因为是 c_0 层，所以尺度为 1，层偏移量为 0
       x = r0 * delta_x_layer + r_1 * delta_x_below + float(x_layer);
       y = r0 * delta_y_layer + r_1 * delta_y_below + float(y_layer);
```

```
        }
        else    //本层不是 c0 层
        {
            // interpolate the position:
            //由插值法得到拟合后的特征点的坐标
            const float r0 = (scale - 0.75f) / 0.25f;
            const float r_1 = 1.0f - r0;
            //计算拟合后特征点的坐标(x, y)，式(12-25)和式(12-26)
            x = (r0 * delta_x_layer + r_1 * delta_x_below + float(x_layer)) * thisLayer.scale()
            + thisLayer.offset();
            y = (r0 * delta_y_layer + r_1 * delta_y_below + float(y_layer)) * thisLayer.scale()
            + thisLayer.offset();
        }
    }
}
else        //特征点所在的层为组间层
{
    // on intra
    // check the patch below:
    float delta_x_below, delta_y_below;     //定义下层坐标的偏移量
    //调用 getScoreMaxBelow 函数，计算下层补丁邻域范围内像素的得分值
    float  max_below  = getScoreMaxBelow(layer, x_layer, y_layer, center, ismax,
delta_x_below, delta_y_below);
    //如果下层补丁内有大于特征点得分值的像素存在，则该特征点应该被剔除掉，此时程序不再进行下去，直接
    //返回 0
    if (!ismax)
        return 0.0f;

    // get the patch on this layer:
    //计算特征点所在层的 3×3 范围内 9 个像素的得分值
    int s_0_0 = thisLayer.getAgastScore(x_layer - 1, y_layer - 1, 1);
    int s_1_0 = thisLayer.getAgastScore(x_layer, y_layer - 1, 1);
    int s_2_0 = thisLayer.getAgastScore(x_layer + 1, y_layer - 1, 1);
    int s_2_1 = thisLayer.getAgastScore(x_layer + 1, y_layer, 1);
    int s_1_1 = thisLayer.getAgastScore(x_layer, y_layer, 1);
    int s_0_1 = thisLayer.getAgastScore(x_layer - 1, y_layer, 1);
    int s_0_2 = thisLayer.getAgastScore(x_layer - 1, y_layer + 1, 1);
    int s_1_2 = thisLayer.getAgastScore(x_layer, y_layer + 1, 1);
    int s_2_2 = thisLayer.getAgastScore(x_layer + 1, y_layer + 1, 1);
    float delta_x_layer, delta_y_layer;     //定义特征点所在层坐标的偏移量
    //调用 subpixel2D 函数进行拟合处理，max_layer 为本层得分值的最大值
    float max_layer = subpixel2D(s_0_0, s_0_1, s_0_2, s_1_0, s_1_1, s_1_2, s_2_0, s_2_1, s_2_2,
    delta_x_layer, delta_y_layer);

    // calculate the relative scale (1D maximum):
    //调用 refine1D_1 函数，由 3 层的得分值，拟合出最大得分值 max，及它的尺度 scale
    scale = refine1D_1(max_below, std::max(float(center), max_layer), max_above, max);
    if (scale > 1.0)     //最大值出现在上面
    {
        // interpolate the position:
        //由插值法得到拟合后的特征点的坐标
```

```
        const float r0 = 4.0f - scale * 3.0f;
        const float r1 = 1.0f - r0;
        //计算拟合后特征点的坐标(x, y)，式（12-25）和式（12-26）
        x = (r0 * delta_x_layer + r1 * delta_x_above + float(x_layer)) * thisLayer.scale()
        + thisLayer.offset();
        y = (r0 * delta_y_layer + r1 * delta_y_above + float(y_layer)) * thisLayer.scale()
        + thisLayer.offset();
    }
    else     //最大值出现在下面
    {
        // interpolate the position:
        //由插值法得到拟合后的特征点的坐标
        const float r0 = scale * 3.0f - 2.0f;
        const float r_1 = 1.0f - r0;
        //计算拟合后特征点的坐标(x, y)，式（12-25）和式（12-26）
        x = (r0 * delta_x_layer + r_1 * delta_x_below + float(x_layer)) * thisLayer.scale()
        + thisLayer.offset();
        y = (r0 * delta_y_layer + r_1 * delta_y_below + float(y_layer)) * thisLayer.scale()
        + thisLayer.offset();
    }
}

// calculate the absolute scale:
//得到拟合后的特征点的绝对尺度，即相对尺度乘以本层的尺度
scale *= thisLayer.scale();

// that's it, return the refined maximum:
return max;     //返回最大的得分值
}
```

BriskScaleSpace 类中的 getKeypoints 函数的作用是完成 BRISK 特征点的检测：

```
void
BriskScaleSpace::getKeypoints(const int threshold_, std::vector<cv::KeyPoint>& keypoints)
//threshold_表示进行 FAST 特征点检测时所需的阈值
//keypoints 为检测到的特征点
{
    // make sure keypoints is empty
    //没有检测之前，特征点一共有 0 个，并保留 2000 个特征点的空间
    keypoints.resize(0);
    keypoints.reserve(2000);

    // assign thresholds
    //分配阈值
    // BriskScaleSpace::safetyFactor_ = 1.0f;
    int safeThreshold_ = (int)(threshold_ * safetyFactor_);
    //定义 FAST 检测到的 BRISK 金字塔所有层的特征点变量
    std::vector<std::vector<cv::KeyPoint> > agastPoints;
    // layers_表示 BRISK 金字塔的总层数
    agastPoints.resize(layers_);
```

```
// go through the octaves and intra layers and calculate fast corner scores:
//遍历金字塔的所有层
for (int i = 0; i < layers_; i++)
{
  // call OAST16_9 without nms
  BriskLayer& l = pyramid_[i];      //定义当前层
  //调用 BriskLayer::getAgastPoints 函数，应用 FAST 9_16 算法进行特征点检测
  l.getAgastPoints(safeThreshold_, agastPoints[i]);
}

if (layers_ == 1)      //如果金字塔只有一层
{
  // just do a simple 2d subpixel refinement...
  const size_t num = agastPoints[0].size();      //该层所检测到的特征点的总数
  //遍历所有特征点
  for (size_t n = 0; n < num; n++)
  {
    const cv::Point2f& point = agastPoints.at(0)[n].pt;      //特征点的坐标位置
    // first check if it is a maximum:
    //调用 isMax2D 函数，在本层内的 8 邻域内进行得分值的非极大值抑制
    if (!isMax2D(0, (int)point.x, (int)point.y))
      continue;      //该特征点的得分值不是最大值，继续下一个特征点的判断

    // let's do the subpixel and float scale refinement:
    BriskLayer& l = pyramid_[0];
    //计算以特征点为中心的 3×3 范围内 9 个像素的得分值
    int s_0_0 = l.getAgastScore(point.x - 1, point.y - 1, 1);
    int s_1_0 = l.getAgastScore(point.x, point.y - 1, 1);
    int s_2_0 = l.getAgastScore(point.x + 1, point.y - 1, 1);
    int s_2_1 = l.getAgastScore(point.x + 1, point.y, 1);
    int s_1_1 = l.getAgastScore(point.x, point.y, 1);
    int s_0_1 = l.getAgastScore(point.x - 1, point.y, 1);
    int s_0_2 = l.getAgastScore(point.x - 1, point.y + 1, 1);
    int s_1_2 = l.getAgastScore(point.x, point.y + 1, 1);
    int s_2_2 = l.getAgastScore(point.x + 1, point.y + 1, 1);
    float delta_x, delta_y;      //定义特征点的坐标偏移量
    //调用 subpixel2D 函数进行二维二次函数的最小二乘法拟合，得到 3×3 范围内的最大得分值 max，以及它
    //所对应的坐标位置的偏移量
    float max = subpixel2D(s_0_0, s_0_1, s_0_2, s_1_0, s_1_1, s_1_2, s_2_0, s_2_1, s_2_2,
    delta_x, delta_y);

    // store:
    //保存该特征点
    //BriskScaleSpace::basicSize_ = 12.0f;表示尺度系数，所有最终得到的特征点的尺度都要乘以该
    //系数，而在后面生成描述符时所提取的特征点尺度会再除以该值
    keypoints.push_back(cv::KeyPoint(float(point.x) + delta_x, float(point.y) + delta_y,
    basicSize_, -1, max, 0));

  }

  return;      //返回
```

```
}
//下面的代码是金字塔的层数不是只有1层的情况，即正常的情况
//定义特征点的坐标位置(x，y)，尺度scale和得分值（即响应）score
float x, y, scale, score;
//遍历金字塔的所有层
for (int i = 0; i < layers_; i++)
{
  BriskLayer& l = pyramid_[i];      //得到该层
  const size_t num = agastPoints[i].size();      //得到本层内所检测到的特征点数量
  if (i == layers_ - 1)      //如果该层是金字塔的最顶层
  {
    //遍历该层内的所有特征点
    for (size_t n = 0; n < num; n++)
    {
      const cv::Point2f& point = agastPoints.at(i)[n].pt;      //得到特征点的坐标位置
      // consider only 2D maxima...
      //调用isMax2D函数，在本层内的8邻域内进行得分值的非极大值抑制
      if (!isMax2D(i, (int)point.x, (int)point.y))
        continue;      //该特征点的得分值不是最大值，继续下一个特征点的判断

      bool ismax;
      float dx, dy;      //定义坐标偏移量
      //调用getScoreMaxBelow函数，在下层补丁区域内进行非极大值抑制
      getScoreMaxBelow(i, (int)point.x, (int)point.y, l.getAgastScore(point.x, point.y,
      safeThreshold_), ismax, dx, dy);
      if (!ismax)      //如果下层补丁内有大于特征点得分值的像素
        continue;      //剔除该特征点，继续下一个特征点的判断

      // get the patch on this layer:
      //在本层内以特征点为中心的3×3范围内计算9个像素的得分值
      int s_0_0 = l.getAgastScore(point.x - 1, point.y - 1, 1);
      int s_1_0 = l.getAgastScore(point.x, point.y - 1, 1);
      int s_2_0 = l.getAgastScore(point.x + 1, point.y - 1, 1);
      int s_2_1 = l.getAgastScore(point.x + 1, point.y, 1);
      int s_1_1 = l.getAgastScore(point.x, point.y, 1);
      int s_0_1 = l.getAgastScore(point.x - 1, point.y, 1);
      int s_0_2 = l.getAgastScore(point.x - 1, point.y + 1, 1);
      int s_1_2 = l.getAgastScore(point.x, point.y + 1, 1);
      int s_2_2 = l.getAgastScore(point.x + 1, point.y + 1, 1);
      float delta_x, delta_y;      //定义特征点坐标位置的偏移量
      //调用subpixel2D函数进行二维二次函数的最小二乘法拟合，得到3×3范围内的最大得分值max，以及
      //它所对应的坐标位置的偏移量
      float max = subpixel2D(s_0_0, s_0_1, s_0_2, s_1_0, s_1_1, s_1_2, s_2_0, s_2_1, s_2_2,
      delta_x, delta_y);

      // store:
      //保存该特征点
      keypoints.push_back(
          cv::KeyPoint((float(point.x) + delta_x) * l.scale() + l.offset(),
              (float(point.y) + delta_y)*l.scale()+l.offset(), basicSize_*l.scale(), -1, max, i));
```

```
      }
    }
    else      //该层不是金字塔的最顶层
    {
      // not the last layer:
      //遍历所有特征点
      for (size_t n = 0; n < num; n++)
      {
        const cv::Point2f& point = agastPoints.at(i)[n].pt;      //得到特征点的坐标位置

        // first check if it is a maximum:
        //调用 isMax2D 函数，在本层内的 8 邻域内进行得分值的非极大值抑制
        if (!isMax2D(i, (int)point.x, (int)point.y))
          continue;      //该特征点的得分值不是最大值，继续下一个特征点的判断

        // let's do the subpixel and float scale refinement:
        bool ismax=false;
        //调用 refine3D 函数，在上、下两个相邻层内进行非极大值抑制，并且完成拟合操作，得到拟合后的
        //特征点坐标(x, y)、尺度 scale 及得分值（即响应）score
        score = refine3D(i, (int)point.x, (int)point.y, x, y, scale, ismax);
        if (!ismax)
        {
          //如果在上、下两个相邻层的补丁内有大于特征点得分值的像素，则剔除掉该特征点，继续下一个特征点的判断
          continue;
        }

        // finally store the detected keypoint:
        //如果特征点的得分值 score 大于所设定的阈值，则保存该特征点
        if (score > float(threshold_))
        {
          keypoints.push_back(cv::KeyPoint(x, y, basicSize_ * scale, -1, score, i));
        }
      }
    }
  }
}
```

3. BRISK 类

首先给出 BRISK 类的构造函数：

```
// constructors
BRISK::BRISK(int thresh, int octaves_in, float patternScale)
// thresh 为进行 FAST 特征点检测时所需的阈值，缺省值为 30
// octaves_in 表示创建 BRISK 金字塔的组层（octaves）ci 的数量，缺省值为 3
// patternScale 为 BRISK 所应用的采样模板的基准尺度，缺省值为 1.0，即采用标准的如图 12-4 所示的采样
// 模板形式
{
  threshold = thresh;              //FAST 阈值
  octaves = octaves_in;            //金字塔组层个数
```

```
std::vector<float> rList;        //采样模板的初始模板同心圆半径数组
std::vector<int> nList;          //采样模板的同心圆圆周上采样像素个数数组

// this is the standard pattern found to be suitable also
//采样模板的同心圆定义为 5 个（把特征点也算为一个同心圆）
rList.resize(5);
nList.resize(5);
//得到新的采样模板尺度，如果 patternScale 采用默认值，即为 1，则 f = 0.85
const double f = 0.85 * patternScale;
/*BRISK 程序中，定义了一个基本尺度系数 basicSize06（在后面程序中还会提到），它实际为 0.6，它的含义是
把所有尺度都缩小为原始尺度的 0.6 倍，因此根据式（12-29）得到基准尺度（patternScale）为 1 的同心圆
半径应该分别为 0，2.465，4.165，6.29，9.18 */
rList[0] = (float)(f * 0.);
rList[1] = (float)(f * 2.9);
rList[2] = (float)(f * 4.9);
rList[3] = (float)(f * 7.4);
rList[4] = (float)(f * 10.8);
//定义同心圆周上的采样像素个数，即式 12-28
nList[0] = 1;
nList[1] = 10;
nList[2] = 14;
nList[3] = 15;
nList[4] = 20;
/*调用 generateKernel 函数创建采样模板，该函数的第 3 个和第 4 个参数分别表示短距离组和长距离组的阈值，
在基准尺度（patternScale）为 1 的情况下，由于在基本尺度 basicSize06 的作用下，短距离组和长距离组
的阈值也会缩小 0.6 倍，所以根据式（12-37），这两个阈值应该分别为 5.85 和 8.2*/
generateKernel(rList, nList, (float)(5.85 * patternScale), (float)(8.2 * patternScale));

}
```

下面介绍创建采样模板函数 generateKernel，该函数是在 BRISK 类中的构造函数中被调用的，因此只要实例化了 BRISK 类，就一定会得到包括了所有尺度和所有角度的所有形式的采样模板。generateKernel 函数的前 4 个参数分别表示初始采样模板的同心圆半径，同心圆周采样像素个数，短距离组阈值，长距离组阈值，indexChange 表示特征点描述符的位索引值：

```
void
BRISK::generateKernel(std::vector<float>  &radiusList,  std::vector<int>  &numberList,
float dMax,
                               float dMin, std::vector<int> indexChange)
{

  dMax_ = dMax;    //短距离组阈值
  dMin_ = dMin;    //长距离组阈值

  // get the total number of points
  //rings 表示采样模板共有几个同心圆，在标准的采样模板中，该值应为 5
  const int rings = (int)radiusList.size();
  //确保半径列表和采样像素数列表匹配
  assert(radiusList.size()!=0&&radiusList.size()==numberList.size());
```

```
//points_表示采样模板中采样像素的数量
points_ = 0; // remember the total number of points
//遍历所有同心圆,计算采样模板中采样像素的总数,标准的采样模板应为 60
for (int ring = 0; ring < rings; ring++)
{
    points_ += numberList[ring];
}
// set up the patterns
```
//实例化采样模板的采样像素变量 patternPoints_,它包括所有情况下的采样模板中的采样像素,数量为采样像
//素总数乘以尺度的离散化数量,再乘以旋转角度的离散化数量,因此可以把 patternPoints_ 看成一个 3 维数组
```
/*****************
  struct BriskPatternPoint{
    float x;          //相对于模板中心(即特征点)的 x 轴坐标
    float y;          //相对于模板中心(即特征点)的 y 轴坐标
    float sigma;      //该点使用的高斯函数的 σ
  };
*****************/
```
//BRISK::scales_ = 64;表示特征点尺度的离散化数量
//BRISK::n_rot_ = 1024;表示特征点旋转角度的离散化数量
```
patternPoints_ = new BriskPatternPoint[points_ * scales_ * n_rot_];
```
//定义 patternPoints_ 变量的首地址指针 patternIterator
```
BriskPatternPoint* patternIterator = patternPoints_;

// define the scale discretization:
```
//BRISK::scalerange_ = 30.f;表示特征点尺度离散化的范围
//在这里特征点的尺度不是通过线性等间隔进行的离散采样,而是对数等间隔的离散化形式,这样可以保证在小尺
//度下采样像素的数量更多
// lb_scale = $\log_2^{30}$,表示对数形式下的尺度离散化范围
```
static const float lb_scale = (float)(log(scalerange_) / log(2.0));
```
// lb_scale_step 表示对数形式下尺度离散化的步长间隔
```
static const float lb_scale_step = lb_scale / (scales_);

scaleList_ = new float[scales_];          //实例化尺度列表数组
sizeList_ = new unsigned int[scales_];         //实例化尺寸列表数组
```
//采样像素高斯平滑处理的标准差比例系数,即式(12-30)中的参数 k
```
const float sigma_scale = 1.3f;
```
//遍历所有尺度
```
for (unsigned int scale = 0; scale < scales_; ++scale)
{
```
    //为尺度列表数组赋值,当 scale = 0 时,scaleList_[scale] = 1;当 scale = 64 时,scaleList_[scale]
    //= 30;因此特征点的尺度范围(也就是采样模板的尺度范围)是从 1 到 30
```
    scaleList_[scale] = (float)pow((double) 2.0, (double) (scale * lb_scale_step));
    sizeList_[scale] = 0;      //为尺寸列表数组赋初值

    // generate the pattern points look-up
```
    //计算所有尺度所有角度下的采样模板中的采样像素,并保存在数组 patternPoints_ 中,以后再应用采样模板
    //时,只要查找 patternPoints_ 数组即可
```
    double alpha, theta;
```
    //遍历所有特征点的旋转角,角度范围从 0 到 360 度,采 1024 个点,即把 360 度等间隔分为 1024 个点
```
    for (size_t rot = 0; rot < n_rot_; ++rot)
    {
```

```
    //theta 表示特征点旋转的角度，也就是采样模板选择的角度
    theta = double(rot) * 2 * CV_PI / double(n_rot_); // this is the rotation of the feature
    //遍历采样模板的所有同心圆
    for (int ring = 0; ring < rings; ++ring)
    {
        //遍历当前采样模板同心圆周上的所有采样像素
        for (int num = 0; num < numberList[ring]; ++num)
        {
            // the actual coordinates on the circle
            //alpha 表示以同心圆圆心为极坐标原点，当前采样像素的极坐标角度
            alpha = (double(num)) * 2 * CV_PI / double(numberList[ring]);
            //分别计算相对于同心圆圆心的当前采样像素的横、纵坐标
            // scaleList_[scale] * radiusList[ring]表示当前尺度下的同心圆半径
            // alpha + theta 表示采样模板旋转（即特征点旋转）theta 角度以后，当前采样像素的极坐标角度
            patternIterator->x = (float)(scaleList_[scale]*radiusList[ring]*cos(alpha+ theta));
            // feature rotation plus angle of the point
            patternIterator->y = (float)(scaleList_[scale] * radiusList[ring] * sin(alpha + theta));
            // and the gaussian kernel sigma
            //下面的 if 语句用于计算当前采样像素的高斯函数的 σ
            if (ring == 0)      //表示中心采样像素，即特征点本身
            {
                //式(12-32)
                patternIterator->sigma = sigma_scale * scaleList_[scale] * 0.5f;
            }
            else      //除了特征点以外的其他的采样模板中的采样像素
            {
                //式(12-30)
                patternIterator->sigma = (float)(sigma_scale * scaleList_[scale] * (double
                (radiusList[ring]))* sin(CV_PI / numberList[ring]));
            }
            // adapt the sizeList if necessary
            //计算尺寸大小，也就是每个采样像素都会根据特征点的尺度定义一个尺寸大小
            const unsigned int size = cvCeil(((scaleList_[scale] * radiusList[ring]) +
            patternIterator->sigma)) + 1;
            //在同一尺度下，选择最大的尺寸作为该尺度的尺寸大小
            if (sizeList_[scale] < size)
            {
                sizeList_[scale] = size;
            }

            // increment the iterator
            ++patternIterator;      //指向下一个采样像素
        }
    }
  }
}

// now also generate pairings
//实例化采样模板的短距离组和长距离组
shortPairs_ = new BriskShortPair[points_ * (points_ - 1) / 2];
```

```
longPairs_ = new BriskLongPair[points_ * (points_ - 1) / 2];
noShortPairs_ = 0;
noLongPairs_ = 0;

// fill indexChange with 0..n if empty
//如果 indexChange 为空，则需要为 indexChange 赋值
unsigned int indSize = (unsigned int)indexChange.size();
if (indSize == 0)      //indexChange 为空
{
  //定义 indexChange 的大小
  indexChange.resize(points_ * (points_ - 1) / 2);
  indSize = (unsigned int)indexChange.size();

  for (unsigned int i = 0; i < indSize; i++)
    indexChange[i] = i;      //为 indexChange 赋值
}
const float dMin_sq = dMin_ * dMin_;      //长距离组阈值的平方
const float dMax_sq = dMax_ * dMax_;      //短距离组阈值的平方
//双循环 for 语句用于计算采样模板中的两个像素之间的距离
// patternPoints_数组的前 points_个元素表示尺度为 0.6 的没有进行旋转处理的一个采样模板的所有采样像
//素，因为判断是否为长、短距离组只需要在一个采样模板内进行即可
for (unsigned int i = 1; i < points_; i++)
{
  for (unsigned int j = 0; j < i; j++)
  { //(find all the pairs)
    // point pair distance:
    //dx 和 dy 分别为两个采样像素的横、纵坐标的差值
    const float dx = patternPoints_[j].x - patternPoints_[i].x;
    const float dy = patternPoints_[j].y - patternPoints_[i].y;
    //式 (12-36) 中的根号内的值
    const float norm_sq = (dx * dx + dy * dy);
    //判断是长距离组还是短距离组
    if (norm_sq > dMin_sq)      //长距离组，用于计算梯度角度
    {
      // save to long pairs
      //保存这两个像素
      BriskLongPair& longPair = longPairs_[noLongPairs_];
      //式（12-38）中Δx 和Δy 中除像素灰度差值以外的系数，可以认为是灰度差值的权值
      longPair.weighted_dx = int((dx / (norm_sq)) * 2048.0 + 0.5);
      longPair.weighted_dy = int((dy / (norm_sq)) * 2048.0 + 0.5);
      longPair.i = i;      //长距离组对的第一个像素
      longPair.j = j;      //长距离组对的第二个像素
      ++noLongPairs_;      //索引值加 1
    }
    else if (norm_sq < dMax_sq)      //短距离组，用于构成描述符
    {
      // save to short pairs
      //确保计算得到的短距离组的个数小于所定义的描述符的位数
      assert(noShortPairs_<indSize);
      // make sure the user passes something sensible
```

```
        BriskShortPair& shortPair = shortPairs_[indexChange[noShortPairs_]];
        shortPair.j = j;    //短距离组对的第二个像素
        shortPair.i = i;    //短距离组对的第一个像素
        ++noShortPairs_;    //索引值加 1
      }
    }
  }

  // no bits:
  //在程序中是用无符号的字符型 (uchar) 来表示描述符, strings_ 表示的是描述符的字节个数
  strings_ = (int) ceil((float(noShortPairs_)) / 128.0) * 4 * 4;
}
```

　　高斯平滑处理函数 smoothedIntensity 函数:

```
// simple alternative:
inline int
BRISK::smoothedIntensity(const cv::Mat& image, const cv::Mat& integral, const float key_x,
                                   const float key_y, const unsigned int scale, const
unsigned int rot,
                                   const unsigned int point) const
//image 表示待处理的原始图像
//integral 为 image 的积分图像
//key_x 和 key_y 表示特征点的横、纵坐标
//scale 和 rot 表示特征点的尺度和角度
//point 表示特征点所在的采样模板内采样像素的索引
{

  // get the float position
  //根据特征点的尺度 scale 和角度 rot, 得到它的采样模板, 并由采样像素索引 point 得到该采样像素
  //briskPoint, patternPoints_ 由 generateKernel 函数生成
  const BriskPatternPoint& briskPoint = patternPoints_[scale * n_rot_ * points_ + rot *
points_ + point];
  //xf 和 yf 为该采样像素在原图的坐标位置, briskPoint 中的 x 和 y 是相对于特征点坐标位置, 因此它们需要加
  //上特征点的坐标才能得到绝对坐标
  const float xf = briskPoint.x + key_x;
  const float yf = briskPoint.y + key_y;
  const int x = int(xf);    //取整
  const int y = int(yf);    //取整
  const int& imagecols = image.cols;    //原图的宽

  // get the sigma:
  const float sigma_half = briskPoint.sigma;              //得到该采样像素的标准差
  const float area = 4.0f * sigma_half * sigma_half;    //面积

  // calculate output:
  int ret_val;    //采样像素经过平滑处理以后的灰度值
  if (sigma_half < 0.5)    //这种情况说明方差太小, 平滑处理只能采用插值的方法
  {
    //interpolation multipliers:
    //插值的方法类似于式(12-24)和图 12-3 所示
```

```
    const int r_x = (int)((xf - x) * 1024);
    const int r_y = (int)((yf - y) * 1024);
    const int r_x_1 = (1024 - r_x);
    const int r_y_1 = (1024 - r_y);
    const uchar* ptr = &image.at<uchar>(y, x);
    size_t step = image.step;
    // just interpolate:
    ret_val = r_x_1 * r_y_1 * ptr[0] + r_x * r_y_1 * ptr[1] +
              r_x * r_y * ptr[step] + r_x_1 * r_y * ptr[step+1];
    return (ret_val + 512) / 1024;
}

// this is the standard case (simple, not speed optimized yet):

// scaling:
// scaling 和 scaling2 为两个系数，其中 4194304 = 4×1024×1024
const int scaling = (int)(4194304.0 / area);
const int scaling2 = int(float(scaling) * area / 1024.0);


// the integral image is larger:
//积分图像的宽
const int integralcols = imagecols + 1;

// calculate borders
//得到以当前采样像素为中心，以 sigma_half 为一半边长的正方形（即高斯模板）的左上角坐标（x_1，y_1）
//和右下角坐标（x1，y1）
const float x_1 = xf - sigma_half;
const float x1 = xf + sigma_half;
const float y_1 = yf - sigma_half;
const float y1 = yf + sigma_half;
//坐标值四舍五入取整
const int x_left = int(x_1 + 0.5);
const int y_top = int(y_1 + 0.5);
const int x_right = int(x1 + 0.5);
const int y_bottom = int(y1 + 0.5);


// overlap area - multiplication factors:
//高斯模板边界处的亚像素级的差值
const float r_x_1 = float(x_left) - x_1 + 0.5f;
const float r_y_1 = float(y_top) - y_1 + 0.5f;
const float r_x1 = x1 - float(x_right) + 0.5f;
const float r_y1 = y1 - float(y_bottom) + 0.5f;
const int dx = x_right - x_left - 1;    //高斯模板的宽
const int dy = y_bottom - y_top - 1;    //高斯模板的高
//A，B，C，D 分别为高斯模板 4 个顶角的权值
const int A = (int)((r_x_1 * r_y_1) * scaling);
const int B = (int)((r_x1 * r_y_1) * scaling);
const int C = (int)((r_x1 * r_y1) * scaling);
const int D = (int)((r_x_1 * r_y1) * scaling);
//下面 4 个参数分别为高斯模板 4 条边界（图 12-5 中的灰色部分）的权值
const int r_x_1_i = (int)(r_x_1 * scaling);
const int r_y_1_i = (int)(r_y_1 * scaling);
```

```
const int r_x1_i = (int)(r_x1 * scaling);
const int r_y1_i = (int)(r_y1 * scaling);

if (dx + dy > 2)      //正方形的面积足够大，则利用积分图像求高斯平滑
{
  // now the calculation:
  //ptr 为高斯模板左上角所对应的图像像素指针
  uchar* ptr = image.data + x_left + imagecols * y_top;
  // first the corners:
  //计算 4 个顶角加权值之和
  ret_val = A * int(*ptr);
  ptr += dx + 1;
  ret_val += B * int(*ptr);
  ptr += dy * imagecols + 1;
  ret_val += C * int(*ptr);
  ptr -= dx + 1;
  ret_val += D * int(*ptr);

  // next the edges:
  //tmp1~tmp12 分别对应于图 12-5 中边界处 4 个灰色区域的 12 个顶点
  int* ptr_integral = (int*) integral.data + x_left + integralcols * y_top + 1;
  // find a simple path through the different surface corners
  const int tmp1 = (*ptr_integral);
  ptr_integral += dx;
  const int tmp2 = (*ptr_integral);
  ptr_integral += integralcols;
  const int tmp3 = (*ptr_integral);
  ptr_integral++;
  const int tmp4 = (*ptr_integral);
  ptr_integral += dy * integralcols;
  const int tmp5 = (*ptr_integral);
  ptr_integral--;
  const int tmp6 = (*ptr_integral);
  ptr_integral += integralcols;
  const int tmp7 = (*ptr_integral);
  ptr_integral -= dx;
  const int tmp8 = (*ptr_integral);
  ptr_integral -= integralcols;
  const int tmp9 = (*ptr_integral);
  ptr_integral--;
  const int tmp10 = (*ptr_integral);
  ptr_integral -= dy * integralcols;
  const int tmp11 = (*ptr_integral);
  ptr_integral++;
  const int tmp12 = (*ptr_integral);

  // assign the weighted surface integrals:
  //计算除 4 个顶角以外的高斯模板中其他区域的加权值
  const int upper = (tmp3 - tmp2 + tmp1 - tmp12) * r_y_1_i;        //上边界
  const int middle = (tmp6 - tmp3 + tmp12 - tmp9) * scaling;      //中心区域
  const int left = (tmp9 - tmp12 + tmp11 - tmp10) * r_x_1_i;      //左边界
```

```
        const int right = (tmp5 - tmp4 + tmp3 - tmp6) * r_x1_i;          //右边界
        const int bottom = (tmp7 - tmp6 + tmp9 - tmp8) * r_y1_i;          //下边界
        //所有值相加并返回，最终得到了该采样像素经高斯处理以后的灰度值
        return (ret_val + upper + middle + left + right + bottom + scaling2 / 2) / scaling2;
    }
    //下面是计算正方形面积不是很大的情况，方法就是在原图中遍历高斯模板内的所有像素，加权处理后得到高斯平滑结果
    // now the calculation:
    uchar* ptr = image.data + x_left + imagecols * y_top;
    // first row:
    ret_val = A * int(*ptr);
    ptr++;
    const uchar* end1 = ptr + dx;
    for (; ptr < end1; ptr++)
    {
      ret_val += r_y_1_i * int(*ptr);
    }
    ret_val += B * int(*ptr);
    // middle ones:
    ptr += imagecols - dx - 1;
    uchar* end_j = ptr + dy * imagecols;
    for (; ptr < end_j; ptr += imagecols - dx - 1)
    {
      ret_val += r_x_1_i * int(*ptr);
      ptr++;
      const uchar* end2 = ptr + dx;
      for (; ptr < end2; ptr++)
      {
        ret_val += int(*ptr) * scaling;
      }
      ret_val += r_x1_i * int(*ptr);
    }
    // last row:
    ret_val += D * int(*ptr);
    ptr++;
    const uchar* end3 = ptr + dx;
    for (; ptr < end3; ptr++)
    {
      ret_val += r_y1_i * int(*ptr);
    }
    ret_val += C * int(*ptr);

    return (ret_val + scaling2 / 2) / scaling2;
}
```

　　下面给出 computeKeypointsNoOrientation 函数，该函数的目的是实例化 BriskScaleSpace 类，从而检测图像的特征点：

```
void
BRISK::computeKeypointsNoOrientation(InputArray _image, InputArray _mask,
vector<KeyPoint>& keypoints) const
{
```

```
//得到图像矩阵和掩码矩阵
Mat image = _image.getMat(), mask = _mask.getMat();
//确保输入图像为灰度图像,
if( image.type() != CV_8UC1 )
    cvtColor(_image, image, CV_BGR2GRAY);

BriskScaleSpace briskScaleSpace(octaves);      //实例化 BriskScaleSpace 类
briskScaleSpace.constructPyramid(image);       //创建金字塔
briskScaleSpace.getKeypoints(threshold, keypoints);     //BRISK 特征点检测

// remove invalid points
removeInvalidPoints(mask, keypoints);      //由掩码矩阵去掉一些无效的特征点
}
```

computeDescriptorsAndOrOrientation 函数的主要目的是计算特征点的描述符:

```
void
BRISK::computeDescriptorsAndOrOrientation(InputArray _image, InputArray _mask,
vector<KeyPoint>& keypoints,OutputArray _descriptors, bool doDescriptors, bool
doOrientation,bool useProvidedKeypoints) const
{
  //分别得到原图矩阵和掩码矩阵
  Mat image = _image.getMat(), mask = _mask.getMat();
  //确保图像为 8 位灰度图像
  if( image.type() != CV_8UC1 )
      cvtColor(image, image, CV_BGR2GRAY);
  //如果不是应用所提供的特征点,则需要在原图检测特征点
  if (!useProvidedKeypoints)
  {
    doOrientation = true;   //需要进行特征点的旋转处理,置该标识变量
    //调用 computeKeypointsNoOrientation 函数,检测原图中的特征点
    computeKeypointsNoOrientation(_image, _mask, keypoints);
  }

  //Remove keypoints very close to the border
  //特征点的数量
  size_t ksize = keypoints.size();
  // kscales 变量用于保存每个特征点的尺度
  std::vector<int> kscales;       // remember the scale per keypoint
  kscales.resize(ksize);          //定义 kscales 的大小
  static const float log2 = 0.693147180559945f;     //即 ln2,后面会经常用到的一个常数
  // lb_scalerange = log2^30,表示对数形式下的尺度离散化范围
  static const float lb_scalerange = (float)(log(scalerange_) / (log2));
  //遍历特征点所用的变量
  std::vector<cv::KeyPoint>::iterator beginning = keypoints.begin();
  std::vector<int>::iterator beginningkscales = kscales.begin();
  /* BRISK::basicSize_ = 12.0f;前面在检测特征点时,所有特征点的尺度都乘以 12,所以在这里提取特征点
时,尺度会相应地除以 12;乘以 0.6 的含义是把基本尺度系数设为 0.6,也就是使所有的尺度都缩小为原来的 0.6,
我认为这么做的目的可能是减小误差,提高精度*/
  static const float basicSize06 = basicSize_ * 0.6f;
  //遍历所有特征点,剔除那些相对于特征点的尺寸,过于靠近图像边界的特征点
```

215

```
for (size_t k = 0; k < ksize; k++)
{
  unsigned int scale;
    //提取特征点的尺度，在转换为对数形式后进行量化处理
    scale = std::max((int) (scales_ / lb_scalerange * (log(keypoints[k].size /
    (basicSize06)) / log2) + 0.5), 0);
    // saturate
    //避免尺度饱和
    if (scale >= scales_)
      scale = scales_ - 1;
    kscales[k] = scale;    //尺度赋值
  const int border = sizeList_[scale];    //得到该量化尺度下的尺寸
  //由尺寸大小，得到边界值
  const int border_x = image.cols - border;
  const int border_y = image.rows - border;
  // RoiPredicate 函数的含义是判断特征点是否超出边界，超出边界函数返回 1
  if (RoiPredicate((float)border, (float)border, (float)border_x, (float)border_y,
  keypoints[k]))
  {
    //剔除该特征点
    keypoints.erase(beginning + k);
    //变量调整
    kscales.erase(beginningkscales + k);
    if (k == 0)
    {
      beginning = keypoints.begin();
      beginningkscales = kscales.begin();
    }
    ksize--;
    k--;
  }
}

// first, calculate the integral image over the whole image:
// current integral image
//计算原图的积分图像
cv::Mat _integral; // the integral image
cv::integral(image, _integral);
//用于采样模板的所有采样像素
int* _values = new int[points_]; // for temporary use

// resize the descriptors:
cv::Mat descriptors;    //定义描述符
if (doDescriptors)    //表示需要生成描述符
{
  _descriptors.create((int)ksize, strings_, CV_8U);    //创建描述符矩阵
  descriptors = _descriptors.getMat();
  descriptors.setTo(0);    //清零
}

// now do the extraction for all keypoints:
```

```
// temporary variables containing gray values at sample points:
//t1 和 t2 表示采样像素对的两个像素的灰度值
int t1;
int t2;

// the feature orientation
uchar* ptr = descriptors.data;      //描述符数据变量指针
//遍历所有特征点
for (size_t k = 0; k < ksize; k++)
{
  cv::KeyPoint& kp = keypoints[k];        //当前特征点
  const int& scale = kscales[k];          //当前特征点的量化尺度
  int* pvalues = _values;                 //采样模板的采样像素指针
  //特征点的坐标
  const float& x = kp.pt.x;
  const float& y = kp.pt.y;

  if (doOrientation)      //需要进行特征点的旋转角度处理
  {
    // get the gray values in the unrotated pattern
    //遍历未旋转的采样模板的所有采样像素
    for (unsigned int i = 0; i < points_; i++)
    {
      //得到所有采样像素高斯平滑后的灰度值
      *(pvalues++) = smoothedIntensity(image, _integral, x, y, scale, 0, i);
    }

    int direction0 = 0;     //表示式（12-39）中的 gx
    int direction1 = 0;     //表示式（12-40）中的 gy
    // now iterate through the long pairings
    //长距离组在内存中的长度
    const BriskLongPair* max = longPairs_ + noLongPairs_;
    //遍历长距离组
    for (BriskLongPair* iter = longPairs_; iter < max; ++iter)
    {
      //提取出长距离组中的一对采样像素，得到它们的灰度值
      t1 = *(_values + iter->i);
      t2 = *(_values + iter->j);
      const int delta_t = (t1 - t2);     //得到它们的灰度值之差
      // update the direction:
      //式（12-38），计算它们的局部梯度
      const int tmp0 = delta_t * (iter->weighted_dx) / 1024;
      const int tmp1 = delta_t * (iter->weighted_dy) / 1024;
      //局部梯度求和，式(12-39)和式(12-40)
      direction0 += tmp0;
      direction1 += tmp1;
    }
    //得到特征点的角度，式（12-41）
    kp.angle = (float)(atan2((float) direction1, (float) direction0) / CV_PI * 180.0);
    //把角度统一到 0～360°
```

```
      if (kp.angle < 0)
        kp.angle += 360.f;
    }


  if (!doDescriptors)
    continue;     //如果不需要得到特征点的描述符，则不进行下面代码的操作

  int theta;     //代表特征点角度的采样量化值
  if (kp.angle==-1)
  {
      // don't compute the gradient direction, just assign a rotation of 0 搬
      // angle=-1 说明在前面没有计算特征点的角度，所以不对采样模板进行旋转
      theta = 0;
  }
  else
  {
      //得到特征点角度的采样量化值，BRISK::n_rot_ = 1024
      theta = (int) (n_rot_ * (kp.angle / (360.0)) + 0.5);
      //把 theta 统一到 0~1024°
      if (theta < 0)
        theta += n_rot_;
      if (theta >= int(n_rot_))
        theta -= n_rot_;
  }


  // now also extract the stuff for the actual direction:
  // let us compute the smoothed values
  int shifter = 0;     //表示描述符的移位索引值

  //unsigned int mean=0;
  pvalues = _values;     //得到采样模板的数据指针
  // get the gray values in the rotated pattern
  //遍历采样模板中的所有采样像素
  for (unsigned int i = 0; i < points_; i++)
  {
    //在旋转的采样模板内，得到高斯平滑处理后的采样像素的灰度值
    *(pvalues++) = smoothedIntensity(image, _integral, x, y, scale, theta, i);
  }

  // now iterate through all the pairings
  unsigned int* ptr2 = (unsigned int*) ptr;     //描述符的数据指针
  //短距离组在内存中的长度
  const BriskShortPair* max = shortPairs_ + noShortPairs_;
  //遍历短距离组
  for (BriskShortPair* iter = shortPairs_; iter < max; ++iter)
  {
    //提取出短距离组中的一对采样像素，得到它们的灰度值
    t1 = *(_values + iter->i);
    t2 = *(_values + iter->j);
    //式 12-42
    if (t1 > t2)
```

```
    {
       //通过移位的方式，依次把 1 填充到字符串中，而不填充只移位即是 0
       *ptr2 |= ((1) << shifter);
    } // else already initialized with zero
    // take care of the iterators:
    ++shifter;    //移位索引值加 1
    // ptr2 的数据类型是 unsigned int，32 位，因此当描述符的位数大于 32 位时，描述符的数据指针就应
    //该指向下一个内存单元
    if (shifter == 32)
    {
       shifter = 0;      //移位索引值清零，重新计数
       ++ptr2;           //指向下一个内存单元
    }
  }

  ptr += strings_;    //指向下一个特征点描述符
  }

  // clean-up
  delete[] _values;    //清内存空间
}
```

最后是重载运算符函数：

```
// computes the descriptor
void
BRISK::operator()( InputArray _image, InputArray _mask, vector<KeyPoint>& keypoints,
                   OutputArray _descriptors, bool useProvidedKeypoints) const
//_image 表示输入图像
//_mask 表示掩码
//keypoints 表示特征点
//_descriptors 表示描述符
//useProvidedKeypoints 表示是否使用所提供的特征点
{
  bool doOrientation=true;    //表示特征点角度的处理标志
  //如果使用所提供的特征点，则不处理特征点的角度
  if (useProvidedKeypoints)
    doOrientation = false;

  // If the user specified cv::noArray(), this will yield false. Otherwise it will return true.
  bool doDescriptors = _descriptors.needed();    //表示是否计算特征点的描述符

  //进行 BRISK 方法
  computeDescriptorsAndOrOrientation(_image, _mask, keypoints, _descriptors,
doDescriptors, doOrientation, useProvidedKeypoints);
}
```

12.3　应用实例

首先给出的是特征点的检测：

```cpp
#include "opencv2/core/core.hpp"
#include "opencv2/highgui/highgui.hpp"
#include "opencv2/imgproc/imgproc.hpp"
#include "opencv2/features2d/features2d.hpp"
#include "opencv2/nonfree/nonfree.hpp"

using namespace cv;
//using namespace std;

int main(int argc, char** argv)
{
  Mat img = imread("box_in_scene.png");
  //FAST 的阈值值设置为 60，金字塔采用 4 个组层，采样模板的基准尺度为 1.0
  BRISK brisk(60, 4, 1.0);

  vector<KeyPoint> key_points;

  Mat descriptors, mascara;
  Mat output_img;

  brisk(img,mascara, key_points, descriptors, false);
  drawKeypoints(img,  key_points,  output_img,  Scalar::all(-1),  DrawMatchesFlags::
DRAW_RICH_KEYPOINTS);

  namedWindow("BRISK");
  imshow("BRISK", output_img);
  waitKey(0);

  return 0;
}
```

结果如图 12-6 所示。

▲图 12-6　BRISK 特征点检测结果

　　下面给出利用描述符进行图像匹配的实例：

```cpp
#include "opencv2/core/core.hpp"
#include "opencv2/highgui/highgui.hpp"
#include "opencv2/imgproc/imgproc.hpp"
#include "opencv2/features2d/features2d.hpp"
#include "opencv2/nonfree/nonfree.hpp"
#include "opencv2/legacy/legacy.hpp"

using namespace cv;
using namespace std;

int main(int argc, char** argv)
{
  Mat img1 = imread("box_in_scene.png");
  Mat img2 = imread("box.png");

  BRISK brisk1(60, 4, 1.0), brisk2(60, 4, 1.0);

  vector<KeyPoint> key_points1, key_points2;

  Mat descriptors1, descriptors2, mascara;

  brisk1(img1,mascara,key_points1,descriptors1);
  brisk2(img2,mascara,key_points2,descriptors2);
  //采用汉明距离匹配方法
  BruteForceMatcher<Hamming> matcher;
  vector<DMatch>matches;
  matcher.match(descriptors1,descriptors2,matches);

  std::nth_element(matches.begin(),
        matches.begin()+29,
```

```
        matches.end());

    matches.erase(matches.begin()+30, matches.end());

    namedWindow("BRISK_matches");
    Mat img_matches;
    drawMatches(img1,key_points1,
        img2,key_points2,
        matches,
        img_matches,
        Scalar(255,255,255));
    imshow("BRISK_matches",img_matches);
    waitKey(0);

    return 0;
}
```

结果如图 12-7 所示。

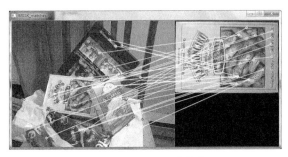

▲图 12-7　BRISK 匹配结果

第 13 章　ORB 方法

13.1　原理分析

ORB（Oriented FAST and Rotated BRIEF）于 2011 年由 Rublee 等人提出。值得一提的是，Rublee 等人来自 Willow Garage 公司，而目前 OpenCV 的维护者正是 Willow Garage 公司。ORB 是作为替代 SIFT 和 SURF 的方法而提出的，SIFT 和 SURF 的性能在业界已得到公认，但可惜的是两者都申请了专利保护，而 Willow Garage 秉承开源的宗旨，提出了 ORB 方法，可以说弥补了这方面的不足。

正如 ORB 的名字，该方法由 FAST 和 BRIEF 合并而成。这两种方法的显著特点就是快，但缺点也很明显，那就是两者都不具备旋转不变性。ORB 不是简单的 FAST 和 BRIEF 组合，而是增加了旋转不变性的组合。

FAST 和 BRIEF 在前面的文章中都给出了详细的介绍，在这里我们只给出如何实现 FAST 和 BRIEF 的旋转不变性。

首先进行特征点的检测。由于 FAST 不具备多尺度的特性，因此需要创建金字塔图像，对金字塔的每层图像都进行 FAST 的角点检测。金字塔的构建比较简单，只需对原图逐次进行降采样处理即可。在 FAST 方法中，是把得分值作为特征点的响应值。但该响应值无法进行特征点好坏的判断，因为会有一些边缘处的响应值很大，这样会不利于后面角度的提取的。因此对由 FAST 检测得到的特征点还需由 Harris 方法再次计算它的响应值，然后再依据该响应值对特征点进行排序，保留足够好的那些特征点。为了保证每层图像有足够多的特征点被保留下来，一般由 FAST 检测得到的特征点的数量为该层所需特征点数量的 2 倍。

Harris 计算特征点响应值的方法是，在以特征点为中心的 $n \times n$ 的邻域内（在 OpenCV 中 $n=7$），利用 Sobel 算子计算所有像素的 x 方向和 y 方向的梯度，分别得到 I_x 和 I_y，然后求和：

$$a = \sum_{n \times n} I_x^2 \tag{13-1}$$

$$b = \sum_{n \times n} I_y^2 \tag{13-2}$$

$$c = \sum_{n \times n} I_x I_y \tag{13-3}$$

则该特征点的响应值 H 为：

$$H = a \times b - c^2 - k \times (a + b)^2 \times s \tag{13-4}$$

式中，k 表示 Harris 系数，在 OpenCV 中 $k = 0.04$，s 为尺度系数，与 n 有关。

下面我们计算特征点的方向角度，它依据的是强度质心（Intensity Centroid）这个概念。FAST 检测得到的是角点类特征点，而角点的强度可以被认为是从角点的中心处出发的偏移量，这个偏移量可以用矢量表示，而该矢量之所以可以被利用，正是因为它的方向角度信息。我们定义一块补丁区域（patch）的矩：

$$m_{pq} = \sum_{x,y} x^p y^q I(x, y) \tag{13-5}$$

式中，$I(x, y)$ 表示 (x, y) 处的像素灰度值。我们可以通过一阶矩得到该补丁区域的质心 C，它的坐标为：

$$C = \left(\frac{m_{10}}{m_{00}}, \frac{m_{01}}{m_{00}} \right) \tag{13-6}$$

如果把补丁区域定义为一块围绕特征点的邻域，特征点为坐标原点，则质心的角度就是该补丁区域的角度，也就是该特征点的角度 θ：

$$\theta = \arctan\left(\frac{m_{01}}{m_{10}} \right) \tag{13-7}$$

为了进一步提高该方法的旋转不变性，补丁区域应该是以特征点为中心，半径为 r 的圆形。但这会给实际应用带来不便，OpenCV 是这样解决的：首先在半径为 r 的圆形内，建立一个弦心距 d 与弦长 b 的映射关系，当 d 从 0 到 r 逐渐增加时，则得到不同的弦，以及弦上的像素，这样最终就实现了遍历所有圆形内像素的目的。

通过以上操作，利用 FAST 检测得到的特征点就具有了角度信息，因此该方法也称为 oFAST 方法。

下面给出描述符的创建。在上一步骤中，我们得到了特征点的角度 θ，那么为了实现具有旋转不变性的 BRIEF 描述符，就需要对以特征点为中心的补丁区域（大小为 31×31）旋转 θ，这样补丁区域内的坐标就发生了变化：

$$\begin{bmatrix} x' \\ y' \end{bmatrix} = \begin{bmatrix} \cos\theta & -\sin\theta \\ \sin\theta & \cos\theta \end{bmatrix} \begin{bmatrix} x \\ y \end{bmatrix} \tag{13-8}$$

式中，(x, y) 为旋转之前的坐标，(x', y') 为旋转之后的坐标。这样在进行补丁区域内点对比较时，就需要比较旋转以后坐标位置上的像素灰度值。我们把这种方法称为导向 BRIEF（steered BRIEF）。

但经过旋转以后，补丁区域内的随机点对之间的相关性会增大，可能会表现出更强的一致性。ORB 采用贪婪算法并按照某种规则来寻找随机点对，这样点对会呈现出更好的多样性。我们把这种方法称为 rBRIEF。贪婪算法搜索随机点对的方法这里就不再介绍了。

在实际应用中，未经过旋转处理的随机点对是事先计算好并存储在系统中的，在使用时，只需对其按式（13-8）进行旋转即可。

ORB 方法除了完全保留了 FAST 和 BRIEF 快速的特点外，还实现了旋转不变性。虽然 ORB 使用了尺度金字塔的方法，但仍然无法充分地实现尺度不变性，这可能也是该方法的一个不足之处吧。

13.2 源码解析

实现 ORB 算法的类的构造函数为：

```
ORB::ORB(int _nfeatures, float _scaleFactor, int _nlevels, int _edgeThreshold,
        int _firstLevel, int _WTA_K, int _scoreType, int _patchSize) :
    nfeatures(_nfeatures), scaleFactor(_scaleFactor), nlevels(_nlevels),
    edgeThreshold(_edgeThreshold), firstLevel(_firstLevel), WTA_K(_WTA_K),
    scoreType(_scoreType), patchSize(_patchSize)
//_nfeatures 表示最大保留的特征点数量，默认为 500
//_scaleFactor 表示尺度金字塔的各层间的取样率，必须大于 1，默认为 1.2
//_nlevels 表示尺度金字塔的层数，默认为 8
//_edgeThreshold 表示图像边界的尺寸大小，在该边界范围内特征点无须检测，该值与_patchSize 大致相等，
//默认为 31
//_firstLevel 表示把输入图像放到尺度金字塔的哪一层中，默认为 0，即原图为金字塔的最底层
//_WTA_K 表示在生成 BRIEF 描述符时，需要比较多少个像素点的灰度值才能产生一个结果，它的值可以是 2、3
//或 4，默认为 2，即传统的 BRIEF 方法，只比较两个像素来产生一位
//_scoreType 表示用什么方法得到特征点的响应值（即得分值），默认为 ORB::HARRIS_SCORE，即采用 Harris
//算法计算特征点的响应值
//_patchSize 表示在生成 BRIEF 描述符时所使用的补丁区域的大小，默认为 31
{}
```

ORB 类的重载运算符：

```
/** Compute the ORB features and descriptors on an image
 * @param img the image to compute the features and descriptors on
 * @param mask the mask to apply
 * @param keypoints the resulting keypoints
 * @param descriptors the resulting descriptors
 * @param do_keypoints if true, the keypoints are computed, otherwise used as an input
 * @param do_descriptors if true, also computes the descriptors
 */
void ORB::operator()( InputArray _image, InputArray _mask, vector<KeyPoint>& _keypoints,
                    OutputArray _descriptors, bool useProvidedKeypoints) const
{
    //确保补丁区域足够大
    CV_Assert(patchSize >= 2);

    bool do_keypoints = !useProvidedKeypoints;      //是否进行特征点检测标志变量
    bool do_descriptors = _descriptors.needed();    //是否进行描述符创建标志变量
    //不进行特征点检测和描述符创建，或者没有输入图像，则返回
    if( (!do_keypoints && !do_descriptors) || _image.empty() )
        return;
```

```
//ROI handling
const int HARRIS_BLOCK_SIZE = 9;          //Harris 算法的预留大小
int halfPatchSize = patchSize / 2;        //补丁区域尺寸的一半
//预留的图像边界范围
int border = std::max(edgeThreshold, std::max(halfPatchSize, HARRIS_BLOCK_SIZE/2))+1;
//定义输入图像矩阵和掩码矩阵
Mat image = _image.getMat(), mask = _mask.getMat();
if( image.type() != CV_8UC1 )
    cvtColor(_image, image, CV_BGR2GRAY);     //转换为灰度图像

int levelsNum = this->nlevels;     //提取出金字塔的层数

if( !do_keypoints )     //不需要进行特征点检测
{
    // if we have pre-computed keypoints, they may use more levels than it is set in
    // parameters
    // !!!TODO!!! implement more correct method, independent from the used keypoint
    // detector.
    // Namely, the detector should provide correct size of each keypoint. Based on the
    // keypoint size
    // and the algorithm used (i.e. BRIEF, running on 31x31 patches) we should compute
    // the approximate
    // scale-factor that we need to apply. Then we should cluster all the computed
    // scale-factors and
    // for each cluster compute the corresponding image.
    // In short, ultimately the descriptor should
    // ignore octave parameter and deal only with the keypoint size.
    levelsNum = 0;     //金字塔的层数清零
    //提取出特征点所在的金字塔最大层数
    for( size_t i = 0; i < _keypoints.size(); i++ )
        levelsNum = std::max(levelsNum, std::max(_keypoints[i].octave, 0));
    levelsNum++;     //再加 1
}

// Pre-compute the scale pyramids
//事先计算好尺度金字塔
//定义金字塔图像和掩码图像变量
vector<Mat> imagePyramid(levelsNum), maskPyramid(levelsNum);
//遍历金字塔所有层
for (int level = 0; level < levelsNum; ++level)
{
    //得到该层的尺度的倒数, scale = scaleFactor ^ (- ( level - firstLevel ))
    float scale = 1/getScale(level, firstLevel, scaleFactor);
    //根据该层的尺度定义该层图像的尺寸大小
    Size sz(cvRound(image.cols*scale), cvRound(image.rows*scale));
    //扩充出一定边界的该层尺寸
    Size wholeSize(sz.width + border*2, sz.height + border*2);
    Mat temp(wholeSize, image.type()), masktemp;
    //该层的金字塔图像
```

```
        imagePyramid[level] = temp(Rect(border, border, sz.width, sz.height));

    if( !mask.empty() )    //需要进行掩码处理
    {
        masktemp = Mat(wholeSize, mask.type());
        //该层的掩码图像
        maskPyramid[level] = masktemp(Rect(border, border, sz.width, sz.height));
    }


    // Compute the resized image
    //构建金字塔图像
    if( level != firstLevel )        //当前层的图像不是输入图像
    {
        if( level < firstLevel )      //当前层在输入图像的下层
        {
            //利用双线性插值法从输入原图得到该层金字塔的图像
            resize(image, imagePyramid[level], sz, 0, 0, INTER_LINEAR);
            if (!mask.empty())     //得到该层掩码图像
                resize(mask, maskPyramid[level], sz, 0, 0, INTER_LINEAR);
        }
        else    //当前层在输入图像的上层
        {
            //利用双线性插值法从当前层的下一层图像得到该层金字塔的图像
            resize(imagePyramid[level-1], imagePyramid[level], sz, 0, 0, INTER_LINEAR);
            if (!mask.empty())
            {
                //得到该层掩码图像，并调整掩码图像的像素值
                resize(maskPyramid[level-1],maskPyramid[level],sz,0, 0, INTER_LINEAR);
                threshold(maskPyramid[level],maskPyramid[level],254,0,THRESH_TOZERO);
            }
        }
        //按一定规则把扩充出的金字塔图像的边界填充灰度值
        copyMakeBorder(imagePyramid[level], temp, border, border, border, border,
                    BORDER_REFLECT_101+BORDER_ISOLATED);
        if (!mask.empty())     //填充掩码图像
            copyMakeBorder(maskPyramid[level], masktemp, border, border, border, border,
    BORDER_CONSTANT+BORDER_ISOLATED);
    }
    else     //当前层的图像是输入图像
    {
        //填充扩充出的那部分图像边界的灰度值
        copyMakeBorder(image, temp, border, border, border, border,
                    BORDER_REFLECT_101);
        if( !mask.empty() )    //填充掩码图像
            copyMakeBorder(mask, masktemp, border, border, border, border,
                        BORDER_CONSTANT+BORDER_ISOLATED);
    }
}

// Pre-compute the keypoints (we keep the best over all scales, so this has to be done beforehand
```

```
vector < vector<KeyPoint> > allKeypoints;//按照金字塔的层（或尺度）来存储每一层的特征点
if( do_keypoints )    //需要进行特征点的检测
{
    //Get keypoints, those will be far enough from the border that no check will be required
    //for the descriptor
    //检测特征点，computeKeyPoints 函数在后面给出详细的介绍
    computeKeyPoints(imagePyramid, maskPyramid, allKeypoints,
                nfeatures, firstLevel, scaleFactor,
                edgeThreshold, patchSize, scoreType);

    // make sure we have the right number of keypoints keypoints
    /*vector<KeyPoint> temp;

    for (int level = 0; level < n_levels; ++level)
    {
        vector<KeyPoint>& keypoints = all_keypoints[level];
        temp.insert(temp.end(), keypoints.begin(), keypoints.end());
        keypoints.clear();
    }

    KeyPoint::retainBest(temp, n_features_);

    for (vector<KeyPoint>::iterator keypoint = temp.begin(),
        keypoint_end = temp.end(); keypoint != keypoint_end; ++keypoint)
        all_keypoints[keypoint->octave].push_back(*keypoint);*/
}
else    //不进行 ORB 的特征点检测，即事先已提供好所需的特征点
{
    // Remove keypoints very close to the border
    //剔除那些靠近图像边界的特征点
    KeyPointsFilter::runByImageBorder(_keypoints, image.size(), edgeThreshold);

    // Cluster the input keypoints depending on the level they were computed at
    //根据特征点的尺度，对特征点进行归类存放
    allKeypoints.resize(levelsNum);
    for (vector<KeyPoint>::iterator keypoint = _keypoints.begin(),
        keypointEnd = _keypoints.end(); keypoint != keypointEnd; ++keypoint)
        allKeypoints[keypoint->octave].push_back(*keypoint);

    // Make sure we rescale the coordinates
    //根据特征点的尺度，把它们的坐标位置还原到输入图像中
    for (int level = 0; level < levelsNum; ++level)
    {
        if (level == firstLevel)
            continue;

        vector<KeyPoint> & keypoints = allKeypoints[level];
        //得到该层的尺度的倒数
        float scale = 1/getScale(level, firstLevel, scaleFactor);
        for (vector<KeyPoint>::iterator keypoint = keypoints.begin(),
```

```
                keypointEnd = keypoints.end(); keypoint != keypointEnd; ++keypoint)
                keypoint->pt *= scale;
        }
    }

    Mat descriptors;    //描述符
    vector<Point> pattern;    //补丁区域的随机像素的坐标变量

    if( do_descriptors )    //需要得到描述符
    {
        int nkeypoints = 0;    //特征点总数变量
        //遍历金字塔的所有层，得到特征点的总数
        for (int level = 0; level < levelsNum; ++level)
            nkeypoints += (int)allKeypoints[level].size();
        if( nkeypoints == 0 )
            _descriptors.release();
        else    //特征点总数不为零
        {
            //构建描述符矩阵
            _descriptors.create(nkeypoints, descriptorSize(), CV_8U);
            descriptors = _descriptors.getMat();    //得到描述矩阵
        }
        //补丁区域内需要256个点对，因此一共有512个随机选取的像素点，当然这512个像素点会有重复的像素点
        const int npoints = 512;
        Point patternbuf[npoints];    //像素点的数组变量
        //bit_pattern_31_为事先保存的补丁区域为31×31的512个随机像素的相对于补丁中心（即特征点）的
        //相对坐标，pattern0为该数组的首地址
/****************************************
bit_pattern_31_数组的每一行有4个元素，分别表示点对的两个像素横、纵坐标: (8,-3)和(9,5)
static int bit_pattern_31_[256*4] =
{
    8,-3, 9,5/*mean (0), correlation (0)*/,
    ......
}
****************************************/
        const Point* pattern0 = (const Point*)bit_pattern_31_;
        //如果补丁区域的大小不是31 × 31，则像素需要随机选取
        if( patchSize != 31 )
        {
            pattern0 = patternbuf;
            //随机选取像素，但随机的种子是固定的，因此随机得到的像素也是固定的
            makeRandomPattern(patchSize, patternbuf, npoints);
        }
        //确保WTA_K参数的正确
        CV_Assert( WTA_K == 2 || WTA_K == 3 || WTA_K == 4 );

        if( WTA_K == 2 )
            //把存储在bit_pattern_31_的数据复制到pattern中
            std::copy(pattern0, pattern0 + npoints, std::back_inserter(pattern));
        else    // WTA_K == 3 或者 WTA_K == 4
```

```
        {
            int ntuples = descriptorSize()*4;     //描述符的字节数要乘以 4
            //调整随机选取的像素点，以满足不同数量的像素点的比较
            initializeOrbPattern(pattern0, pattern, ntuples, WTA_K, npoints);
        }
    }

    _keypoints.clear();
    int offset = 0;
    //遍历金字塔的所有层
    for (int level = 0; level < levelsNum; ++level)
    {
        // Get the features and compute their orientation
        vector<KeyPoint>& keypoints = allKeypoints[level];     //得到该层图像的特征点
        int nkeypoints = (int)keypoints.size();     //该层图像特征点的总数

        // Compute the descriptors
        if (do_descriptors)     //需要计算描述符
        {
            Mat desc;     //该层特征点描述符矩阵变量
            if (!descriptors.empty())     //表示描述符变量中已存有其他的描述符
            {
                //新生成的描述符应该存放在已生成的描述符的后面，并且该层的描述符的数量由该层特征点的数
                //量决定，即有多少特征点就生成多少描述符
                desc = descriptors.rowRange(offset, offset + nkeypoints);
            }
            //更新该层描述符偏移量
            offset += nkeypoints;
            // preprocess the resized image
            Mat& workingMat = imagePyramid[level];     //该层图像
            //boxFilter(working_mat, working_mat, working_mat.depth(), Size(5,5),
            //Point(-1,-1), true, BORDER_REFLECT_101);
            //高斯平滑处理该层图像，原著中提到用盒状滤波器（即上面注释掉的部分），但这里应用的是高斯滤波
            GaussianBlur(workingMat, workingMat, Size(7, 7), 2, 2, BORDER_REFLECT_101);
            //计算该层图像的描述符，computeDescriptors 在后面给出详细的介绍
            computeDescriptors(workingMat, keypoints, desc, pattern, descriptorSize(), WTA_K);
        }

        // Copy to the output data
        if (level != firstLevel)     //如果该层图像不是输入的原始图像
        {
            //得到该层的尺度
            float scale = getScale(level, firstLevel, scaleFactor);
            //计算该层图像特征点的相对于原图的坐标
            for (vector<KeyPoint>::iterator keypoint = keypoints.begin(),
                keypointEnd = keypoints.end(); keypoint != keypointEnd; ++keypoint)
                keypoint->pt *= scale;
        }
        // And add the keypoints to the output
        //添加特征点
```

```
        _keypoints.insert(_keypoints.end(), keypoints.begin(), keypoints.end());
    }
}
```

ORB 方法中检测特征点的函数 computeKeyPoints：

```
/** Compute the ORB keypoints on an image
 * @param image_pyramid the image pyramid to compute the features and descriptors on
 * @param mask_pyramid the masks to apply at every level
 * @param keypoints the resulting keypoints, clustered per level
 */
static void computeKeyPoints(const vector<Mat>& imagePyramid,
                       const vector<Mat>& maskPyramid,
                       vector<vector<KeyPoint> >& allKeypoints,
                       int nfeatures, int firstLevel, double scaleFactor,
                       int edgeThreshold, int patchSize, int scoreType )
{
    int nlevels = (int)imagePyramid.size();     //得到金字塔的层数
    vector<int> nfeaturesPerLevel(nlevels);       //该变量表示金字塔每层的特征点数量

    // fill the extractors and descriptors for the corresponding scales
    //尺度变化量的倒数
    float factor = (float)(1.0 / scaleFactor);
    /*按照等比数列的原则，为每个尺度下（即金字塔的每层）分配不同数量的特征点，尺度越小检测到的特征点应
该越多。ndesiredFeaturesPerScale 表示金字塔底层（尺度最小）的特征点的数量*/
    float ndesiredFeaturesPerScale = nfeatures*(1 - factor)/(1 - (float)pow((double)factor,
(double)nlevels));

    int sumFeatures = 0;
    //遍历金字塔的所有层
    for( int level = 0; level < nlevels-1; level++ )
    {
        //该层分配到的特征点数量
        nfeaturesPerLevel[level] = cvRound(ndesiredFeaturesPerScale);
        sumFeatures += nfeaturesPerLevel[level];     //统计特征点的总数
        ndesiredFeaturesPerScale *= factor;     //金字塔上一层的特征点数量
    }
    //金字塔最顶层的特征点的数量
    nfeaturesPerLevel[nlevels-1] = std::max(nfeatures - sumFeatures, 0);

    // Make sure we forget about what is too close to the boundary
    //edge_threshold_ = std::max(edge_threshold_, patch_size_/2 + kKernelWidth / 2 + 2);

    // pre-compute the end of a row in a circular patch
    //补丁区域的圆形半径
    int halfPatchSize = patchSize / 2;
    //弦心距与半弦长的映射关系变量，umax 数组的索引为弦心距，umax 数组的值为半弦长
    vector<int> umax(halfPatchSize + 2);

    int v, v0, vmax = cvFloor(halfPatchSize * sqrt(2.f) / 2 + 1);
    int vmin = cvCeil(halfPatchSize * sqrt(2.f) / 2);
```

```
//计算弦心距与半弦长的映射关系
for (v = 0; v <= vmax; ++v)
    umax[v] = cvRound(sqrt((double)halfPatchSize * halfPatchSize - v * v));

// Make sure we are symmetric
//计算弦心距为 vmin 到圆形半径这段距离的映射关系
for (v = halfPatchSize, v0 = 0; v >= vmin; --v)
{
    while (umax[v0] == umax[v0 + 1])
        ++v0;
    umax[v] = v0;
    ++v0;
}

allKeypoints.resize(nlevels);
//遍历金字塔的所有层
for (int level = 0; level < nlevels; ++level)
{
    int featuresNum = nfeaturesPerLevel[level];      //得到该层的特征点数量
    allKeypoints[level].reserve(featuresNum*2);      //特征点多预留一倍的数量

    vector<KeyPoint> & keypoints = allKeypoints[level];      //该层特征点的内存地址

    // Detect FAST features, 20 is a good threshold
    //进行 FAST 特征点检测，阈值设为 20，进行非极大值抑制
    FastFeatureDetector fd(20, true);
    fd.detect(imagePyramid[level], keypoints, maskPyramid[level]);

    // Remove keypoints very close to the border
    //剔除过于靠近图像边界的特征点
    KeyPointsFilter::runByImageBorder(keypoints,imagePyramid[level].size(), edgeThreshold);
    //利用 Harris 算法对特征点进行排序
    if( scoreType == ORB::HARRIS_SCORE )
    {
        // Keep more points than necessary as FAST does not give amazing corners
        //根据特征点的响应值的大小，保留 2×featuresNum 个最佳的特征点，FAST 的响应值是它的得分值
        KeyPointsFilter::retainBest(keypoints, 2 * featuresNum);

        // Compute the Harris cornerness (better scoring than FAST)
        //调用 HarrisResponses 函数，按照 Harris 方法计算特征点的响应值，该函数在后面给出详细的介绍
        // HARRIS_K = 0.04f;为 Harris 系数，即式（13-4）中的 k
        HarrisResponses(imagePyramid[level], keypoints, 7, HARRIS_K);
    }

    //cull to the final desired level, using the new Harris scores or the original FAST scores.
    /*根据特征点的响应值的大小，保留 featuresNum 个最佳的特征点，如果 scoreType 为
ORB::HARRIS_SCORE，则响应值为 Harris 算法计算得到，否则为 FAST 计算得到的响应值（即得分值）*/
    KeyPointsFilter::retainBest(keypoints, featuresNum);
    //得到该层的尺度
    float sf = getScale(level, firstLevel, scaleFactor);
```

```
        // Set the level of the coordinates
        //遍历该层的所有特征点
        for (vector<KeyPoint>::iterator keypoint = keypoints.begin(),
            keypointEnd = keypoints.end(); keypoint != keypointEnd; ++keypoint)
        {
            keypoint->octave = level;     //金字塔的所在层
            keypoint->size = patchSize*sf;      //尺寸
        }
        //计算该层的所有特征点的角度，computeOrientation 函数在后面给出详细的介绍
        computeOrientation(imagePyramid[level], keypoints, halfPatchSize, umax);
    }
}
```

按照 Harris 算法计算特征点的响应值函数 HarrisResponses：

```
/**
 * Function that computes the Harris responses in a
 * blockSize x blockSize patch at given points in an image
 */
static void
HarrisResponses(const Mat& img, vector<KeyPoint>& pts, int blockSize, float harris_k)
//img 为特征点所在的图像
//pts 为特征点
//blockSize 为特征点邻域大小，值为 7
//harris_k 为 Harris 系数，值为 0.04
{
    //确保输入参数的正确
    CV_Assert( img.type() == CV_8UC1 && blockSize*blockSize <= 2048 );
    //ptsize 表示特征点的数量
    size_t ptidx, ptsize = pts.size();

    const uchar* ptr00 = img.ptr<uchar>();          //图像首地址指针
    int step = (int)(img.step/img.elemSize1());     //得到步长
    int r = blockSize/2;                            //边长的一半

    float scale = (1 << 2) * blockSize * 255.0f;
    scale = 1.0f / scale;
    //得到式 13-4 中的 s
    float scale_sq_sq = scale * scale * scale * scale;
    //定义邻域变量
    AutoBuffer<int> ofsbuf(blockSize*blockSize);
    int* ofs = ofsbuf;      //邻域首地址指针
    //遍历特征点邻域内的所有像素
    for( int i = 0; i < blockSize; i++ )
        for( int j = 0; j < blockSize; j++ )
            ofs[i*blockSize + j] = (int)(i*step + j);     //存储图像的地址偏移量
    //遍历所有特征点
    for( ptidx = 0; ptidx < ptsize; ptidx++ )
    {
        //x0 和 y0 为以特征点为中心的邻域的左上角坐标
```

```
            int x0 = cvRound(pts[ptidx].pt.x - r);
            int y0 = cvRound(pts[ptidx].pt.y - r);
            //ptr0 为左上角坐标在图像中的地址
            const uchar* ptr0 = ptr00 + y0*step + x0;
            int a = 0, b = 0, c = 0;
            //遍历邻域内的所有像素
            for( int k = 0; k < blockSize*blockSize; k++ )
            {
                const uchar* ptr = ptr0 + ofs[k];    //得到图像中的像素地址
                //利用 Sobel 算子计算水平方向和垂直方向的梯度
                int Ix = (ptr[1] - ptr[-1])*2 + (ptr[-step+1] - ptr[-step-1]) + (ptr[step+1] - ptr[step-1]);
                int Iy = (ptr[step]-ptr[-step])*2+(ptr[step-1]-ptr[-step-1])+(ptr[step+1]-ptr[-step+1]);
                a += Ix*Ix;    //式 13-1
                b += Iy*Iy;    //式 13-2
                c += Ix*Iy;    //式 13-3
            }
            //式 13-4
            pts[ptidx].response = ((float)a * b - (float)c * c -
                            harris_k * ((float)a + b) * ((float)a + b))*scale_sq_sq;
        }
    }
```

计算特征点的角度函数 computeOrientation：

```
/** Compute the ORB keypoint orientations
 * @param image the image to compute the features and descriptors on
 * @param integral_image the integral image of the iamge (can be empty, but the computation
will be slower)
 * @param scale the scale at which we compute the orientation
 * @param keypoints the resulting keypoints
 */
static void computeOrientation(const Mat& image, vector<KeyPoint>& keypoints,
                        int halfPatchSize, const vector<int>& umax)
{
    // Process each keypoint
    //遍历所有特征点
    for (vector<KeyPoint>::iterator keypoint = keypoints.begin(),
        keypointEnd = keypoints.end(); keypoint != keypointEnd; ++keypoint)
    {
        //得到特征点的角度，IC_Angle 函数在后面给出详细的介绍
        keypoint->angle = IC_Angle(image, halfPatchSize, keypoint->pt, umax);
    }
}
```

利用强度质心法计算特征点角度的 IC_Angle 函数：

```
static float IC_Angle(const Mat& image, const int half_k, Point2f pt,
                    const vector<int> & u_max)
//image 为特征点所在层的图像
//half_k 为补丁区域的圆形半径 r
//pt 为特征点
```

```
//umax 为弦心距与半弦长的映射关系
{
    int m_01 = 0, m_10 = 0;     //两个一阶矩变量
    //特征点在输入图像的坐标指针，它在补丁区域内的坐标为圆心原点
    const uchar* center = &image.at<uchar> (cvRound(pt.y), cvRound(pt.x));
    //下面为计算两个一阶矩的代码，变量 u 表示水平坐标 x, v 表示垂直坐标 y
    // Treat the center line differently, v=0
    //计算 y=0 时的 m_10, 在 y=0 时的 m_01 都等于 0
    for (int u = -half_k; u <= half_k; ++u)
        m_10 += u * center[u];

    // Go line by line in the circular patch
    int step = (int)image.step1();      //图像步长，即图像的宽
    //y 从 1 到 r, 遍历圆内所有像素
    for (int v = 1; v <= half_k; ++v)
    {
        // Proceed over the two lines
        int v_sum = 0;
        //得到当前弦心距所对应的半弦长
        int d = u_max[v];
        //遍历该弦上的所有像素
        for (int u = -d; u <= d; ++u)
        {
            // val_plus 表示上半圆弦上的像素灰度值，val_minus 表示下半圆弦上的像素灰度值
            int val_plus = center[u + v*step], val_minus = center[u - v*step];
            //计算 m_01 所用的灰度值，由于 val_plus 的纵坐标为 v, val_minus 的纵坐标为 v, 所以两个灰度
            //值是相减
            v_sum += (val_plus - val_minus);
            //计算 m_10, val_plus 和 val_minus 的横坐标都是 u
            m_10 += u * (val_plus + val_minus);
        }
        m_01 += v * v_sum;      //计算 m_01
    }
    //式（13-7），得到特征点的角度
    return fastAtan2((float)m_01, (float)m_10);
}
```

计算金字塔某一层特征点描述符 computeDescriptors 函数：

```
/** Compute the ORB decriptors
 * @param image the image to compute the features and descriptors on
 * @param integral_image the integral image of the image (can be empty, but the computation
will be slower)
 * @param level the scale at which we compute the orientation
 * @param keypoints the keypoints to use
 * @param descriptors the resulting descriptors
 */
static void computeDescriptors(const Mat& image, vector<KeyPoint>& keypoints, Mat&
descriptors,const vector<Point>& pattern, int dsize, int WTA_K)
{
```

```
    //convert to grayscale if more than one color
    CV_Assert(image.type() == CV_8UC1);     //确保输入图像格式的正确
    //create the descriptor mat, keypoints.size() rows, BYTES cols
    descriptors = Mat::zeros((int)keypoints.size(), dsize, CV_8UC1);    //描述符变量清零
    //遍历该图像内的所有特征点，计算 ORB 描述符，computeOrbDescriptor 函数在后面给出详细介绍
    for (size_t i = 0; i < keypoints.size(); i++)
        computeOrbDescriptor(keypoints[i], image, &pattern[0], descriptors.ptr((int)i),
        dsize, WTA_K);
}
```

计算每个特征点的 ORB 描述符函数 computeOrbDescriptor：

```
static void computeOrbDescriptor(const KeyPoint& kpt,
                                 const Mat& img, const Point* pattern,
                                 uchar* desc, int dsize, int WTA_K)
//dsize 表示描述符的字节数
{
    float angle = kpt.angle;     //得到特征点的方向角度
    //angle = cvFloor(angle/12)*12.f;
    //在原著中是需要把该角度进行量化处理，量化阶为 12 度，但这里没有这么处理
    angle *= (float)(CV_PI/180.f);     //转换为弧度
    //事先计算好特征点角度的正弦值和余弦值
    float a = (float)cos(angle), b = (float)sin(angle);
    //得到特征点在图像中的地址指针
    const uchar* center = &img.at<uchar>(cvRound(kpt.pt.y), cvRound(kpt.pt.x));
    int step = (int)img.step;     //步长，可以认为是图像的宽

    float x, y;
    int ix, iy;
#if 1
    /*宏定义，作用是最终提取出数组变量 bit_pattern_31_ 中的像素坐标，并按式 13-8 计算旋转角度后的坐标位
置，该宏的输入参数为数组 bit_pattern_31_ 的索引值，输出为旋转后坐标处的像素灰度值*/
    #define GET_VALUE(idx) \
           (x = pattern[idx].x*a - pattern[idx].y*b, \
            y = pattern[idx].x*b + pattern[idx].y*a, \
            ix = cvRound(x), \
            iy = cvRound(y), \
            *(center + iy*step + ix) )
#else
    #define GET_VALUE(idx) \
        (x = pattern[idx].x*a - pattern[idx].y*b, \
        y = pattern[idx].x*b + pattern[idx].y*a, \
        ix = cvFloor(x), iy = cvFloor(y), \
        x -= ix, y -= iy, \
        cvRound(center[iy*step + ix]*(1-x)*(1-y) + center[(iy+1)*step + ix]*(1-x)*y + \
               center[iy*step + ix+1]*x*(1-y) + center[(iy+1)*step + ix+1]*x*y))
#endif
    //比较像素的灰度值，根据比较的结果填充 BRIEF 描述符中的位字符串的相应位
    if( WTA_K == 2 )     //比较 2 个像素
    {
        //一次 for 循环完成 8 个点对的比较，结果填充到位字符串中的一个字节中
```

```
        for (int i = 0; i < dsize; ++i, pattern += 16)
        {
            //t0 和 t1 为点对的 2 个像素的灰度值，val 为比较结果的一个字节
            int t0, t1, val;
            //提取出一个点对
            t0 = GET_VALUE(0); t1 = GET_VALUE(1);
            val = t0 < t1;      //比较点对，结果存储在第 0 位
            t0 = GET_VALUE(2); t1 = GET_VALUE(3);
            val |= (t0 < t1) << 1;     //结果存储在第 1 位
            t0 = GET_VALUE(4); t1 = GET_VALUE(5);
            val |= (t0 < t1) << 2;     //结果存储在第 2 位
            t0 = GET_VALUE(6); t1 = GET_VALUE(7);
            val |= (t0 < t1) << 3;     //结果存储在第 3 位
            t0 = GET_VALUE(8); t1 = GET_VALUE(9);
            val |= (t0 < t1) << 4;     //结果存储在第 4 位
            t0 = GET_VALUE(10); t1 = GET_VALUE(11);
            val |= (t0 < t1) << 5;     //结果存储在第 5 位
            t0 = GET_VALUE(12); t1 = GET_VALUE(13);
            val |= (t0 < t1) << 6;     //结果存储在第 6 位
            t0 = GET_VALUE(14); t1 = GET_VALUE(15);
            val |= (t0 < t1) << 7;     //结果存储在第 7 位

            desc[i] = (uchar)val;     //字节存储在描述符中的相应位置上
        }
    }
    else if( WTA_K == 3 )     //比较 3 个像素
    {
        for (int i = 0; i < dsize; ++i, pattern += 12)
        {
            int t0, t1, t2, val;
            t0 = GET_VALUE(0); t1 = GET_VALUE(1); t2 = GET_VALUE(2);
            val = t2 > t1 ? (t2 > t0 ? 2 : 0) : (t1 > t0);     //3 个像素的比较结果

            t0 = GET_VALUE(3); t1 = GET_VALUE(4); t2 = GET_VALUE(5);
            val |= (t2 > t1 ? (t2 > t0 ? 2 : 0) : (t1 > t0)) << 2;

            t0 = GET_VALUE(6); t1 = GET_VALUE(7); t2 = GET_VALUE(8);
            val |= (t2 > t1 ? (t2 > t0 ? 2 : 0) : (t1 > t0)) << 4;

            t0 = GET_VALUE(9); t1 = GET_VALUE(10); t2 = GET_VALUE(11);
            val |= (t2 > t1 ? (t2 > t0 ? 2 : 0) : (t1 > t0)) << 6;

            desc[i] = (uchar)val;
        }
    }
    else if( WTA_K == 4 )     //比较 4 个像素
    {
        for (int i = 0; i < dsize; ++i, pattern += 16)
        {
            int t0, t1, t2, t3, u, v, k, val;
```

```
            t0 = GET_VALUE(0); t1 = GET_VALUE(1);
            t2 = GET_VALUE(2); t3 = GET_VALUE(3);
            u = 0, v = 2;
            if( t1 > t0 ) t0 = t1, u = 1;
            if( t3 > t2 ) t2 = t3, v = 3;
            k = t0 > t2 ? u : v;
            val = k;      //4 个像素的比较结果

            t0 = GET_VALUE(4); t1 = GET_VALUE(5);
            t2 = GET_VALUE(6); t3 = GET_VALUE(7);
            u = 0, v = 2;
            if( t1 > t0 ) t0 = t1, u = 1;
            if( t3 > t2 ) t2 = t3, v = 3;
            k = t0 > t2 ? u : v;
            val |= k << 2;

            t0 = GET_VALUE(8); t1 = GET_VALUE(9);
            t2 = GET_VALUE(10); t3 = GET_VALUE(11);
            u = 0, v = 2;
            if( t1 > t0 ) t0 = t1, u = 1;
            if( t3 > t2 ) t2 = t3, v = 3;
            k = t0 > t2 ? u : v;
            val |= k << 4;

            t0 = GET_VALUE(12); t1 = GET_VALUE(13);
            t2 = GET_VALUE(14); t3 = GET_VALUE(15);
            u = 0, v = 2;
            if( t1 > t0 ) t0 = t1, u = 1;
            if( t3 > t2 ) t2 = t3, v = 3;
            k = t0 > t2 ? u : v;
            val |= k << 6;

            desc[i] = (uchar)val;
        }
    }
    else   //除 WTA_K =2, 3, 4 以外的情况，报错
        CV_Error( CV_StsBadSize, "Wrong WTA_K. It can be only 2, 3 or 4." );

    #undef GET_VALUE
}
```

13.3　应用实例

首先是利用 ORB 进行特征点的检测：

```
#include "opencv2/core/core.hpp"
#include "opencv2/highgui/highgui.hpp"
#include "opencv2/imgproc/imgproc.hpp"
#include "opencv2/features2d/features2d.hpp"
```

```
#include "opencv2/nonfree/nonfree.hpp"

using namespace cv;
//using namespace std;

int main(int argc, char** argv)
{
  Mat img = imread("box_in_scene.png");

  ORB orb(300);     //检测 300 个特征点

  vector<KeyPoint> key_points;

  Mat descriptors, mascara;
  Mat output_img;

  orb(img,mascara, key_points, descriptors, false);
  drawKeypoints(img, key_points, output_img, Scalar::all(-1),
  DrawMatchesFlags::DRAW_RICH_KEYPOINTS);

  namedWindow("ORB");
  imshow("ORB", output_img);
  waitKey(0);

  return 0;
}
```

图 13-1 所示为特征点检测结果。

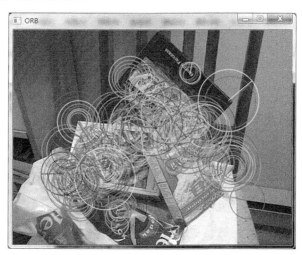

▲图 13-1　ORB 特征点检测结果

下面是 ORB 匹配实例：

```
#include "opencv2/core/core.hpp"
```

```
#include "opencv2/highgui/highgui.hpp"
#include "opencv2/imgproc/imgproc.hpp"
#include "opencv2/features2d/features2d.hpp"
#include "opencv2/nonfree/nonfree.hpp"
#include "opencv2/legacy/legacy.hpp"

using namespace cv;
using namespace std;

int main(int argc, char** argv)
{
   Mat img1 = imread("box_in_scene.png");
   Mat img2 = imread("box.png");

   ORB orb1(500), orb2(500);

   vector<KeyPoint> key_points1, key_points2;

   Mat descriptors1, descriptors2, mascara;

   orb1(img1,mascara,key_points1,descriptors1);
   orb2(img2,mascara,key_points2,descriptors2);

   BruteForceMatcher<Hamming> matcher;
   vector<DMatch>matches;
   matcher.match(descriptors1,descriptors2,matches);

   std::nth_element(matches.begin(),
         matches.begin()+29,
         matches.end());

   matches.erase(matches.begin()+30, matches.end());

   namedWindow("ORB_matches");
   Mat img_matches;
   drawMatches(img1,key_points1,
         img2,key_points2,
         matches,
         img_matches,
         Scalar(255,255,255));
   imshow("ORB_matches",img_matches);
   waitKey(0);

   return 0;
}
```

图 13-2 所示为 ORB 匹配结果。

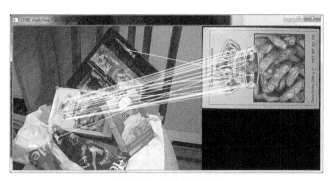

▲图 13-2 ORB 匹配结果

14.1　原理分析

自从 BRIEF 提出了通过比较图像中点对的灰度值来构建二值字符串，从而形成特征点描述符以来，以及该方法在 BRISK 和 ORB 的成功应用，充分说明了该方法的快速有效。因此二值位字符串形式的描述符应该会成为以后描述符的趋势。但该描述符的形式也有不足之处，那就是如何有效地选择理想的点对。

Alahi 等人于 2012 年提出了 FREAK（Fast Retina Keypoint）方法，该方法的灵感来自于人类视觉系统，更准确地说是视网膜，它能够实现具有快速、紧凑和鲁棒性的特征点描述符。

在 BRISK 方法中，使用了类似于 DAISY 形式的采样模板，而在 FREAK 中，使用的是视网膜形式的采样模板。同 BRISK 一样，采样像素也是分布在多个同心圆上，但采样像素的分布是按照指数形式的分布密度分布的，越接近圆心，分布密度越大。

如图 14-1 所示为 FREAK 采样模板，它的结构类似于视网膜的神经节细胞。该采样模板除了圆心处的一个特征点外，还包括另外 7 个同心圆，每个同心圆上各有 6 个采样像素均匀地分布在各自的同心圆圆周上，而且相邻同心圆上的采样像素的分布是交错的，即某个同心圆上 6 个采样像素正好分布在其相邻同心圆上 6 个采样像素的中间位置，角度差了 30 度（360 / 12 = 30）。如果包括特征点在内，则模板中共有 43（$1 + 7 \times 6 = 43$）个采样像素。

为了提高抗干扰能力，还需要对模板中的采样像素进行平滑滤波处理。与 BRISK 相同的是，不同的同心圆上采用不同大小的滤波内核，但与 BRISK 不同的是，FREAK 内核的尺寸变化是呈现指数规律的（因为采样模板中采样像素的分布密度就是按指数规律变化的），而且滤波的区域是重叠的。如图 14-1 所示，围绕采样像素的圆就是它的滤波内核的面积，它们彼此之间是重叠，这种重叠的好处是可以获取更多的信息，从而提高描述符的可区分性。

对于归一化的采样模板来说，它的半径应该为 1，这里的半径指的是最外层同心圆的半径加上它的滤波内核的半径，即图 14-1 中最外侧的圆半径。按由外向内顺序，归一化后的 7 个同心圆的半径大小分别为：

$$\frac{24}{36},\ \frac{18}{36},\ \frac{13}{36},\ \frac{9}{36},\ \frac{6}{36},\ \frac{4}{36},\ \frac{3}{36} \tag{14-1}$$

可以看出相邻同心圆半径之差的比例正好为 6:5:4:3:2:1。采样像素的滤波内核半径都是各自所在同心圆半径的一半，而圆心处的特征点的滤波内核半径为 1/24。一般来说，采用高斯平滑滤波的方法效果较好，此时，滤波内核的半径就是高斯函数的标准差。但有时为了更快，往往采用均值滤波的方法，它可以应用积分图像的方法，此时的滤波内核大小就是均值滤波的面积。

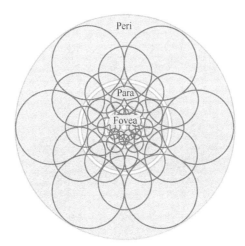

▲图 14-1　FREAK 采样模板

FREAK 的采样模板共有 43 个采样像素，那么一共会得到 903 个点对，如果每个点对所对应的像素灰度值都进行比较，并用于构建二值字符串的一个位，那么每个特征点的描述符的长度会有 903 位长。很显然，这么长的描述符不利于图像的匹配，况且在这 903 个点对中并不是每一个点对都可以有效地描述图像特征点的。因此我们要对点对进行选取，选取的方法就是通过训练的方式，具体步骤如下。

（1）创建一个大约由 5 万个图像特征点所组成的矩阵，矩阵的每一行对应一个特征点描述符，而每个描述符是由所有可能的 903 个点对的比较结果组成，矩阵的列表示的是同一个点对（像素在采样模板中的相对坐标相同，但绝对坐标是不同的）比较的结果。

（2）计算矩阵的每列的均值，如果均值为 0.5，则会使二值分布达到最大的相异性，而大的相异性是我们需要的，因为它会使特征点具有更好的差异性。

（3）对矩阵的列按照均值的大小进行排序。

（4）依次选取最佳的列（均值越接近 0.5 越好），当每选取一列时，都要与已经选取好的那些列进行比较，只有它们的相关性小于所设阈值时，才把该列存入已选取好的那些列中。

通过实验可以得到，前 512 个最佳的点对是最能表现特征点性质的，再增加点对的数量也不会改善系统的性能。另外这 512 个点对可以分为 4 类，如图 14-2 所示。

图 14-2（a）主要表现的是模板外围区域的点对，而图 14-2（d）主要表现的是模板中心区域的点对。可以看出这是一个从粗糙到精细的过程，也就是说特征点的描述符既有表现粗糙部分的成分，又有表现精细部分的成分。这完全符合人类视网膜观察物体的状况。

FREAK 方法仅仅是构建特征点描述符的方法，它还需要其他的特征点检测方法。但基于FREAK 采样模板的形状，FREAK 方法还提出了计算特征点角度的方法，如图 14-3 所示。

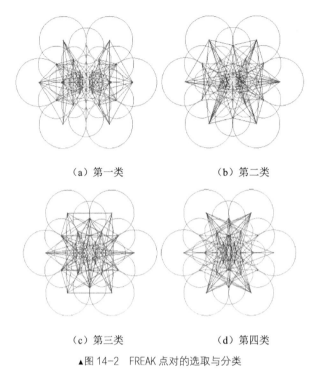

（a）第一类　　　　　　　　（b）第二类

（c）第三类　　　　　　　　（d）第四类

▲图 14-2　FREAK 点对的选取与分类

▲图 14-3　角度的计算模型

　　用于计算特征点角度的采样像素仅仅是最外层的 5 个同心圆上的采样像素。每个采样像素仅仅与其为同一个同心圆上的采样像素按照对称的原则组成点对。每一个同心圆上的点对组合为：(0, 3)，(1, 4)，(2, 5)，(0, 2)，(1, 3)，(2, 4)，(3, 5)，(4, 0)，(5, 1)，括号内的数字表示的是在同心圆上采样像素的索引值。每个同心圆有 9 个点对，5 个同心圆共有 45 个点对。我们用这 45 个点对得到该特征点的局部梯度，从而得到该特征点的角度。水平方向的梯度 g_x 和垂直方向的梯度 g_y 分别为：

$$g_x = \frac{1}{45} \sum_k \left[I\left(p_1^k\right) - I\left(p_2^k\right) \right] \frac{\left(x_1^k - x_2^k\right)}{d_k^2}　　　　（14-2）$$

$$g_y = \frac{1}{45} \sum_k \left[I\left(p_1^k\right) - I\left(p_2^k\right) \right] \frac{\left(y_1^k - y_2^k\right)}{d_k^2} \tag{14-3}$$

式（14-2）和式（14-3）是在所有 45 个点对范围内进行求和运算，其中，$I(p)$ 表示经过平滑处理后的 p 点像素的灰度值，p_1^k 和 p_2^k 分别表示 45 个点对中第 k 个点对的两个像素，它们的坐标分别为 (x_1^k, y_1^k) 和 (x_2^k, y_2^k)，d_k 表示这两个像素的距离，定义为：

$$d_k = \sqrt{\left(x_1^k - x_2^k\right)^2 + \left(y_1^k - y_2^k\right)^2} \tag{14-4}$$

则最终该特征点的角度 α 为：

$$\alpha = \arctan\left(\frac{g_y}{g_x}\right) \tag{14-5}$$

14.2　源码解析

FREAK 构造函数为：

```
FREAK::FREAK( bool _orientationNormalized, bool _scaleNormalized,
          float _patternScale, int _nOctaves, const std::vector<int>& _selectedPairs ):
    orientationNormalized(_orientationNormalized), scaleNormalized(_scaleNormalized),
    patternScale(_patternScale),  nOctaves(_nOctaves),  extAll(false),  nOctaves0(0),
selectedPairs0(_selectedPairs)
/* _orientationNormalized 表示特征点的角度是否需要进行规范化处理，如果不需要进行规范化处理，则特征点
的角度都是 0 度，默认为 true，需要规范化处理，即需要计算特征点的角度*/
/* _scaleNormalized 表示特征点的尺度是否需要进行规范化处理，如果不需要进行规范化处理，则所有特征点的尺
度都相同，默认为 true，需要规范化处理，即需要根据特征点的尺度，并根据尺度计算特征点相对于输入图像的坐标
*/
//_patternScale 表示采样模板的基准尺度，在程序中特征点的尺度还需要进行适当的调整和转换，以适应采样模板
//的尺度，默认为 22.0
//_nOctaves 表示尺度金字塔的层数，用于采样模板尺度的计算，默认为 4
//_selectedPairs 表示用户自定义的点对的索引值，为可选项，默认为空，表示使用系统定义好的点对
{
//extAll 表示是否要提取采样模板中所有的点对
}
```

我们先介绍 FREAK 中构建采样模板的函数 buildPattern：

```
void FREAK::buildPattern()
{
    //判断各类输入参数的正确性
    if( patternScale == patternScale0 && nOctaves == nOctaves0 && !patternLookup.empty() )
        return;

    nOctaves0 = nOctaves;              //层数
    patternScale0 = patternScale;     //采样模板的基准尺度
```

```
//FREAK_NB_SCALES = 64;表示尺度的变化量，即需要 64 个不同的特征点尺度
//FREAK_NB_ORIENTATION = 256;表示角度的变化量，即把 0~2π 分成 256 等份
//FREAK_NB_POINTS = 43;表示采样模板中采样像素的数量
//定义模板的查找表的长度大小，它的长度由特征点的尺度和角度的变化量，以及采样像素的数量决定，也可以
//把该变量看成一个三维数组
patternLookup.resize(FREAK_NB_SCALES*FREAK_NB_ORIENTATION*FREAK_NB_POINTS);
//定义尺度的变化步长，即 2 ^ ( (nOctaves-1)/64)，尺度是按照指数规律变化，这是因为在小尺度下应该
//比在大尺度下需要更多的特征点
double scaleStep = pow(2.0, (double)(nOctaves)/FREAK_NB_SCALES ); // 2 ^ ( (nOctaves-1)
/nbScales)
// scalingFactor 表示在尺度索引值下所对应的尺度，alpha, beta, theta 代表角度变量
double scalingFactor, alpha, beta, theta = 0;

// pattern definition, radius normalized to 1.0 (outer point position+sigma=1.0)
//定义模板中 8 个同心圆各分布的采样像素数量，圆心处只有一个像素（即特征点），其余同心圆都各有 6 个像素
const int n[8] = {6,6,6,6,6,6,6,1}; // number of points on each concentric circle (from
outer to inner)
//下面是定义同心圆半径的代码，要求是模板的尺寸大小要归一化，即最外层的同心圆的半径加上它的高斯标准
//差应该为 1，也就是图 14-1 所示的灰色圆的半径为 1
//最外层同心圆的半径
const double bigR(2.0/3.0); // bigger radius
//除圆心外，最内层同心圆的半径
const double smallR(2.0/24.0); // smaller radius
//同心圆半径递增的系数，满足相邻同心圆半径之间的差值之比为 1:2:3:4:5:6 的关系（从内向外的顺序）
const double unitSpace( (bigR-smallR)/21.0 ); // define spaces between concentric
circles (from center to outer: 1,2,3,4,5,6)
// radii of the concentric circles (from outer to inner)
//得到 8 个同心圆的半径，顺序为从外向内
const double radius[8] = {bigR, bigR-6*unitSpace, bigR-11*unitSpace, bigR-15*unitSpace,
bigR-18*unitSpace, bigR-20*unitSpace, smallR, 0.0};
// sigma of pattern points (each group of 6 points on a concentric circle has the same sigma)
//定义 8 个同心圆所使用的高斯标准差，顺序为从外向内，可以看出最外层圆的半径（2/3）加上标准差（1/3）
//正好等于 1，满足归一化的条件
const double sigma[8] = {radius[0]/2.0, radius[1]/2.0, radius[2]/2.0,
                         radius[3]/2.0, radius[4]/2.0, radius[5]/2.0,
                         radius[6]/2.0, radius[6]/2.0
                        };
// fill the lookup table
//填充模板的查找表
//遍历所有尺度
for( int scaleIdx=0; scaleIdx < FREAK_NB_SCALES; ++scaleIdx )
{
    //当前尺度下模板的尺寸大小
    patternSizes[scaleIdx] = 0; // proper initialization
    //得到当前采样模板的尺度值，scalingFactor = scaleStep ^ scaleIdx
    scalingFactor = pow(scaleStep,scaleIdx); //scale of the pattern, scaleStep ^ scaleIdx
    //遍历所有角度
    for( int orientationIdx = 0; orientationIdx < FREAK_NB_ORIENTATION; ++orientationIdx )
    {
        //得到当前采样模板的角度，单位是弧度
```

```
        theta = double(orientationIdx)* 2*CV_PI/double(FREAK_NB_ORIENTATION);
        // orientation of the pattern
        int pointIdx = 0;    采样像素的索引值
        //得到模板查找表的首地址指针
        PatternPoint* patternLookupPtr = &patternLookup[0];
        for( size_t i = 0; i < 8; ++i )    //遍历 8 个同心圆
        {
            for( int k = 0 ; k < n[i]; ++k )    //遍历同心圆上的所有采样像素
            {
                //相邻两个同心圆上的像素是交错的，beta 为交错的夹角
                beta = CV_PI/n[i] * (i%2); // orientation offset so that groups of points
                on each circles are staggered
                //得到当前采样像素的角度
                alpha = double(k)* 2*CV_PI/double(n[i])+beta+theta;

                // add the point to the look-up table
                //由当前的尺度、角度和采样像素，得到当前采样像素在模板查找表的位置
                PatternPoint& point = patternLookupPtr[ scaleIdx*FREAK_NB_ORIENTATION*
                FREAK_NB_POINTS+orientationIdx*FREAK_NB_POINTS+pointIdx ];
                //计算当前采样像素的坐标
                point.x= static_cast<float>(radius[i]*cos(alpha)*scalingFactor*patternScale);
                point.y= static_cast<float>(radius[i]* sin(alpha) * scalingFactor *patternScale);
                //计算当前采样像素所需的高斯函数的标准差
                point.sigma = static_cast<float>(sigma[i] * scalingFactor * patternScale);

                // adapt the sizeList if necessary
                //计算当前模板的尺寸
                const int sizeMax = static_cast<int>(ceil((radius[i]+sigma[i])*
                scalingFactor*patternScale)) + 1;
                if( patternSizes[scaleIdx] < sizeMax )
                    patternSizes[scaleIdx] = sizeMax;

                ++pointIdx;    //采样像素索引值递增
            }
        }
    }
}

    // build the list of orientation pairs
    //建立一个 45 个旋转点对的列表，在外层的 5 个同心圆上，每个同心圆根据对称的原则各找 9 个点对，这样一
    //共 45 个点对
    orientationPairs[0].i=0;    orientationPairs[0].j=3;    orientationPairs[1].i=1;
orientationPairs[1].j=4; orientationPairs[2].i=2; orientationPairs[2].j=5;
    orientationPairs[3].i=0;    orientationPairs[3].j=2;    orientationPairs[4].i=1;
orientationPairs[4].j=3; orientationPairs[5].i=2; orientationPairs[5].j=4;
    orientationPairs[6].i=3;    orientationPairs[6].j=5;    orientationPairs[7].i=4;
orientationPairs[7].j=0; orientationPairs[8].i=5; orientationPairs[8].j=1;

    orientationPairs[9].i=6;    orientationPairs[9].j=9;    orientationPairs[10].i=7;
orientationPairs[10].j=10; orientationPairs[11].i=8; orientationPairs[11].j=11;
```

```
    orientationPairs[12].i=6;    orientationPairs[12].j=8;    orientationPairs[13].i=7;
orientationPairs[13].j=9; orientationPairs[14].i=8; orientationPairs[14].j=10;
    orientationPairs[15].i=9;    orientationPairs[15].j=11;    orientationPairs[16].i=10;
orientationPairs[16].j=6; orientationPairs[17].i=11; orientationPairs[17].j=7;

    orientationPairs[18].i=12;    orientationPairs[18].j=15;    orientationPairs[19].i=13;
orientationPairs[19].j=16; orientationPairs[20].i=14; orientationPairs[20].j=17;
    orientationPairs[21].i=12;    orientationPairs[21].j=14;    orientationPairs[22].i=13;
orientationPairs[22].j=15; orientationPairs[23].i=14; orientationPairs[23].j=16;
    orientationPairs[24].i=15;    orientationPairs[24].j=17;    orientationPairs[25].i=16;
orientationPairs[25].j=12; orientationPairs[26].i=17; orientationPairs[26].j=13;

    orientationPairs[27].i=18;    orientationPairs[27].j=21;    orientationPairs[28].i=19;
orientationPairs[28].j=22; orientationPairs[29].i=20; orientationPairs[29].j=23;
    orientationPairs[30].i=18;    orientationPairs[30].j=20;    orientationPairs[31].i=19;
orientationPairs[31].j=21; orientationPairs[32].i=20; orientationPairs[32].j=22;
    orientationPairs[33].i=21;    orientationPairs[33].j=23;    orientationPairs[34].i=22;
orientationPairs[34].j=18; orientationPairs[35].i=23; orientationPairs[35].j=19;

    orientationPairs[36].i=24;    orientationPairs[36].j=27;    orientationPairs[37].i=25;
orientationPairs[37].j=28; orientationPairs[38].i=26; orientationPairs[38].j=29;
    orientationPairs[39].i=30;    orientationPairs[39].j=33;    orientationPairs[40].i=31;
orientationPairs[40].j=34; orientationPairs[41].i=32; orientationPairs[41].j=35;
    orientationPairs[42].i=36;    orientationPairs[42].j=39;    orientationPairs[43].i=37;
orientationPairs[43].j=40; orientationPairs[44].i=38; orientationPairs[44].j=41;
    // FREAK_NB_ORIENPAIRS = 45;表示旋转点对的数量
    //遍历所有旋转点对
    for( unsigned m = FREAK_NB_ORIENPAIRS; m--; )
    {
        //计算点对的两个像素的横坐标之差和纵坐标之差
        const float dx =
patternLookup[orientationPairs[m].i].x-patternLookup[orientationPairs[m].j].x;
        const float dy =
patternLookup[orientationPairs[m].i].y-patternLookup[orientationPairs[m].j].y;
        const float norm_sq = (dx*dx+dy*dy);    //点对的距离平方
        //式（14-2）和式（14-3）的分式部分
        orientationPairs[m].weight_dx = int((dx/(norm_sq))*4096.0+0.5);
        orientationPairs[m].weight_dy = int((dy/(norm_sq))*4096.0+0.5);
    }

    // build the list of description pairs
    //下面的代码用于建立描述符列表
    std::vector<DescriptionPair> allPairs;    //表示所有可能的点对
    //遍历所有采样像素，得到所有可能的点对
    for( unsigned int i = 1; i < (unsigned int)FREAK_NB_POINTS; ++i )
    {
        // (generate all the pairs)
        for( unsigned int j = 0; (unsigned int)j < i; ++j )
        {
            DescriptionPair pair = {(uchar)i,(uchar)j};    //得到一个点对
```

```
            allPairs.push_back(pair);
        }
    }
    // Input vector provided
    if( !selectedPairs0.empty() )      //使用用户提供的点对
    {
        //FREAK_NB_PAIRS = 512;表示点对的数量
        //点对的数量要与系统所要求的数量一致
        if( (int)selectedPairs0.size() == FREAK_NB_PAIRS )
        {
            for( int i = 0; i < FREAK_NB_PAIRS; ++i )      //遍历所有点对
                descriptionPairs[i] = allPairs[selectedPairs0.at(i)];      //赋值
        }
        else     //数量不一致，则报错
        {
            CV_Error(CV_StsVecLengthErr, "Input vector does not match the required size");
        }
    }
    //使用系统自带的默认点对
    else // default selected pairs
    {
        for( int i = 0; i < FREAK_NB_PAIRS; ++i )      //遍历所有点对
            //FREAK_DEF_PAIRS 为系统自带的 512 个最佳点对数组，它的值表示点对在变量 allPairs 的索引值
            descriptionPairs[i] = allPairs[FREAK_DEF_PAIRS[i]];      //赋值
    }
}
```

对采样像素进行平滑处理函数 meanIntensity，在原著中，使用的是高斯滤波的方法，但在这里采用的是均值滤波的方法，均值滤波模板的边长等于高斯标准差的两倍：

```
// simply take average on a square patch, not even gaussian approx
uchar FREAK::meanIntensity( const cv::Mat& image, const cv::Mat& integral,      //积分图像
                    const float kp_x,                //特征点的坐标
                    const float kp_y,
                    const unsigned int scale,     //特征点的尺度
                    const unsigned int rot,       //特征点的角度
                    const unsigned int point) const     //采样像素的索引
{
    // get point position in image
    //依据尺度、角度、采样像素的索引，在模板查找表内得到该采样像素
const PatternPoint& FreakPoint =
patternLookup[scale*FREAK_NB_ORIENTATION*FREAK_NB_POINTS + rot*FREAK_NB_POINTS + point];
    //由当前采样像素的相对坐标得到它的亚像素级的绝对坐标
    const float xf = FreakPoint.x+kp_x;
    const float yf = FreakPoint.y+kp_y;
    const int x = int(xf);     //取整，得到像素级的横坐标
    const int y = int(yf);     //取整，得到像素级的纵坐标
    const int& imagecols = image.cols;      //图像的宽

    // get the sigma:
    const float radius = FreakPoint.sigma;      //得到当前采样像素的高斯滤波标准差
```

```
    // calculate output:
    //如果标准差太小，即滤波模板的边长小于一个像素的宽度时，则不能用积分图像，所以由插值法得到均值滤波
    if( radius < 0.5 )
    {
        // interpolation multipliers:
        //由亚像素级的采样像素的坐标得到它距离其周围 4 个像素级坐标的水平长度和垂直长度，这 4 个长度相当
        //于权值
        const int r_x = static_cast<int>((xf-x)*1024);
        const int r_y = static_cast<int>((yf-y)*1024);
        const int r_x_1 = (1024-r_x);
        const int r_y_1 = (1024-r_y);
        uchar* ptr = image.data+x+y*imagecols;    //该采样像素在图像的地址指针
        unsigned int ret_val;
        // linear interpolation:
        //由 4 个权值得到该采样像素的滤波结果
        ret_val = (r_x_1*r_y_1*int(*ptr));
        ptr++;
        ret_val += (r_x*r_y_1*int(*ptr));
        ptr += imagecols;
        ret_val += (r_x*r_y*int(*ptr));
        ptr--;
        ret_val += (r_x_1*r_y*int(*ptr));
        //return the rounded mean
        ret_val += 2 * 1024 * 1024;
        return static_cast<uchar>(ret_val / (4 * 1024 * 1024));    //输出结果
    }

    // expected case:
    //标准差大于 0.5，即正常情况下的滤波处理过程
    // calculate borders
    //计算滤波模板的左上角和右下角坐标
    const int x_left = int(xf-radius+0.5);
    const int y_top = int(yf-radius+0.5);
    const int x_right = int(xf+radius+1.5);//integral image is 1px wider
    const int y_bottom = int(yf+radius+1.5);//integral image is 1px higher
    int ret_val;
    //由积分图像计算滤波模板内所有像素灰度值之和
    ret_val = integral.at<int>(y_bottom,x_right);//bottom right corner
    ret_val -= integral.at<int>(y_bottom,x_left);
    ret_val += integral.at<int>(y_top,x_left);
    ret_val -= integral.at<int>(y_top,x_right);
    ret_val = ret_val/( (x_right-x_left)* (y_bottom-y_top) );    //均值处理
    //~ std::cout<<integral.step[1]<<std::endl;
    return static_cast<uchar>(ret_val);    //输出结果
}
```

下面给出 FREAK 创建描述符的函数：

```
void FREAK::computeImpl( const Mat& image, std::vector<KeyPoint>& keypoints, Mat&
descriptors ) const
```

```
{
    if( image.empty() )          //检查输入图像是否存在
        return;
    if( keypoints.empty() )      //检查特征点是否存在
        return;

    ((FREAK*)this)->buildPattern();     //创建 FREAK 采样模板

    Mat imgIntegral;                    //积分图像
    integral(image, imgIntegral);       //得到输入图像的积分图像
    //表示特征点的尺度量化索引
    std::vector<int> kpScaleIdx(keypoints.size());
    // used to save pattern scale index corresponding to each keypoints
    //尺度索引迭代的起始
    const std::vector<int>::iterator ScaleIdxBegin = kpScaleIdx.begin();
    // used in std::vector erase function
    //特征点迭代的起始
    const std::vector<cv::KeyPoint>::iterator kpBegin = keypoints.begin();
    // used in std::vector erase function
    //表示尺寸的一个系数
    const float sizeCst = static_cast<float>(FREAK_NB_SCALES/(FREAK_LOG2* nOctaves));
    //表示采样模板中 43 个采样像素
    uchar pointsValue[FREAK_NB_POINTS];
    int thetaIdx = 0;    //特征点旋转角度的索引
    int direction0;      //水平方向的梯度
    int direction1;      //垂直方向的梯度

    // compute the scale index corresponding to the keypoint size and remove keypoints close
    //to the border
    //由特征点的尺度，剔除掉那些离图像边界太近，或超过图像边界的特征点
    if( scaleNormalized )    //表示所有特征点的尺度都是不同的情况下的处理过程
    {
        for( size_t k = keypoints.size(); k--; )    //遍历所有特征点
        {
            //Is k non-zero? If so, decrement it and continue"
            //FREAK_SMALLEST_KP_SIZE = 7;表示特征点的最小尺寸
            //得到当前特征点的尺度量化
            kpScaleIdx[k] = max( (int)(log(keypoints[k].size/FREAK_SMALLEST_KP_SIZE)
            *sizeCst+0.5) ,0);
            //尺度量化值不能大于量化的最大值（FREAK_NB_SCALES）
            if( kpScaleIdx[k] >= FREAK_NB_SCALES )
                kpScaleIdx[k] = FREAK_NB_SCALES-1;
            /*特征点离图像边界的距离小于它的采样模板的尺寸，则这些特征点的采样模板在输入图像中会没有它
            们的位置，所以要剔除掉；另外特征点的坐标位置超出图像的范围，则也应该剔除掉*/
            if( keypoints[k].pt.x <= patternSizes[kpScaleIdx[k]] || //check if the
            //description at this specific position and scale fits inside the image
                keypoints[k].pt.y <= patternSizes[kpScaleIdx[k]] ||
                keypoints[k].pt.x >= image.cols-patternSizes[kpScaleIdx[k]] ||
                keypoints[k].pt.y >= image.rows-patternSizes[kpScaleIdx[k]]
```

```
                    )
                {
                    keypoints.erase(kpBegin+k);      //剔除该特征点
                    kpScaleIdx.erase(ScaleIdxBegin+k);      //尺度索引也进行调整
                }
            }
        }
        else     //表示所有特征点的尺度都相同的情况下的处理过程
        {
            const int scIdx = max( (int)(1.0986122886681*sizeCst+0.5) ,0);
            for( size_t k = keypoints.size(); k--; )     //遍历所有特征点
            {
                //一致的特征点尺度
                kpScaleIdx[k] = scIdx; // equivalent to the formule when the scale is normalized
                with a constant size of keypoints[k].size=3*SMALLEST_KP_SIZE
                if( kpScaleIdx[k] >= FREAK_NB_SCALES )
                {
                    kpScaleIdx[k] = FREAK_NB_SCALES-1;
                }
                if( keypoints[k].pt.x <= patternSizes[kpScaleIdx[k]] ||
                    keypoints[k].pt.y <= patternSizes[kpScaleIdx[k]] ||
                    keypoints[k].pt.x >= image.cols-patternSizes[kpScaleIdx[k]] ||
                    keypoints[k].pt.y >= image.rows-patternSizes[kpScaleIdx[k]]
                  )
                {
                    keypoints.erase(kpBegin+k);
                    kpScaleIdx.erase(ScaleIdxBegin+k);
                }
            }
        }

    // allocate descriptor memory, estimate orientations, extract descriptors
    if( !extAll )
    //使用系统提供的 512 个最佳的点对（FREAK_DEF_PAIRS），则每个特征点的描述符字符串的长度为 512 位
    {
        // extract the best comparisons only
        //定义描述符的大小，并清空
        descriptors = cv::Mat::zeros((int)keypoints.size(), FREAK_NB_PAIRS/8, CV_8U);
#if CV_SSE2
        __m128i* ptr= (__m128i*) (descriptors.data+ (keypoints.size()-1) *descriptors. step[0]);
#else
        //指针 ptr 指向描述符矩阵变量的最后一个特征点描述符的首地址
        std::bitset<FREAK_NB_PAIRS>* ptr = (std::bitset<FREAK_NB_PAIRS>*) (descriptors.
data+ (keypoints. size()-1)*descriptors.step[0]);
#endif
        for( size_t k = keypoints.size(); k--; )     //遍历所有特征点
        {
            // estimate orientation (gradient)
            //计算当前特征点的角度
            if( !orientationNormalized )     //不需要计算特征点的角度
```

```
                {
                    //当前特征点的角度和索引均为 0
                    thetaIdx = 0; // assign 0 to all keypoints
                    keypoints[k].angle = 0.0;
                }
                else     //需要计算特征点的角度
                {
                    // get the points intensity value in the un-rotated pattern
                    //遍历当前特征点的采样模板中的所有 43 个采样像素
                    for( int i = FREAK_NB_POINTS; i--; )
                    {
                        //得到没有旋转的采样模板中采样像素的平滑滤波后的灰度值
                        pointsValue[i] = meanIntensity(image, imgIntegral, keypoints[k].pt.x,
                        keypoints[k].pt.y, kpScaleIdx[k], 0, i);
                    }
                    direction0 = 0;     //水平方向的梯度
                    direction1 = 0;     //垂直方向的梯度
                    for( int m = 45; m--; )     //遍历 45 个点对
                    {
                        //iterate through the orientation pairs
                        //计算点对像素灰度值之差
                        const int delta =
(pointsValue[ orientationPairs[m].i ]-pointsValue[ orientationPairs[m].j ]);
                        //式（14-2）和式（14-3），得到局部梯度
                        direction0 += delta*(orientationPairs[m].weight_dx)/2048;
                        direction1 += delta*(orientationPairs[m].weight_dy)/2048;
                    }
                    //式（14-5），得到当前特征点的旋转角度
                    keypoints[k].angle =
static_cast<float>(atan2((float)direction1,(float)direction0)*(180.0/CV_PI));//estimate
orientation
                    //把旋转角度进行量化处理
                    thetaIdx = int(FREAK_NB_ORIENTATION*keypoints[k].angle*(1/360.0)+0.5);
                    //保证角度在量化范围之内，即 0~FREAK_NB_ORIENTATION 范围
                    if( thetaIdx < 0 )
                        thetaIdx += FREAK_NB_ORIENTATION;

                    if( thetaIdx >= FREAK_NB_ORIENTATION )
                        thetaIdx -= FREAK_NB_ORIENTATION;
                }
                // extract descriptor at the computed orientation
                //再次遍历当前特征点的采样模板中的 43 个采样像素，这次是得到旋转模板下的 43 个采样像素的灰度值
                for( int i = FREAK_NB_POINTS; i--; )
                {
                    pointsValue[i] = meanIntensity(image, imgIntegral,
                    keypoints[k].pt.x,keypoints[k].pt.y, kpScaleIdx[k], thetaIdx, i);
                }
#if CV_SSE2
```

```
// note that comparisons order is modified in each block (but first 128 comparisons
//remain globally the same-->does not affect the 128,384 bits segmanted matching
//strategy)
int cnt = 0;
for( int n = FREAK_NB_PAIRS/128; n-- ; )
{
    __m128i result128 = _mm_setzero_si128();
    for( int m = 128/16; m--; cnt += 16 )
    {
        __m128i operand1 = _mm_set_epi8(
            pointsValue[descriptionPairs[cnt+0].i],
            pointsValue[descriptionPairs[cnt+1].i],
            pointsValue[descriptionPairs[cnt+2].i],
            pointsValue[descriptionPairs[cnt+3].i],
            pointsValue[descriptionPairs[cnt+4].i],
            pointsValue[descriptionPairs[cnt+5].i],
            pointsValue[descriptionPairs[cnt+6].i],
            pointsValue[descriptionPairs[cnt+7].i],
            pointsValue[descriptionPairs[cnt+8].i],
            pointsValue[descriptionPairs[cnt+9].i],
            pointsValue[descriptionPairs[cnt+10].i],
            pointsValue[descriptionPairs[cnt+11].i],
            pointsValue[descriptionPairs[cnt+12].i],
            pointsValue[descriptionPairs[cnt+13].i],
            pointsValue[descriptionPairs[cnt+14].i],
            pointsValue[descriptionPairs[cnt+15].i]);

        __m128i operand2 = _mm_set_epi8(
            pointsValue[descriptionPairs[cnt+0].j],
            pointsValue[descriptionPairs[cnt+1].j],
            pointsValue[descriptionPairs[cnt+2].j],
            pointsValue[descriptionPairs[cnt+3].j],
            pointsValue[descriptionPairs[cnt+4].j],
            pointsValue[descriptionPairs[cnt+5].j],
            pointsValue[descriptionPairs[cnt+6].j],
            pointsValue[descriptionPairs[cnt+7].j],
            pointsValue[descriptionPairs[cnt+8].j],
            pointsValue[descriptionPairs[cnt+9].j],
            pointsValue[descriptionPairs[cnt+10].j],
            pointsValue[descriptionPairs[cnt+11].j],
            pointsValue[descriptionPairs[cnt+12].j],
            pointsValue[descriptionPairs[cnt+13].j],
            pointsValue[descriptionPairs[cnt+14].j],
            pointsValue[descriptionPairs[cnt+15].j]);

        __m128i workReg = _mm_min_epu8(operand1, operand2);
        // emulated "not less than" for 8-bit UNSIGNED integers
        workReg = _mm_cmpeq_epi8(workReg, operand2);
        // emulated "not less than" for 8-bit UNSIGNED integers
```

```
                        workReg = _mm_and_si128(_mm_set1_epi16(short(0x8080 >> m)), workReg);
                        // merge the last 16 bits with the 128bits std::vector until full
                        result128 = _mm_or_si128(result128, workReg);
                    }
                    (*ptr) = result128;
                    ++ptr;
                }
                ptr -= 8;
#else
```
```
        // extracting descriptor preserving the order of SSE version
```
        //计算当前特征点的描述符
```
        int cnt = 0;     //为 512 个点对计数
```
        //通过 3 个 for 循环得到长度为 512（FREAK_NB_PAIRS）位的字符串描述符，之所以用这样的循环
        //结构，是为了与 SSE 版本的点对顺序保持一致
```
        for( int n = 7; n < FREAK_NB_PAIRS; n += 128)
        {
            for( int m = 8; m--; )
            {
                int nm = n-m;
                for(int kk = nm+15*8; kk >= nm; kk-=8, ++cnt)
                {
```
                    //根据第 cnt 个点对的比较结果，为字符串的第 kk 位赋值
```
                    ptr->set(kk, pointsValue[descriptionPairs[cnt].i] >=
                    pointsValue[descriptionPairs[cnt].j]);
                }
            }
        }
        --ptr;
```
        --ptr;   //指向描述符矩阵变量中的前一个特征点描述符地址
```
#endif
    }
}
```
```
    else // extract all possible comparisons for selection
```
    //这种情况仅仅是在调用 selectPairs 函数时应用，它不使用系统提供的 FREAK_DEF_PAIRS 点对，而是
    //比较所有可能的 903 个点对
```
    {
```
        //定义描述符的大小，并清空
```
        descriptors = cv::Mat::zeros((int)keypoints.size(), 128, CV_8U);
        std::bitset<1024>* ptr = (std::bitset<1024>*)
(descriptors.data+(keypoints.size()-1)*descriptors.step[0]);

        for( size_t k = keypoints.size(); k--; )
        {
            //estimate orientation (gradient)
```
            //计算当前特征点的旋转角度
```
            if( !orientationNormalized )
            {
                thetaIdx = 0;//assign 0 to all keypoints
                keypoints[k].angle = 0.0;
            }
            else
```

```
        {
            //get the points intensity value in the un-rotated pattern
            for( int i = FREAK_NB_POINTS;i--; )
                pointsValue[i] = meanIntensity(image, imgIntegral,
                keypoints[k].pt.x,keypoints[k].pt.y, kpScaleIdx[k], 0, i);

            direction0 = 0;
            direction1 = 0;
            for( int m = 45; m--; )
            {
                //iterate through the orientation pairs
                const int delta = (pointsValue[ orientationPairs[m].i ] -pointsValue
                [ orientationPairs[m].j ]);
                direction0 += delta*(orientationPairs[m].weight_dx)/2048;
                direction1 += delta*(orientationPairs[m].weight_dy)/2048;
            }

            keypoints[k].angle = static_cast<float> (atan2((float)direction1, (float)
direction0)*(180.0/CV_PI)); //estimate orientation
            thetaIdx = int(FREAK_NB_ORIENTATION*keypoints[k].angle*(1/360.0)+0.5);

            if( thetaIdx < 0 )
                thetaIdx += FREAK_NB_ORIENTATION;

            if( thetaIdx >= FREAK_NB_ORIENTATION )
                thetaIdx -= FREAK_NB_ORIENTATION;
        }
        // get the points intensity value in the rotated pattern
        for( int i = FREAK_NB_POINTS; i--; )
        {
            pointsValue[i] = meanIntensity(image, imgIntegral, keypoints[k].pt.x,
                                keypoints[k].pt.y, kpScaleIdx[k], thetaIdx, i);
        }
        //计算当前特征点的描述符
        int cnt(0);
        //比较所有可能的点对
        for( int i = 1; i < FREAK_NB_POINTS; ++i )
        {
            //(generate all the pairs)
            for( int j = 0; j < i; ++j )
            {
                ptr->set(cnt, pointsValue[i] >= pointsValue[j] );
                ++cnt;
            }
        }
        --ptr;
    }
  }
}
```

在 OpenCV 中，虽然系统已经给我们选好了 512 个最佳的点对（FREAK_DEF_PAIRS），但仍然给出了 selectPairs 函数。该函数的作用是通过训练一个灰度图像集合下所有特征点，来离线地得到 512 个点对，以满足我们不同的需求。但 OpenCV 也强调了，如果没有特殊的要求，系统给出的 512 个点对可以应用于绝大多数场合。

```cpp
// pair selection algorithm from a set of training images and corresponding keypoints
vector<int> FREAK::selectPairs(const std::vector<Mat>& images
                    std::vector<std::vector<KeyPoint> >& keypoints,
                              const double corrTresh,
                              bool verbose )
//images 表示要训练的图像集合
//keypoinst 表示要训练的特征点
//corrTresh 表示点对相关性的阈值，默认为 0.7
//verbose 表示是否需要输出一些详细的信息，默认为 true
{
    //extAll 为 true 则在调用 computeImpl 函数时，得到的是所有可能的 903 个点对产生的描述符
    extAll = true;
    // compute descriptors with all pairs
    Mat descriptors;      //定义所有图像下特征点的描述符

    if( verbose )        //输出图像集合中图像的数量
        std::cout << "Number of images: " << images.size() << std::endl;
    //遍历所有图像
    for( size_t i = 0;i < images.size(); ++i )
    {
        Mat descriptorsTmp;
        //计算当前图像的特征点相对应的描述符
        computeImpl(images[i],keypoints[i],descriptorsTmp);
        descriptors.push_back(descriptorsTmp);    //存储描述符
    }

    if( verbose )        //特征点的数量就是描述符矩阵的行
        std::cout << "number of keypoints: " << descriptors.rows << std::endl;

    //descriptor in floating point format (each bit is a float)
    //定义浮点型的描述符矩阵并清零，该矩阵的列为 903，表示每一个特征点的描述符用 903 位表示，每一位的值
    //都由一个点对比较得到，并且每一位的数据类型是浮点型
    Mat descriptorsFloat = Mat::zeros(descriptors.rows, 903, CV_32F);
    //ptr 指向最后一个特征点所对应的描述符地址
    std::bitset<1024>* ptr = (std::bitset<1024>*)
(descriptors.data+(descriptors.rows-1)*descriptors.step[0]);
    //描述符按从后往前的顺序遍历
    for( int m = descriptors.rows; m--; )
    {
        for( int n = 903; n--; )     //遍历所有的 903 个点对所产生的位
        {
            if( ptr->test(n) == true )
                descriptorsFloat.at<float>(m,n)=1.0f;     //把整型转换为浮点型
        }
```

```
        --ptr;    //指向前一个描述符
    }
/************************
struct PairStat
{
    double mean;     //均值
    int idx;     //索引
};
*****************************/
    std::vector<PairStat> pairStat;
    for( int n = 903; n--; )    //遍历所有位, 即 903 个点对
    {
        // the higher the variance, the better --> mean = 0.5
        //计算当前位下, 所有描述符的均值的绝对值, 实际存储的是均值减 0.5
        PairStat tmp = { fabs( mean(descriptorsFloat.col(n))[0]-0.5 ) ,n};
        pairStat.push_back(tmp);     //保存
    }
    //按照均值由小到大的顺序进行排序, 均值越小, 就越接近 0.5, 点对就越好
    std::sort( pairStat.begin(),pairStat.end(), sortMean() );

    std::vector<PairStat> bestPairs;        //表示已得到的最佳点对
    for( int m = 0; m < 903; ++m )        //再次遍历所有的位
    {
        if( verbose )    //打印当前位下, 最佳点对的数量
            std::cout << m << ":" << bestPairs.size() << " " << std::flush;
        double corrMax(0);
        //遍历 bestPairs 内的所有元素
        for( size_t n = 0; n < bestPairs.size(); ++n )
        {
            int idxA = bestPairs[n].idx;    //当前 bestPairs 内点对的索引值
            int idxB = pairStat[m].idx;      //当前的所有位 ( 即点对 ) 的索引值
            double corr(0);
            // compute correlation between 2 pairs
            //计算两个点对的相关值
            corr = fabs(compareHist(descriptorsFloat.col(idxA), descriptorsFloat.
            col (idxB), CV_COMP_CORREL));

            if( corr > corrMax )
            {
                corrMax = corr;    //保存最大的相关值
                if( corrMax >= corrTresh )                    //大于阈值, 则退出 for 循环
                    break;
            }
        }
        //把当前得到的最大相关值与阈值进行比较
        if( corrMax < corrTresh/*0.7*/ )
            bestPairs.push_back(pairStat[m]);    //保存当前的位, 即当前的点对
        //只需得到 512 个位, 即 512 个点对即可
        if( bestPairs.size() >= 512 )
        {
```

```
            if( verbose )
                std::cout << m << std::endl;
            break;
        }
    }

    std::vector<int> idxBestPairs;
    if( (int)bestPairs.size() >= FREAK_NB_PAIRS )   //得到的点对数量符合要求
    {
        for( int i = 0; i < FREAK_NB_PAIRS; ++i )
            idxBestPairs.push_back(bestPairs[i].idx);         //存储 512 个最佳点对
    }
    else    //如果得到点对数量小于 512（FREAK_NB_PAIRS）
    {
        //说明 corrTresh 设置得太小，也就是条件太苛刻了
        if( verbose )
            std::cout << "correlation threshold too small (restrictive)" << std::endl;
        CV_Error(CV_StsError, "correlation threshold too small (restrictive)");
    }
    extAll = false;     //恢复 extAll 标识
    return idxBestPairs;   //输出
}
```

14.3 应用实例

FREAK 方法只是提出了特征点描述符的算法，因此要想使用该方法，还必须应用其他方法先把特征点检测出来。在原著中，作者使用的是 BRISK 的特征点检测方法。在这里，我们也用该方法。

```
#include "opencv2/core/core.hpp"
#include "opencv2/highgui/highgui.hpp"
#include "opencv2/imgproc/imgproc.hpp"
#include "opencv2/features2d/features2d.hpp"
#include "opencv2/nonfree/nonfree.hpp"
#include "opencv2/legacy/legacy.hpp"

using namespace cv;
using namespace std;

int main(int argc, char** argv)
{
    Mat img1 = imread("box_in_scene.png");
    Mat img2 = imread("box.png");

    BRISK brisk(60, 4, 1.0);    //实例化 BRISK
    FREAK freak;    //实例化 FREAK

    vector<KeyPoint> key_points1, key_points2;
```

259

```
    brisk.detect(img1, key_points1);     //BRISK 的特征点检测方法
    brisk.detect(img2, key_points2);

    Mat descriptors1, descriptors2;
    freak.compute(img1, key_points1, descriptors1);     //创建 FREAK 描述符
    freak.compute(img2, key_points2, descriptors2);

    BruteForceMatcher<Hamming> matcher;
    vector<DMatch>matches;
    matcher.match(descriptors1,descriptors2,matches);

    std::nth_element(matches.begin(),
        matches.begin()+29,
        matches.end());
    matches.erase(matches.begin()+30, matches.end());

    namedWindow("FREAK_matches");
    Mat img_matches;
    drawMatches(img1,key_points1,
        img2,key_points2,
        matches,
        img_matches,
        Scalar(255,255,255));
    imshow("FREAK_matches",img_matches);
    waitKey(0);

    return 0;
}
```

结果如图 14-4 所示。

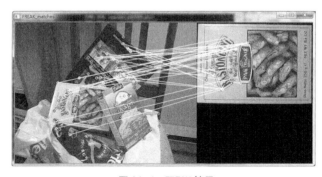

▲图 14-4　FREAK 结果

第 15 章　SimpleBlob 方法

15.1 原理分析

在 OpenCV 中提供了 SimpleBlobDetector 的特征点检测方法，正如它的名称，该方法使用最简单的方式来检测斑点类的特征点。下面我们就来分析一下该方法。

第一步是通过一系列连续的阈值把输入的灰度图像转换为一个二值图像的集合，阈值范围为 $[T_1, T_2]$，步长为 t，则所有阈值为：

$$T_1,\ T_1+t,\ T_1+2t,\ T_1+3t, \cdots,\ T_2 \tag{15-1}$$

第二步是利用 Suzuki 提出的算法通过检测每一幅二值图像的边界的方式，提取出每一幅二值图像的连通区域，我们可以认为由边界所围成的不同的连通区域就是该二值图像的斑点；

第三步是根据所有二值图像斑点的中心坐标对二值图像斑点进行分类，从而形成灰度图像的斑点，即属于同一类的那些二值图像斑点最终形成灰度图像的斑点，具体来说就是，灰度图像的斑点是由中心坐标间的距离小于阈值 T_b 的那些二值图像斑点所组成的，即这些二值图像斑点属于该灰度图像斑点；

第四步是确定灰度图像斑点的信息——位置和尺寸。位置是属于该灰度图像斑点的所有二值图像斑点中心坐标的加权和，即式（15-2），权值 q 等于该二值图像斑点的惯性率的平方，它的含义是二值图像斑点的形状越接近圆形，越是我们所希望的斑点，因此对灰度图像斑点位置的贡献就越大。尺寸则是属于该灰度图像斑点的所有二值图像斑点中面积大小居中的半径长度。

$$[X,Y] = \frac{\sum_i q_i [x_i, y_i]}{\sum_i q_i} \tag{15-2}$$

在第二步中，并不是所有的二值图像的连通区域都可以认为是二值图像斑点，我们往往通过一些限定条件来得到更准确的斑点，如图 15-1 所示。这些限定条件包括颜色、面积和形状，斑点的形状又可以用圆度、偏心率或凸度来表示。下面我们就逐一介绍这些限定条件：

颜色——对于二值图像来说，只有两种斑点颜色，白色斑点和黑色斑点，我们只需要一种颜色的斑点，通过确定斑点的灰度值就可以区分出斑点的颜色。

面积——连通区域的面积太大和太小都不是斑点，所以我们需要计算连通区域的面积，只有当该面积在我们所设定的最大面积和最小面积之间时，该连通区域才作为斑点被保留下来。

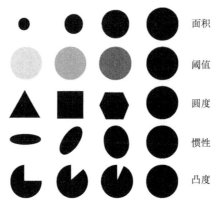

▲图 15-1 几种斑点的限定条件

圆度——圆形的斑点是最理想的，任意形状的圆度 C 定义为：

$$C = 4\pi\frac{S}{p^2}$$

（15-3）

式中，S 和 p 分别表示该形状的面积和周长，当 C 为 1 时，表示该形状是一个完美的圆形，而当 C 为 0 时，表示该形状是一个拉长的多边形。

偏心率和惯性率——偏心率是指某一椭圆轨道与理想圆形的偏离程度，长椭圆轨道的偏心率高，而近于圆形的椭圆轨道的偏心率低。圆形的偏心率等于 0，椭圆的偏心率介于 0 和 1 之间，而偏心率等于 1 表示的是抛物线。直接计算斑点的偏心率较为复杂，但利用图像矩的概念计算图形的惯性率，再由惯性率计算偏心率较为方便。偏心率 E 和惯性率 I 之间的关系为：

$$E^2 + I^2 = 1$$

（15-4）

因此圆形的惯性率等于 1，惯性率越接近 1，圆形的程度越高，如图 15-2 所示。

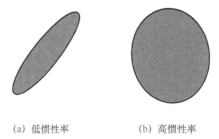

(a) 低惯性率   (b) 高惯性率

▲图 15-2 惯性率

凸度——在平面中，凸形图指的是图形的所有部分都在由该图形切线所围成的区域的内部。我们可以用凸度来表示斑点凹凸的程度，凸度 V 的定义为：

$$V = \frac{S}{H}$$

（15-5）

式中，H 表示该斑点的凸壳面积。

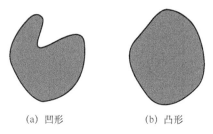

(a) 凹形　　　　　　(b) 凸形

▲图 15-3　凸度

在计算斑点的面积、中心处的坐标，尤其是惯性率时，都可以应用图像矩的方法。下面我们就介绍该方法。

矩在统计学中被用来反映随机变量的分布情况，推广到力学中，它被用来描述空间物体的质量分布。同样的道理，如果我们将图像的灰度值看作是一个二维的密度分布函数，那么矩方法就可用于图像处理领域。设 $f(x, y)$ 是一幅数字图像，则它的矩 M_{ij} 为：

$$M_{ij} = \sum_x \sum_y x^i y^j f(x, y) \tag{15-6}$$

对于二值图像来说，零阶矩 M_{00} 等于它的面积。图形的质心为：

$$\{\overline{x}, \overline{y}\} = \left\{ \frac{M_{10}}{M_{00}}, \frac{M_{01}}{M_{00}} \right\} \tag{15-7}$$

图像的中心矩 μ_{pq} 定义为：

$$\mu_{pq} = \sum_x \sum_y (x - \overline{x})^p (y - \overline{y})^q f(x, y) \tag{15-8}$$

一阶中心矩称为静矩，二阶中心矩称为惯性矩。如果仅考虑二阶中心矩的话，则图像完全等同于一个具有确定的大小、方向和离心率，以图像质心为中心且具有恒定辐射度的椭圆。

图像的协方差矩阵为：

$$\mathrm{cov}[f, (x, y)] = \begin{bmatrix} \mu'_{20} & \mu'_{11} \\ \mu'_{11} & \mu'_{02} \end{bmatrix} = \begin{bmatrix} \dfrac{\mu_{20}}{\mu_{00}} & \dfrac{\mu_{11}}{\mu_{00}} \\ \dfrac{\mu_{11}}{\mu_{00}} & \dfrac{\mu_{02}}{\mu_{00}} \end{bmatrix} \tag{15-9}$$

该矩阵的两个特征值 λ_1 和 λ_2 对应于图像强度（即椭圆）的主轴和次轴：

$$\lambda_1 = \frac{\mu'_{20} + \mu'_{02}}{2} + \frac{\sqrt{4\mu_{11}'^2 + (\mu'_{20} - \mu'_{02})^2}}{2} \tag{15-10}$$

$$\lambda_2 = \frac{\mu'_{20} + \mu'_{02}}{2} + \frac{\sqrt{4\mu_{11}'^2 + (\mu'_{20} - \mu'_{02})^2}}{2} \tag{15-11}$$

而图像的方向角度 θ 为：

$$\theta = \frac{1}{2}\arctan\left(\frac{2\mu'_{11}}{\mu'_{20} - \mu'_{02}}\right) \tag{15-12}$$

图像的惯性率 I 为：

$$I = \frac{\lambda_2}{\lambda_1} = \frac{\mu'_{20} + \mu'_{02} - \sqrt{4\mu'^2_{11} + (\mu'_{20} - \mu'_{02})^2}}{\mu'_{20} + \mu'_{02} + \sqrt{4\mu'^2_{11} + (\mu'_{20} - \mu'_{02})^2}} = \frac{\mu_{20} + \mu_{02} - \sqrt{4\mu^2_{11} + (\mu_{20} - \mu_{02})^2}}{\mu_{20} + \mu_{02} + \sqrt{4\mu^2_{11} + (\mu_{20} - \mu_{02})^2}} \tag{15-13}$$

15.2　源码解析

我们先来看看 SimpleBlobDetector 类的默认参数的设置：

```
SimpleBlobDetector::Params::Params()
{
    thresholdStep = 10;      //二值化的阈值步长，即式（15-1）的 t
    minThreshold = 50;       //二值化的起始阈值，即式（15-1）的 T₁
    maxThreshold = 220;      //二值化的终止阈值，即式（15-1）的 T₂
    //重复的最小次数，只有属于灰度图像斑点的那些二值图像斑点数量大于该值时，该灰度图像斑点才被认为是特征点
    minRepeatability = 2;
    //最小的斑点距离，不同二值图像的斑点间距离小于该值时，被认为是同一个位置的斑点，否则是不同位置上的斑点
    minDistBetweenBlobs = 10;

    filterByColor = true;    //斑点颜色的限制变量
    blobColor = 0;     //表示只提取黑色斑点；如果该变量为 255，表示只提取白色斑点

    filterByArea = true;     //斑点面积的限制变量
    minArea = 25;    //斑点的最小面积
    maxArea = 5000;          //斑点的最大面积

    filterByCircularity = false;       //斑点圆度的限制变量，默认是不限制
    minCircularity = 0.8f;   //斑点的最小圆度
    //斑点的最大圆度，该值为所能表示的 float 类型的最大值
    maxCircularity = std::numeric_limits<float>::max();

    filterByInertia = true;     //斑点惯性率的限制变量
    //minInertiaRatio = 0.6;
    minInertiaRatio = 0.1f;     //斑点的最小惯性率
    maxInertiaRatio = std::numeric_limits<float>::max();     //斑点的最大惯性率

    filterByConvexity = true;     //斑点凸度的限制变量
    //minConvexity = 0.8;
    minConvexity = 0.95f;           //斑点的最小凸度
    maxConvexity = std::numeric_limits<float>::max();     //斑点的最大凸度
}
```

我们再来介绍检测二值图像斑点的函数 findBlobs：

```
void SimpleBlobDetector::findBlobs(const cv::Mat &image, const cv::Mat &binaryImage,
vector<Center> &centers) const
//image 为输入的灰度图像
//binaryImage 为二值图像
//centers 表示该二值图像的斑点
{
    (void)image;
    centers.clear();        //斑点变量清零

    vector < vector<Point> > contours;                      //定义二值图像的斑点的边界像素变量
    Mat tmpBinaryImage = binaryImage.clone();       //复制二值图像
    //调用 findContours 函数，找到当前二值图像的所有斑点的边界
    findContours(tmpBinaryImage, contours, CV_RETR_LIST, CV_CHAIN_APPROX_NONE);

#ifdef DEBUG_BLOB_DETECTOR
    //  Mat keypointsImage;
    //  cvtColor( binaryImage, keypointsImage, CV_GRAY2RGB );
    //
    //  Mat contoursImage;
    //  cvtColor( binaryImage, contoursImage, CV_GRAY2RGB );
    //  drawContours( contoursImage, contours, -1, Scalar(0,255,0) );
    //  imshow("contours", contoursImage );
#endif
    //遍历当前二值图像的所有斑点
    for (size_t contourIdx = 0; contourIdx < contours.size(); contourIdx++)
    {
        //结构类型 Center 代表着斑点，它包括斑点的中心位置、半径和权值
        Center center;      //斑点变量
        //初始化斑点中心的置信度，也就是该斑点的权值
        center.confidence = 1;
        //调用 moments 函数，得到当前斑点的矩
        Moments moms = moments(Mat(contours[contourIdx]));
        if (params.filterByArea)        //斑点面积的限制
        {
            double area = moms.m00;     //零阶矩即为二值图像的面积
            //如果面积超出了设定的范围，则不再考虑该斑点
            if (area < params.minArea || area >= params.maxArea)
                continue;
        }

        if (params.filterByCircularity)     //斑点圆度的限制
        {
            double area = moms.m00;         //得到斑点的面积
            //计算斑点的周长
            double perimeter = arcLength(Mat(contours[contourIdx]), true);
            //由式 15-3 得到斑点的圆度
            double ratio = 4 * CV_PI * area / (perimeter * perimeter);
            //如果圆度超出了设定的范围，则不再考虑该斑点
            if (ratio < params.minCircularity || ratio >= params.maxCircularity)
                continue;
```

```
    }

if (params.filterByInertia)      //斑点惯性率的限制
{
    //计算式（15-13）中最右侧等式中的开根号的值
    double denominator = sqrt(pow(2* moms.mu11, 2) + pow(moms.mu20 - moms.mu02, 2));
    const double eps = 1e-2;      //定义一个极小值
    double ratio;
    if (denominator > eps)
    {
        //cosmin 和 sinmin 用于计算图像协方差矩阵中较小的那个特征值 λ2
        double cosmin = (moms.mu20 - moms.mu02) / denominator;
        double sinmin = 2 * moms.mu11 / denominator;
        //cosmax 和 sinmax 用于计算图像协方差矩阵中较大的那个特征值 λ1
        double cosmax = -cosmin;
        double sinmax = -sinmin;
        //imin 为 λ2 乘以零阶中心矩 μ00
        double imin = 0.5 * (moms.mu20 + moms.mu02) - 0.5 * (moms.mu20 - moms.mu02)
        * cosmin - moms.mu11 * sinmin;
        //imax 为 λ1 乘以零阶中心矩 μ00
        double imax = 0.5 * (moms.mu20 + moms.mu02) - 0.5 * (moms.mu20 - moms.mu02)
        * cosmax - moms.mu11 * sinmax;
        ratio = imin / imax;      //得到斑点的惯性率
    }
    else
    {
        ratio = 1;      //直接设置为 1，即为圆
    }
    //如果惯性率超出了设定的范围，则不再考虑该斑点
    if (ratio < params.minInertiaRatio || ratio >= params.maxInertiaRatio)
        continue;
    //斑点中心的权值定义为惯性率的平方
    center.confidence = ratio * ratio;
}

if (params.filterByConvexity)      //斑点凸度的限制
{
    vector < Point > hull;      //定义凸壳变量
    //调用 convexHull 函数，得到该斑点的凸壳
    convexHull(Mat(contours[contourIdx]), hull);
    //分别得到斑点和凸壳的面积，contourArea 函数本质上也是求图像的零阶矩
    double area = contourArea(Mat(contours[contourIdx]));
    double hullArea = contourArea(Mat(hull));
    double ratio = area / hullArea;      //式（15-5），计算斑点的凸度
    //如果凸度超出了设定的范围，则不再考虑该斑点
    if (ratio < params.minConvexity || ratio >= params.maxConvexity)
        continue;
}

//根据式（15-7），计算斑点的质心
```

```
        center.location = Point2d(moms.m10 / moms.m00, moms.m01 / moms.m00);

        if (params.filterByColor)      //斑点颜色的限制
        {
            //判断一下斑点的颜色是否正确
            if (binaryImage.at<uchar> (cvRound(center.location.y),
          cvRound(center.location.x)) != params.blobColor)
                continue;
        }

        //compute blob radius
        {
            vector<double> dists;      //定义距离队列
            //遍历该斑点边界上的所有像素
            for (size_t pointIdx = 0; pointIdx < contours[contourIdx].size(); pointIdx++)
            {
                Point2d pt = contours[contourIdx][pointIdx];      //得到当前边界像素坐标
                //计算该点坐标与斑点中心的距离，并放入距离队列中
                dists.push_back(norm(center.location - pt));
            }
            std::sort(dists.begin(), dists.end());      //距离队列排序
            //计算斑点的半径，它等于距离队列中中间两个距离的平均值
            center.radius = (dists[(dists.size() - 1) / 2] + dists[dists.size() / 2]) / 2.;
        }

        centers.push_back(center);      //把 center 变量压入 centers 队列中

#ifdef DEBUG_BLOB_DETECTOR
        //    circle( keypointsImage, center.location, 1, Scalar(0,0,255), 1 );
#endif
    }
#ifdef DEBUG_BLOB_DETECTOR
    //  imshow("bk", keypointsImage );
    //  waitKey();
#endif
}
```

最后介绍检测特征点的函数 detectImpl：

```
void SimpleBlobDetector::detectImpl(const  cv::Mat&  image,  std::vector<cv::KeyPoint>&
keypoints, const cv::Mat&) const
{
    //TODO: support mask
    keypoints.clear();      //特征点变量清零
    Mat grayscaleImage;
    //把彩色图像转换为灰度图像
    if (image.channels() == 3)
        cvtColor(image, grayscaleImage, CV_BGR2GRAY);
    else
        grayscaleImage = image;
    //二维数组 centers 表示所有得到的斑点，第一维数据表示的是灰度图像斑点，第二维数据表示的是属于该灰度
```

```
    //图像斑点的所有二值图像斑点
    //结构类型 Center 代表着斑点，它包括斑点的中心位置、半径和权值
    vector < vector<Center> > centers;
    //遍历所有阈值，进行二值化处理
    for (double thresh = params.minThreshold; thresh < params.maxThreshold; thresh +=
params.thresholdStep)
    {
        Mat binarizedImage;
        //调用 threshold 函数，把灰度图像 grayscaleImage 转换为二值图像 binarizedImage
        threshold(grayscaleImage, binarizedImage, thresh, 255, THRESH_BINARY);

#ifdef DEBUG_BLOB_DETECTOR
        //   Mat keypointsImage;
        //   cvtColor( binarizedImage, keypointsImage, CV_GRAY2RGB );
#endif
        //变量 curCenters 表示该二值图像内的所有斑点
        vector < Center > curCenters;
        //调用 findBlobs 函数，对二值图像 binarizedImage 检测斑点，得到 curCenters
        findBlobs(grayscaleImage, binarizedImage, curCenters);
        //newCenters 表示在当前二值图像内检测到的不属于已有灰度图像斑点的那些二值图像斑点
        vector < vector<Center> > newCenters;
        //遍历该二值图像内的所有斑点
        for (size_t i = 0; i < curCenters.size(); i++)
        {
#ifdef DEBUG_BLOB_DETECTOR
            //circle(keypointsImage, curCenters[i].location, curCenters[i].radius, Scalar
            //(0,0,255),-1);
#endif
            // isNew 表示的是当前二值图像斑点是否为新出现的斑点
            bool isNew = true;
            //遍历已有的所有灰度图像斑点，判断当前二值图像斑点是否为新的灰度图像斑点
            for (size_t j = 0; j < centers.size(); j++)
            {
                //属于该灰度图像斑点的中间位置的那个二值图像斑点代表该灰度图像斑点，并把它的中心坐标与
                //当前二值图像斑点的中心坐标比较，计算它们的距离 dist
                double dist=norm(centers[j][centers[j].size()/2].location- curCenters[i]. location);
                //如果距离大于所设的阈值，并且距离都大于上述那两个二值图像斑点的半径，则表示该二值图像
                //的斑点是新的斑点
                isNew = dist >= params.minDistBetweenBlobs && dist >= centers[j] [centers[j].
                size() / 2 ].radius && dist >= curCenters[i].radius;
                //如果不是新的斑点，则需要把它添加到属于它的当前（即第 j 个）灰度图像的斑点中，因为通过
                //上面的距离比较可知，当前二值图像斑点是否属于当前灰度图像斑点
                if (!isNew)
                {
                    //把当前二值图像斑点存入当前（即第 j 个）灰度图像斑点数组的最后位置
                    centers[j].push_back(curCenters[i]);
                    //得到构成该灰度图像斑点的所有二值图像斑点的数量
                    size_t k = centers[j].size() - 1;
```

```
            /*按照半径由小至大的顺序，把新得到的当前二值图像斑点放入当前灰度图像斑点数组的适当
            位置处，由于二值化阈值是按照从小到大的顺序设置，所以二值图像斑点本身就是按照面积的
            大小顺序被检测到的，因此此处的排序处理要相对简单一些*/
            while( k > 0 && centers[j][k].radius < centers[j][k-1].radius )
            {
                centers[j][k] = centers[j][k-1];
                k--;
            }
            centers[j][k] = curCenters[i];
            //由于当前二值图像斑点已经找到了属于它的灰度图像斑点，因此退出 for 循环，无须再遍历
            //剩余的已有灰度图像斑点
            break;
        }
    }
    if (isNew)      //当前二值图像斑点不属于任何已知的灰度图像斑点
    {
        //把当前斑点存入 newCenters 数组内
        newCenters.push_back(vector<Center> (1, curCenters[i]));
        //centers.push_back(vector<Center> (1, curCenters[i]));
    }
}
//把当前二值图像内的所有 newCenters 复制到 centers 内
std::copy(newCenters.begin(), newCenters.end(), std::back_inserter(centers));

#ifdef DEBUG_BLOB_DETECTOR
    //    imshow("binarized", keypointsImage );
    //waitKey();
#endif
    }   //所有二值图像斑点检测完毕
    //遍历所有灰度图像斑点，得到特征点信息
    for (size_t i = 0; i < centers.size(); i++)
    {
        //如果属于当前灰度图像斑点的二值图像斑点的数量小于所设阈值，则该灰度图像斑点不是特征点
        if (centers[i].size() < params.minRepeatability)
            continue;
        Point2d sumPoint(0, 0);
        double normalizer = 0;
        //遍历属于当前灰度图像斑点的所有二值图像斑点
        for (size_t j = 0; j < centers[i].size(); j++)
        {
            sumPoint += centers[i][j].confidence * centers[i][j].location;
            //式（15-2）的分子部分
            normalizer += centers[i][j].confidence;     //式（15-2）的分母部分
        }
        sumPoint *= (1. / normalizer);     //公式 2，得到特征点的坐标位置
        //保存该特征点的坐标位置和尺寸大小
        KeyPoint kpt(sumPoint, (float)(centers[i][centers[i].size() / 2].radius));
        keypoints.push_back(kpt);     //保存该特征点
    }
```

```
#ifdef DEBUG_BLOB_DETECTOR
    namedWindow("keypoints", CV_WINDOW_NORMAL);
    Mat outImg = image.clone();
    for(size_t i=0; i<keypoints.size(); i++)
    {
        circle(outImg, keypoints[i].pt, keypoints[i].size, Scalar(255, 0, 255), -1);
    }
    //drawKeypoints(image, keypoints, outImg);
    imshow("keypoints", outImg);
    waitKey();
#endif
}
```

15.3　应用实例

下面我们给出一个具体的应用实例。

```
#include "opencv2/core/core.hpp"
#include "opencv2/highgui/highgui.hpp"
#include "opencv2/imgproc/imgproc.hpp"
#include "opencv2/features2d/features2d.hpp"
#include "opencv2/nonfree/nonfree.hpp"

using namespace cv;
//using namespace std;

int main(int argc, char** argv)
{
  Mat img = imread("box_in_scene.png");
  //设置参数
  SimpleBlobDetector::Params params;
  params.minThreshold = 40;
  params.maxThreshold = 160;
  params.thresholdStep = 5;
  params.minArea = 100;
  params.minConvexity = .05f;
  params.minInertiaRatio = .05f;
  params.maxArea = 8000;

  SimpleBlobDetector detector(params);

  vector<KeyPoint> key_points;

  detector.detect(img,key_points);

  Mat output_img;

  drawKeypoints( img, key_points, output_img, Scalar(0,0,255),
DrawMatchesFlags::DRAW_RICH_KEYPOINTS );
```

```
namedWindow("SimpleBlobDetector");
imshow("SimpleBlobDetector", output_img);
waitKey(0);

return 0;
}
```

在上述程序中，为了更好地检测到图像的特征点，我们修改了一些默认参数，如果仅仅使用系统的默认参数，则在实例化 SimpleBlobDetector 时，只需下列代码即可：

```
SimpleBlobDetector detector;
```

图 15-4 所示为检测的结果。

▲图 15-4　检测结果

第 16 章　密度特征检测

16.1　原理分析

在 OpenCV 中，DenseFeatureDetector 可以生成具有一定密度和规律分布的图像特征点。
DenseFeatureDetector 的原理是，把输入图像分割成大小相等的网格，每一个网格提取出一个像素作为特征点。类似于图像尺度金字塔，该方法也可以生成不同层图像的特征点，每一层图像所分割的网格大小是不同的，即表示各层的尺度不同。

16.2　源码解析

DenseFeatureDetector 类的构造函数：

```
DenseFeatureDetector::DenseFeatureDetector( float _initFeatureScale, int _featureScaleLevels,
                              float _featureScaleMul, int _initXyStep,
                              int _initImgBound, bool _varyXyStepWithScale,
                              bool _varyImgBoundWithScale ) :
  initFeatureScale(_initFeatureScale), featureScaleLevels(_featureScaleLevels),
  featureScaleMul(_featureScaleMul),initXyStep(_initXyStep),initImgBound(_initImgBound),
  varyXyStepWithScale(_varyXyStepWithScale),
varyImgBoundWithScale(_varyImgBoundWithScale)
{}
```

该构造函数的参数如下。

initFeatureScale 表示初始图像层特征点的尺度，默认为 1。

featureScaleLevels 表示需要构建多少层图像，默认为 1。

featureScaleMul 表示各层图像之间参数的比例系数，该系数等于相邻两层图像之间的网格宽度之比，尺度之比，以及预留边界宽度之比，默认为 0.1。

initXyStep 表示初始图像层的网格宽度，默认为 6。

initImgBound 表示初始图像层的预留边界宽度，默认为 0。

varyXyStepWithScale 表示各层图像是否进行网格宽度的调整，如果为 false，则表示各层图像网格宽度都是 initXyStep，如果为 true，则表示各层图像网格宽度不等，它们之间的比例系数为 featureScaleMul，默认为 true。

varyImgBoundWithScale 表示各层图像是否进行预留边界宽度的调整，如果为 false，则表示各层图像预留边界宽度都是 initImgBound，如果为 true，则表示各层图像预留边界宽度不等，它们之间的比例系数为 featureScaleMul，默认为 false。

下面是检测特征点函数 detectImpl：

```
void DenseFeatureDetector::detectImpl( const Mat& image, vector<KeyPoint>& keypoints,
const Mat& mask ) const
{
    // curScale 表示当前层图像特征点的尺度
    float curScale = static_cast<float>(initFeatureScale);
    //curStep 表示当前层图像的网格宽度
    int curStep = initXyStep;
    //curBound 表示当前层图像的预留边界宽度
    int curBound = initImgBound;
    //遍历各层图像
    for( int curLevel = 0; curLevel < featureScaleLevels; curLevel++ )
    {
        //遍历当前层图像的所有网格，图像四周的预留边界处是没有网格的，横、纵坐标的步长就是网格的宽度
        for( int x = curBound; x < image.cols - curBound; x += curStep )
        {
            for( int y = curBound; y < image.rows - curBound; y += curStep )
            {
                //把网格的左上角坐标处的像素作为该网格的特征点，并保存
                keypoints.push_back( KeyPoint(static_cast<float>(x), static_cast<float>(y),
                curScale) );
            }
        }
        //调整下一层图像特征点的尺度
        curScale = static_cast<float>(curScale * featureScaleMul);
        //如果 varyXyStepWithScale 为 true，则调整下一层图像的网格宽度
        if( varyXyStepWithScale ) curStep = static_cast<int>( curStep * featureScaleMul + 0.5f );
        //如果 varyImgBoundWithScale 为 true，则调整下一层图像的预留边界宽度
        if( varyImgBoundWithScale ) curBound = static_cast<int>( curBound * featureScaleMul
        + 0.5f );
    }
    //掩码矩阵的特征点处理
    KeyPointsFilter::runByPixelsMask( keypoints, mask );
}
```

16.3 应用实例

下面给出一个具体的应用实例：

```
#include "opencv2/core/core.hpp"
#include "opencv2/highgui/highgui.hpp"
#include "opencv2/imgproc/imgproc.hpp"
#include "opencv2/features2d/features2d.hpp"
#include "opencv2/nonfree/nonfree.hpp"
```

```
using namespace cv;
//using namespace std;

int main(int argc, char** argv)
{
  Mat img = imread("box_in_scene.png"), img1;;

  cvtColor( img, img1, CV_BGR2GRAY );

  DenseFeatureDetector dense;

  vector<KeyPoint> key_points;
  Mat output_img;

  dense.detect(img1,key_points,Mat());
  drawKeypoints(img,  key_points,  output_img,  Scalar::all(-1),  DrawMatchesFlags::
DRAW_RICH_KEYPOINTS);

  namedWindow("DENSE");
  imshow("DENSE", output_img);
  waitKey(0);

  return 0;
}
```

图 16-1 所示为检测结果。

▲图 16-1　DenseFeatureDetector 检测结果

附录 A　Windows 7 系统下 OpenCV 2.4.9 与 Visual Studio 2012 编译环境的配置

本文所介绍的 Windows 7 系统为 32 位，而且 Visual Studio 2012 已经安装完成，并能够正常使用。所以这里主要完成的是 OpenCV 2.4.9 的配置，它共需要以下 3 个步骤。

第一步是下载 opencv-2.4.9.exe 文件，双击该文件，出现如图 A-1 所示的自解压对话框。在对话框内填写要解压到的目录，在这里是解压到 C 盘的根目录下，然后单击"Extract"按钮。解压完成后，在指定的目录内，会多出一个 opencv 的目录，并且在该目录下又有两个文件夹：build 和 sources。

▲图 A-1　自解压对话框

第二步是配置环境变量。打开控制面板，选择"系统"，再选择"高级系统设置"。在打开的"系统属性"对话框内选择"高级"，再单击"环境变量"按钮。在出现的"环境变量"对话框内单击用户变量下的"新建"按钮，则出现如图 A-2 所示的对话框，在变量名处填写 OpenCV，在变量值处填写 C:\opencv\build\x86\vc11\bin。需要注意的是 32 位系统选择 x86 文件夹，64 位系统选择 x64 文件夹；vc10 对应于 Visual Studio 2010，vc11 对应于 Visual Studio 2012，vc12 对应于 Visual Studio 2013。最后是把 OpenCV 变量添加进 Path 中，如图 A-3 所示，在变量值处填写%OpenCV%。如果没有 Path 变量，则需要添加该变量，如果已有该变量，则只需编辑该变量即可。最后的结果如图 A-4 所示。另外，要想使上面设置的变量生效，还必须重启计算机。

▲图 A-2　新建用户变量对话框

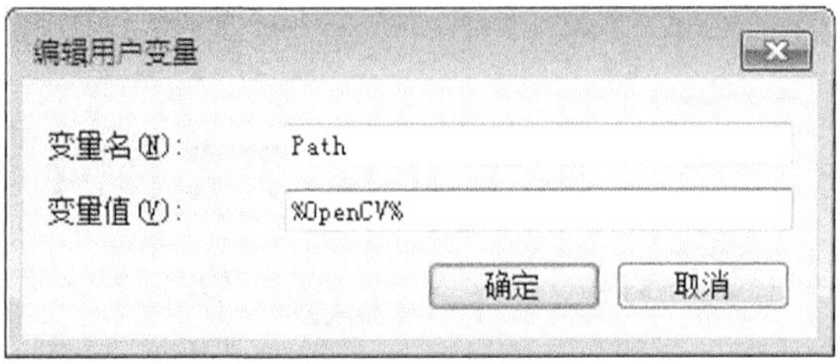

▲图 A-3　为 Path 添加 OpenCV 变量

▲图 A-4　最终的环境变量对话框

　　第三步是配置 Visual Studio 2012。新建一个如图 A-5 所示的 Win32 控制台应用程序。单击"确定"按钮后，在出现的对话框内单击"下一步"按钮，在新出现的对话框内选择"空项目"。此时一个新项目创建完成。打开该项目的属性页，如图 A-6 所示。在属性页对话框的左侧选择"VC++目录"，在右侧分别选择"包含目录"和"库目录"，编辑的内容分别如图 A-7 和图 A-8 所示。然后在如图 A-9 所示的属性页中，左侧选择"输入"，右侧选择"附加依赖项"，在 Debug 下添加：

```
opencv_calib3d249d.lib
opencv_contrib249d.lib
opencv_core249d.lib
opencv_features2d249d.lib
opencv_flann249d.lib
opencv_gpu249d.lib
opencv_highgui249d.lib
opencv_imgproc249d.lib
opencv_legacy249d.lib
opencv_ml249d.lib
```

```
opencv_nonfree249d.lib
opencv_objdetect249d.lib
opencv_photo249d.lib
opencv_stitching249d.lib
opencv_ts249d.lib
opencv_video249d.lib
opencv_videostab249d.lib
```

在 Release 下添加：

```
opencv_calib3d249.lib
opencv_contrib249.lib
opencv_core249.lib
opencv_features2d249.lib
opencv_flann249.lib
opencv_gpu249.lib
opencv_highgui249.lib
opencv_imgproc249.lib
opencv_legacy249.lib
opencv_ml249.lib
opencv_nonfree249.lib
opencv_objdetect249.lib
opencv_photo249.lib
opencv_stitching249.lib
opencv_ts249.lib
opencv_video249.lib
opencv_videostab249.lib
```

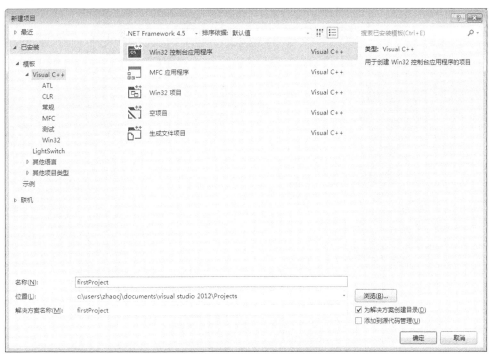

▲图 A-5　新建 Win32 控制台应用程序

▲图 A-6　项目属性页的 VC++目录项

▲图 A-7　包含目录

▲图 A-8　库目录

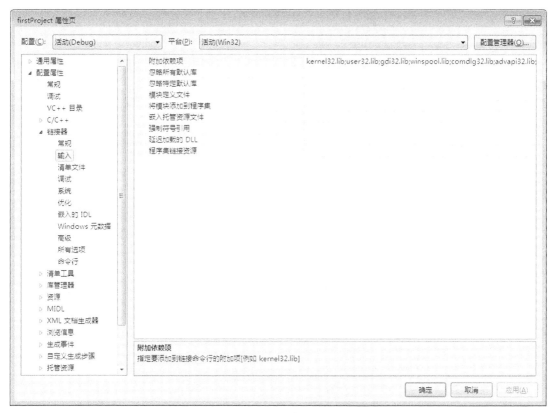

▲图 A-9　项目属性页的输入项

通过以上步骤，最终完成了 Windows 7 系统下 OpenCV 2.4.9 与 Visual Studio 2012 编译环境的搭建。

附录 B　Windows 7 系统下 Qt 5.3.1 与 OpenCV 2.4.9 编译环境的配置

本文所介绍的 Windows 7 系统为 32 位，而且 OpenCV 2.4.9 已经安装完成，详见附录 A，所以在这里主要完成的是 Qt 5.3.1 的配置。

首先下载 qt-opensource-windows-x86-mingw482_opengl-5.3.1.exe 文件，执行该文件，选择默认方式实现 Qt 的安装，此时 Qt 被安装在 C 盘的根目录下。所下载和安装的文件不仅含有 Qt libraries，还包括 Qt Creator，它的版本为 3.1.2。

然后下载 cmake-3.0.1-win32-x86.exe 文件，安装 cmake，同样也是选择默认方式安装即可，则 cmake 也被安装在 C 盘的根目录下。

再把 C:\Qt\Qt5.3.1\Tools\MinGW\bin 添加进系统的 Path 环境变量中，因为在 CMake 编译过程中会用到该目录下的库。

在桌面上单击 CMake(cmake-gui) 图标，执行 CMake，则打开如图 B-1 所示的窗口，在"Where is the source code"栏和"Where to build the binaries"栏中填写如图 B-1 所示的内容，C:/opencv/soureces 为 opencv 的源码，C:/opencv/MinGW 为编译后库文件所存放的目录，该目录需要事先自己创建。

▲图 B-1　CMake 窗口

然后单击"configure"按钮，打开如图 B-2 所示的窗口，按照该图所示的内容填写。

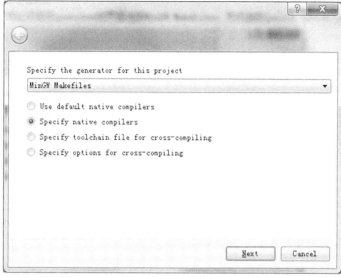

▲图 B-2　配置窗口 1

再单击"Next"按钮，打开如图 B-3 所示的窗口，其中在"C"一栏中填写"C:/Qt/Qt5.3.1/Tools/mingw482_32/bin/gcc.exe"，在"C++"一栏中填写"C:/Qt/Qt5.3.1/Tools/mingw482_32/bin/g++.exe"。

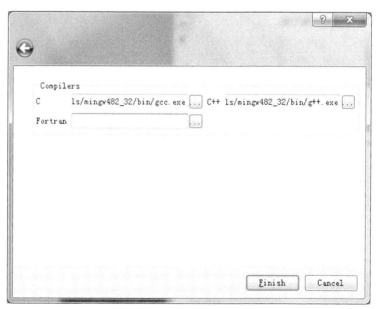

▲图 B-3　配置窗口 2

最后单击"Finish"按钮，开始配置，这时会出现如下的类似错误提示：

```
CMake Error: CMake was unable to find a build program corresponding to "MinGW Makefiles".
CMAKE_MAKE_PROGRAM is not set.  You probably need to select a different build tool.
CMake Error: CMake was unable to find a build program corresponding to "MinGW Makefiles".
CMAKE_MAKE_PROGRAM is not set.  You probably need to select a different build tool.
CMake Error: Error required internal CMake variable not set, cmake may be not be built
correctly.
Missing variable is:
CMAKE_CXX_COMPILER_ENV_VAR
CMake Error: Could not find cmake module file:
C:/opencv/MinGW/CMakeFiles/3.0.1/CMakeCXXCompiler.cmake
CMake Error: Error required internal CMake variable not set, cmake may be not be built
correctly.
Missing variable is:
CMAKE_C_COMPILER_ENV_VAR
CMake Error: Could not find cmake module file:
C:/opencv/MinGW/CMakeFiles/3.0.1/CMakeCCompiler.cmake
Configuring incomplete, errors occurred!
```

解决的办法是在如图 B-1 所示的窗口内的"Name"一栏找到"CMAKE_MAKE_PROGRAM"的一项，把它的"Value"填写为"C:/Qt/Qt5.3.1/Tools/mingw482_32/bin/mingw32-make.exe"。再次单击"Configure"按钮，这时不会提示任何错误，表明配置成功。

此时，我们需要把 QT 加上，在如图 B-1 所示的窗口内的"Name"一栏找到"WITH"一项，把它下面的"WITH_QT"和"WITH_OPENGL"选上，再次单击"Configure"按钮。这时会出现类似下面的错误提示：

```
CMake Error at C:/Cmake/share/cmake-3.0/Modules/FindQt4.cmake:1316 (message):
  Found unsuitable Qt version "" from NOTFOUND, this code requires Qt 4.x
Call Stack (most recent call first):
  cmake/OpenCVFindLibsGUI.cmake:34 (find_package)
  CmakeLists.txt:466 (include)
```

解决的办法是在如图 B-1 所示的窗口内的"Name"一栏找到"QT_QMAKE_EXECUTABLE"，它的值填写为："C:/Qt/Qt5.3.1/5.3/mingw482_32/bin/qmake.exe"；找到"QT_MKSPECS_DIR"，它的值填写为："C:/Qt/Qt5.3.1/5.3/mingw482_32/mkspecs"；找到"QT_QTCORE_LIBRARY_DEBUG"，它的值填写为："C:/Qt/Qt5.3.1/5.3/mingw482_32/bin/Qt5Cored.dll"；找到"QT_QTCORE_LIBRARY_RELEASE"，它的值填写为"C:/Qt/Qt5.3.1/5.3/mingw482_32/bin/ Qt5Core.dll"；找到"QT_QTCORE_INCLUDE_DIR"，它的值填写为"C:/Qt/Qt5.3.1/5.3/mingw482_32/include/QtCore/ 5.3.1/QtCore"。再次单击"Configure"按钮，这时会出现类似下面的错误提示：

```
CMake Error at C:/CMake/share/cmake-3.0/Modules/FindQt4.cmake:1316 (message):
  Found unsuitable Qt version "5.3.1" from
  C:/Qt/Qt5.3.1/5.3/mingw482_32/bin/qmake.exe, this code requires Qt 4.x
Call Stack (most recent call first):
```

```
cmake/OpenCVFindLibsGUI.cmake:34 (find_package)
CMakeLists.txt:466 (include)
```

解决的办法是在如图 B-1 所示的窗口内的"Name"一栏的"Unrouped Entries"下找到"Qt5Concurrent_DIR""Qt5Core_DIR""Qt5Gui_DIR""Qt5Test_DIR""Qt5Widgets_DIR""Qt5OpenGL_DIR"，它们的 Value 分别填写为：

```
C:/Qt/Qt5.3.1/5.3/mingw482_32/lib/cmake/Qt5Concurrent
C:/Qt/Qt5.3.1/5.3/mingw482_32/lib/cmake/Qt5Core
C:/Qt/Qt5.3.1/5.3/mingw482_32/lib/cmake/Qt5Gui
C:/Qt/Qt5.3.1/5.3/mingw482_32/lib/cmake/Qt5Test
C:/Qt/Qt5.3.1/5.3/mingw482_32/lib/cmake/Qt5Widgets
C:/Qt/Qt5.3.1/5.3/mingw482_32/lib/cmake/Qt5OpenGL
```

再次单击"Configure"按钮，这时配置成功，不会出现任何错误提示，如图 B-4 所示。

▲图 B-4　配置成功

虽然此时会有一些警告，如"This warning is for project developers. Use -Wno-dev to suppress it.",但不用去管它们,单击"Generate"按钮。Generate 完成后,关闭 CMake 窗口。

打开系统的命令终端,进入 C:\opencv\MinGW 目录,执行 mingw32-make 命令,等待一段时间,在该命令执行完后,再执行 mingw32-make install 命令。这样可用于 Qt 的 OpenCV 库文件就生成了。为了能够方便使用它,还需要再次添加系统的 Path 环境变量,内容为:c:\Qt\Qt5.3.1\5.3\mingw482_32\bin;c:\opencv\MinGW\bin。

以后当我们用 Qt Creator 编译 OpenCV 的时候,在创建一个新工程后,还需要在该工程的工程文件,即.pro 文件内添加下列语句:

```
INCLUDEPATH+=c:\opencv\build\include\opencv\
        c:\opencv\build\include\opencv2\
        c:\opencv\build\include

LIBS+=c:\opencv\MinGW\lib\libopencv_calib3d249.dll.a\
  c:\opencv\MinGW\lib\libopencv_contrib249.dll.a\
  c:\opencv\MinGW\lib\libopencv_core249.dll.a\
  c:\opencv\MinGW\lib\libopencv_features2d249.dll.a\
  c:\opencv\MinGW\lib\libopencv_flann249.dll.a\
  c:\opencv\MinGW\lib\libopencv_gpu249.dll.a\
  c:\opencv\MinGW\lib\libopencv_highgui249.dll.a\
  c:\opencv\MinGW\lib\libopencv_imgproc249.dll.a\
  c:\opencv\MinGW\lib\libopencv_legacy249.dll.a\
  c:\opencv\MinGW\lib\libopencv_ml249.dll.a\
  c:\opencv\MinGW\lib\libopencv_objdetect249.dll.a\
  c:\opencv\MinGW\lib\libopencv_video249.dll.a.
```

参考文献

[1] Krig S. Computer Vision Metrics: Survey, Taxonomy, and Analysis[M]. Apress, 2014.

[2] Tuytelaars T, Mikolajczyk K. Local Invariant Feature Detectors: A Survey.[J]. Foundations & Trends in Computer Graphics & Vision, 2008, 3(3):177-280.

[3] Kitchen L, Rosenfeld A. Grey-level corner detection[J]. Pattern Recog Lett, 1982, 28(2):95-102.

[4] Canny J. A Computational Approach to Edge Detection[M]. IEEE Computer Society, 1986.

[5] Harris C J. A combined corner and edge detector[J]. Proc Alvey Vision Conf, 1988, 1988(3):147-151.

[6] Shi J, Tomasi C. Good features to track[C]// Computer Vision and Pattern Recognition, 1994. Proceedings CVPR '94. 1994 IEEE Computer Society Conference on. IEEE, 2002:593-600.

[7] Lowe D G. Object Recognition from Local Scale-Invariant Features[C]// iccv. IEEE Computer Society, 1999:1150.

[8] Lowe D G. Distinctive Image Features from Scale-Invariant Keypoints[J]. International Journal of Computer Vision, 2004, 60(2):91-110.

[9] Matas J, Chum O, Urban M, et al. Robust wide-baseline stereo from maximally stable extremal regions[J]. Image & Vision Computing, 2004, 22(10):761-767.

[10] Nistér D, Stewénius H. Linear Time Maximally Stable Extremal Regions[M]// Computer Vision – ECCV 2008. Springer Berlin Heidelberg, 2008:183-196.

[11] Bay H. SURF : Speed-Up Robust Features[C]// European Conference on Computer Vision. 2006.

[12] Rosten E, Drummond T. Machine learning for high-speed corner detection[C]// European Conference on Computer Vision. Springer-Verlag, 2006:430-443.

[13] Rosten E, Porter R, Drummond T. Faster and Better: A Machine Learning Approach to Corner Detection[J]. IEEE Trans Pattern Anal Mach Intell, 2009, 32(1):105-119.

[14] Forssen P E. Maximally Stable Colour Regions for Recognition and Matching[C]// Computer Vision and Pattern Recognition, 2007. CVPR '07. IEEE Conference on. IEEE, 2007:1-8.

[15] Agrawal M, Konolige K, Blas M R. CenSurE: Center Surround Extremas for Realtime Feature Detection and Matching[C]// Computer Vision - ECCV 2008, European Conference on Computer Vision, Marseille, France, October 12-18, 2008, Proceedings. DBLP, 2010:102-115.

[16] Calonder M, Lepetit V, Strecha C, et al. BRIEF: binary robust independent elementary features[C]// European Conference on Computer Vision. 2010:778-792.

[17] Calonder M, Lepetit V, Ozuysal M, et al. BRIEF: Computing a Local Binary Descriptor Very Fast[J]. IEEE Transactions on Pattern Analysis & Machine Intelligence, 2011, 34(7):1281-1298.

[18] Leutenegger S, Chli M, Siegwart R Y. BRISK: Binary Robust invariant scalable keypoints[C]// IEEE International Conference on Computer Vision. IEEE, 2012:2548-2555.

[19] Rublee E, Rabaud V, Konolige K, et al. ORB: An efficient alternative to SIFT or SURF[C]// IEEE International Conference on Computer Vision. IEEE, 2012:2564-2571.

[20] Ortiz R. FREAK: Fast Retina Keypoint[C]// Computer Vision and Pattern Recognition. IEEE, 2012:510-517.

[21] Suzuki S, Be K. Topological structural analysis of digitized binary images by border following[J]. Computer Vision Graphics & Image Processing, 1985, 30(1):32-46.

[22] 王永明, 王贵锦. 图像局部不变性特征与描述[M]. 北京：国防工业出版社, 2010.